CHANGJIANGLIZUZIZHIXIANGAIKUANG

国家民委《民族问题五种丛书》之三
中国少数民族自治地方概况丛书（修订本）

昌江黎族自治县概况

《昌江黎族自治县概况》编写组

民族出版社

图书在版编目（CIP）数据

昌江黎族自治县概况/《昌江黎族自治县概况》编写组编写．
—北京：民族出版社，2009.6
（国家民委民族问题五种丛书．中国少数民族自治地方概况丛书）
ISBN 978－7－105－08677－1

Ⅰ．昌…　Ⅱ．昌…　Ⅲ．昌江黎族自治县—概况
Ⅳ．K926.64

中国版本图书馆 CIP 数据核字（2009）第 109636 号

民族出版社出版发行
（北京市和平里北街 14 号　邮编 100013）
http：//www.mzcbs.com
北京金若龙公司微机照排　北京华正印刷有限公司印刷
各地新华书店经销
（总编室电话：010－64212794；发行部电话：010－64211734）
2009 年 6 月第 1 版　2009 年 6 月北京第 1 次印刷
开本：880 毫米×1230 毫米　1/32　印张：10.75　字数：280 千字
印数：1500 册
ISBN 978－7－105－08677－1/K·1815
（汉 967）　定价：20.00 元

国家民委《民族问题五种丛书》
总修订编辑委员会

主　任：李德洙(朝鲜族)
副主任：吴仕民　陈改户　铁木尔(蒙古族)
编　委：(按姓氏笔画排序)

马　春(回族)	马玉芬(回族)	王德靖(土家族)
石玉刚(苗族)	曲　伟	刘志勇
刘明哲(黎族)	刘宝明(彝族)	孙宏开
贡保甲(藏族)	李文亮	李秀英(瑶族)
李明金(苗族)	杨丰陌(满族)	杨圣敏(回族)
杨志杰(回族)	肖晓军	张忠孝(回族)
张宝岩	阿迪雅(蒙古族)	陈　理(土家族)
陈乐齐(侗族)	武翠英	罗布江村(藏族)
罗黎明(壮族)	赵学义(满族)	胡祥华(土家族)
钟小毛(畲族)	禹宾熙(朝鲜族)	贺忠德(锡伯族)
舒　展(满族)	谢玉杰	雷振扬
谭建祥(土家族)		

办公室主任：陈乐齐(兼)
副　主　任：朴永日(朝鲜族)　丁　蕾
成　　　员：李锡娟　孙国明(蒙古族)

《中国少数民族自治地方概况丛书》修订编辑委员会

主　任：陈乐齐(侗族)

副主任：(按姓氏笔画排序)

马　春(回族)　　　　马玉芬(回族)
王德靖(土家族)　　　朴永日(朝鲜族)
刘志勇　　　　　　　刘明哲(黎族)
贡保甲(藏族)　　　　李秀英(瑶族)
李明金(苗族)　　　　杨丰陌(满族)
杨志杰(回族)　　　　肖晓军
张忠孝(回族)　　　　张宝岩
阿迪雅(蒙古族)　　　罗黎明(壮族)
胡祥华(土家族)　　　钟小毛(畲族)
贺忠德(锡伯族)　　　舒　展(满族)
谭建祥(土家族)

编　委：各《概况》修订编辑委员会主任或主编（略）

海南省少数民族自治地方概况编辑委员会

主　　任：陈志荣（黎族）
副主任：蒋妹芳（苗族）
编　　委：王建成　　　　王儒民（黎族）
　　　　　王　雄（黎族）　王嘉琪（黎族）
　　　　　吉明江（黎族）　王应才（黎族）
　　　　　郑作生（黎族）　伍学云（黎族）

《昌江黎族自治县概况》编辑委员会

主　　　任：吉廷军（黎族）
副　主　任：陈国文（黎族）　　　林　伟
主　　　编：陈国文（黎族）
副　主　编：周文奇　　　　　　陈发强　　　　　刘恩华（黎族）
执 行 主 编：孙如强
执行副主编：谢来龙（黎族）　　　郭玉光
编　　　辑：陈国文（黎族）　　　孙如强　　　　　谢来龙（黎族）
　　　　　　郭玉光　　　　　　林芳华（黎族）
编　　　务：蓝新红（黎族）　　　林春妮（苗族）　　吴玉尧
　　　　　　陆理山（黎族）

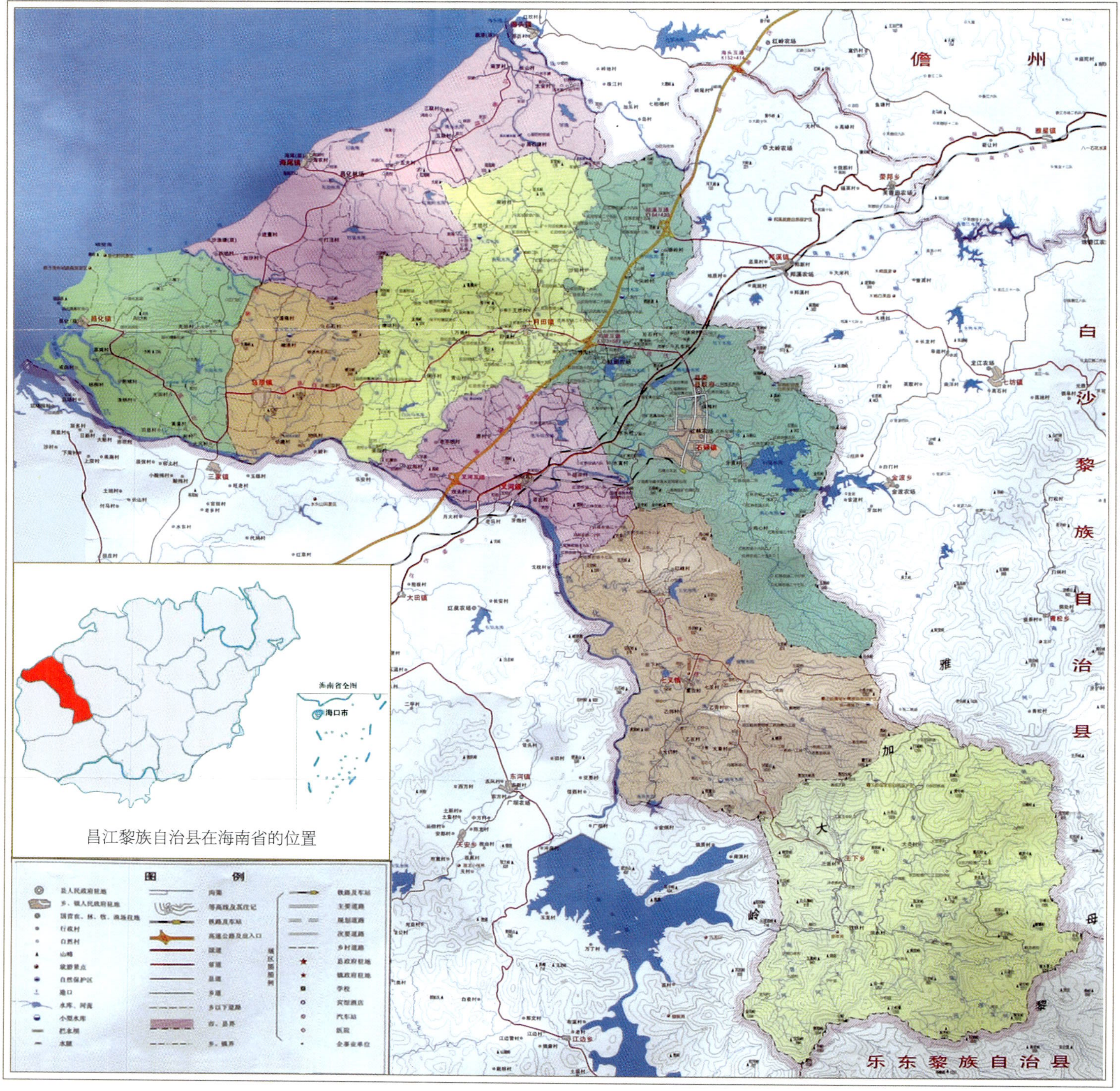

县城石碌镇

昌江黎族自治县政府大楼

昌江大道

铁路交通

县人民医院

昌江中学

华盛水泥厂

地表开采铁矿

海南钢铁厂

矿石

水稻收割

鱼产品

昌化渔港

昌江芒果

石碌水库

民房改造后的宝山村

黎村欢歌

黎族服饰

黎家制陶

雅加瀑布

霸王岭黑冠长臂猿

国家民委《民族问题五种丛书》
修订再版总序

国家民委《民族问题五种丛书》，包括《中国少数民族》、《中国少数民族简史丛书》、《中国少数民族自治地方概况丛书》、《中国少数民族语言简志丛书》、《中国少数民族社会历史调查资料丛刊》，记录了中国 55 个少数民族从起源至 21 世纪初的历史发展进程，涵盖政治、经济、文化、社会等方方面面的内容，荟萃了大量原始的、鲜活的、极其珍贵的资料，是一部关于中国民族问题的大型综合性丛书，是中国民族问题研究的重大项目和重大出版工程。

新中国成立后，党和政府高度重视民族问题和民族工作。少数民族地区的社会改革和社会主义建设逐步展开。为了摸清少数民族的社会历史状况，抢救行将消失的宝贵的历史文化资料，1953 年，全国人大民族委员会和中央民族事务委员会组织进行全国性的民族识别调查，1956 年又开始少数民族语言、少数民族社会历史调查。在三次大规模的系统调查的基础上，中央民委从 1958 年开始组织编写《中国少数民族简史》、《中国少数民族语言简志》、《中国少数民族自治地方概况》三种丛书。"文化大革命"期间，中央民委机构撤销，此项工作被迫中断。1978年国家恢复民族工作机构，中央民族事务委员会改为国家民族事务委员会。1979年，国家民委决定继续组织编写以上三种丛书，并增加编写《中国少数民族》和《中国少数民族社会历史调查资料丛刊》两种丛书，定名为《民族问题五种丛书》。《民族问题五种丛书》的编辑出版列入了全国哲学社会科学"六五"规划的重点科研项目。

《民族问题五种丛书》共计402本，一亿多字，该项目自1958年启动至1991年基本完成，历时30多年，涉及全国19个省、市、自治区及中央有关单位400多个编写组，1760多人参与，分别由全国30多家出版社出版。纵观历史，像这样全面系统地调查研究、编辑出版介绍各个少数民族的丛书在中国前所未有；横看世界，像这样由政府部门组织为国内各少数民族著书立说实属罕见。

盛世修史、修志，这是中国的传统。由于《民族问题五种丛书》编辑出版时间长，涉及地区广，出版单位分散以及受当时环境条件局限，难免存在一些不足：一是体例版本不统一；二是有些解释不准确；三是新中国成立以来特别是实行改革开放以来，少数民族和民族地区所发生的变化和取得的成就没有得到充分的反映。为适应民族工作发展和民族问题研究的需要，为满足广大读者的需求，国家民委决定从2005年开始对《民族问题五种丛书》进行修订再版。

这次修订再版的总体原则是"基本保持原貌，统一体例、版本，增加新内容"，统一由民族出版社出版发行。其中：

《中国少数民族》的修订，旨在原版的基础上，适当调整结构，更新有关数据和资料，吸收最新研究成果；增加各少数民族在改革开放以来各方面的发展成就。

《中国少数民族简史丛书》的修订，本着"适当修订、适量续修"的原则，对有明显错误的内容、观点、表述进行更正，对新中国成立以来特别是改革开放以来各少数民族的发展史实予以补充。

《中国少数民族自治地方概况丛书》的修订，力求更加全面系统地反映各民族自治地方的历史、地理、经济、文化、社会的基本情况和实行民族区域自治的历程、成就和经验，新编1987年以后成立的16个民族自治地方的概况。

《中国少数民族语言简志丛书》的修订，旨在改错，增补新的研究成果，增写《满族语言简志》，并合订为6卷本。

《中国少数民族社会历史调查资料丛刊》的修订，主要是尊重史实，修正错误，增加注释。

《民族问题五种丛书》的修订再版工作，得到了中央有关部门和各有关地方的高度重视及社会各界的广泛支持。中国社会科学院、中央民族大学、中央党校、中南民族大学、西南民族大学、西北民族大学、黑龙江社会科学院、黑龙江大学、黑龙江民研所、云南社会科学院、贵州大学、云南大学、四川大学、新疆大学、新疆师范大学、内蒙古大学、哈尔滨学院、吉林民研所、广西民族大学、广西艺术学院、广西博物馆、广西民研所、甘肃省委党校、凉山大学、中国教育部语工委、云南语工委等单位的民族学、社会学、人类学、语言学的专家学者以及长期在民族地区工作的同志共1000余人积极参与了修订工作，各有关省、自治区、直辖市的各级民族工作部门做了大量的组织协调工作。谨此，表示诚挚的谢意。

我们相信，经过大家的共同努力，修订再版的《民族问题五种丛书》，将以更全面、更完整、更科学的面貌呈现在广大读者面前。

李德洙
2007年8月

出 版 说 明

《中国少数民族自治地方概况丛书》，是国家民委民族问题五种丛书编辑委员会主持编辑的《民族问题五种丛书》之一，是在各有关地区党委和政府领导下，由各自治地方分别编写的。

我国是一个统一的多民族的社会主义国家。在长期的历史发展进程中，各民族对伟大祖国的缔造都作出了自己的贡献。实行民族区域自治，是我们党和国家解决我国民族问题的基本政策。自治区、自治州、自治县（旗）的建立，实现了各少数民族在管理本民族内部事务上的民主权利，体现了各民族平等团结、共同繁荣的基本原则。三十多年来，各民族自治地方在党和政府的领导下，政治、经济、文化都取得了巨大成就。

为了介绍各民族自治地方的基本情况，宣传党和国家的民族政策，促进各少数民族地区的四化建设，特编辑出版《中国少数民族自治地方概况丛书》。主要内容包括：各自治地方的行政区划、自然资源、民族分布、历史发展、政权建设、社会变革、经济文化以及名胜古迹、宗教信仰、风俗习惯等。本《丛书》的出版，对于各民族之间的互相了解，互相学习，进一步增强民族团结，巩固祖国统一，将发挥重要的作用。

国家民委《民族问题五种丛书》编辑委员会

1981年5月

修订再版说明

《中国少数民族自治地方概况丛书》是20世纪80年代编辑出版的。该《丛书》的问世，对于增进各方面对民族自治地方以及各民族的了解，促进各民族之间相互交流和学习，推动民族自治地方经济社会发展，增强民族团结、维护祖国统一，发挥了重要的作用，受到了各方面的欢迎和好评。

《丛书》问世以来，民族自治地方经济和社会发展取得长足进步，各方面情况有了新的变化，为了总结民族自治地方各项事业取得的成就和经验，进一步促进各民族"共同团结奋斗，共同繁荣发展"，国家民委决定修订、再版《中国少数民族自治地方概况丛书》，并将其列为国家民委重点科研项目之一。

本次修订，在基本保持原貌，统一体例、版本，增加新内容的总原则下，以补为主，重点补充改革开放以来民族自治地方经济社会发展方面的内容。对新成立的自治地方进行补写。修订和补写的概况计有自治区概况5本、自治州概况30本、自治县（旗）概况120本。修订后的《中国少数民族自治地方概况丛书》将更全面系统地反映当地历史、地理、民族、政治、经济、文化，展示山川风貌、物产资源、建设成就和发展前景。

《中国少数民族自治地方概况丛书》的修订工作，得到有关各省、自治区、直辖市领导的重视和关心，得到了有关部门的大力支持。我们对关心、支持修订工作的各级领导、有关部门、专家学者以及所有热心参与此项工作的同志，表示诚挚的谢意！

国家民委《民族问题五种丛书》总修订编辑委员会
2007年8月

目 录

第一章 地理环境 ································· 1
  第一节 自然环境 ······························· 1
    一、地理位置 ································ 1
    二、地势概貌 ································ 1
    三、河流水系 ································ 2
    四、水　库 ·································· 2
    五、土　壤 ·································· 3
    六、气　候 ·································· 4
  第二节 物产资源 ······························· 4
    一、矿产资源 ································ 4
    二、水资源 ·································· 5
    三、林牧业资源 ······························ 6
    四、水产资源 ································ 7
    五、动物资源 ································ 7
  第三节 人口与民族 ····························· 8
    一、人　口 ·································· 8
    二、民　族 ·································· 9
  第六节 行政区划 ······························ 21
    一、石碌镇 ································· 22
    二、七叉镇 ································· 22

三、叉河镇 ………………………………………… 23
　　四、十月田镇 ……………………………………… 24
　　五、昌化镇 ………………………………………… 24
　　六、海尾镇 ………………………………………… 25
　　七、乌烈镇 ………………………………………… 26

第二章　历史沿革与社会变革 …………………… 27
第一节　历代行政区划设置 …………………… 27
第二节　人民政权的建立 ……………………… 28
　　一、昌江县抗日民主政府 ………………………… 28
　　二、昌感县民主政府 ……………………………… 29
　　三、昌感县人民政府 ……………………………… 29
　　四、东方黎族苗族自治县（小县）人民政府 …… 30
　　五、东方县（大县）人民政府 …………………… 30
　　六、昌江县人民政府 ……………………………… 30
第三节　土地改革 ……………………………… 31
第四节　社会主义改造 ………………………… 32
　　一、私人工业和手工业 …………………………… 32
　　二、私营、个体商业 ……………………………… 33
　　三、农业合作化 …………………………………… 33
第五节　改革开放 ……………………………… 35
　　一、综　合 ………………………………………… 36
　　二、农　业 ………………………………………… 36
　　三、工　业 ………………………………………… 37
　　四、固定资产投资 ………………………………… 37
　　五、交通运输和邮电通信 ………………………… 38
　　六、商业贸易 ……………………………………… 38
　　七、旅　游 ………………………………………… 39

八、金融　保险 …………………………………… 39
　　九、科教文化事业 ………………………………… 40
　　十、卫生和环境保护 ……………………………… 40
　　十一、人口和人民生活 …………………………… 41

第三章　民族区域自治 ………………………………… 42
　第一节　自治地方的建立 …………………………… 42
　第二节　自治机关的建设 …………………………… 44
　第三节　法制建设 …………………………………… 47
　　一、公　安 ………………………………………… 47
　　二、检察院 ………………………………………… 49
　　三、法　院 ………………………………………… 50
　　四、司法行政 ……………………………………… 51
　第四节　民族干部培养 ……………………………… 52
　第五节　民族关系 …………………………………… 54

第四章　农　业 ………………………………………… 56
　第一节　农　业 ……………………………………… 56
　第二节　林　业 ……………………………………… 61
　　一、森林资源 ……………………………………… 62
　　二、树　种 ………………………………………… 63
　　三、营林生产 ……………………………………… 67
　　四、人工造林 ……………………………………… 69
　　五、经济林 ………………………………………… 70
　　六、四旁林 ………………………………………… 70
　第三节　畜牧业 ……………………………………… 72
　　一、畜牧兽医体系建设 …………………………… 73
　　二、畜牧业结构调整 ……………………………… 73

三、畜禽良种繁育体系建设及品种改良 …… 74
四、畜牧兽医科技推广 …… 75
五、无规定动物疫病区示范区项目建设 …… 75
六、动物防疫和动物监督 …… 76
七、技术培训 …… 77
第四节 渔 业 …… 77
一、海洋捕捞 …… 78
二、水产养殖 …… 82
三、渔港建设 …… 83
四、海洋与渔业管理 …… 86
第五节 水 利 …… 88
一、水能资源开发利用情况 …… 89
二、主要工程及业绩情况 …… 90
三、水务改革与管理进展情况 …… 92

第五章 工 业 …… 95
第一节 能源工业 …… 96
第二节 工业企业 …… 99
第三节 民族传统工业 …… 102

第六章 交 通 …… 105
第一节 铁 路 …… 105
一、铁路干线 …… 106
二、铁路专用线 …… 107
第二节 公 路 …… 108
一、国 道 …… 108
二、省 道 …… 109
三、县 道 …… 112

四、乡村公路 …………………………………… 114
　　五、专用公路 …………………………………… 119
第三节　水　路 ………………………………………… 119
　　一、水路运输 …………………………………… 120
　　二、渡口管理 …………………………………… 121
第四节　公路运输 ……………………………………… 123
　　一、国营客运 …………………………………… 123
　　二、集体旅客运输 ……………………………… 124
　　三、货物运输 …………………………………… 125
　　四、集体货运 …………………………………… 125
　　五、个体（联户）运输 ………………………… 125

第七章　邮政电信 …………………………………… 127
第一节　邮电局 ………………………………………… 128
第二节　基层单位 ……………………………………… 129
第三节　邮　政 ………………………………………… 131
　　一、邮运邮路 …………………………………… 131
　　二、投递邮路 …………………………………… 132
第四节　邮政业务 ……………………………………… 134
　　一、函　件 ……………………………………… 134
　　二、邮政储蓄 …………………………………… 135
　　三、报刊发行 …………………………………… 136
　　四、集　邮 ……………………………………… 137
　　五、邮政建设 …………………………………… 137
第五节　电　信 ………………………………………… 139
　　一、电　报 ……………………………………… 139
　　二、电　话 ……………………………………… 140
第六节　通信建设 ……………………………………… 144

第八章　财税工商金融 … 146

第一节　财　政 … 147
一、财政机构 … 147
二、财政体制改革 … 147
三、财政收支 … 149
四、财政事业的发展 … 150

第二节　税　收 … 153
一、地税机构 … 153
二、国税机构 … 156

第三节　工商行政管理 … 158
一、管理机构 … 158
二、市场管理 … 158
三、工商企业登记 … 160
四、商标广告管理 … 162

第四节　金　融 … 163
一、金融机构 … 163
二、存　款 … 167
三、贷　款 … 168
四、保　险 … 171

第九章　贸　易 … 173

第一节　国内贸易 … 174
一、国营商业的发展 … 174
二、供销商业的发展 … 177
三、城乡商业网点和集市贸易的发展 … 180

第二节　民族贸易 … 181

第三节　对外贸易 … 182
一、出　口 … 183

二、进　口 ………………………………………… 185

第十章　旅　游 ………………………………………… 186
　第一节　旅游资源 ………………………………………… 186
　第二节　名胜古迹 ………………………………………… 187
　第三节　旅游服务与设施 ………………………………… 193
　第四节　旅游经济 ………………………………………… 194

第十一章　对外开放 …………………………………… 196
　第一节　招商引资 ………………………………………… 196
　第二节　对外交流 ………………………………………… 198
　第三节　对外经济技术协作 ……………………………… 199
　　一、联　营 ………………………………………………… 200
　　二、合　资 ………………………………………………… 201
　　三、劳务输出 ……………………………………………… 201

第十二章　教育与科技 ………………………………… 203
　第一节　教　育 …………………………………………… 204
　　一、县级机构 ……………………………………………… 204
　　二、基层机构 ……………………………………………… 205
　　三、幼儿教育 ……………………………………………… 205
　　四、中小学教育 …………………………………………… 207
　　五、职业教育 ……………………………………………… 216
　第二节　科　技 …………………………………………… 218
　　一、科学技术委员会 ……………………………………… 218
　　二、科学技术协会 ………………………………………… 219
　　三、研究所 ………………………………………………… 220
　　四、气象站 ………………………………………………… 221

— 7 —

五、科技成果……………………………………… 222

第十三章　文化广电体育 ……………………………… 225
第一节　行政事业机构 ………………………………… 226
　　一、县文化广电出版体育局 ……………………… 226
　　二、县广播电视台 ………………………………… 227
　　三、基层单位 ……………………………………… 228
第二节　群众文化 ……………………………………… 233
　　一、民间歌谣 ……………………………………… 234
　　二、民间传说 ……………………………………… 235
　　三、戏　　剧 ……………………………………… 236
　　四、音　　乐 ……………………………………… 237
　　五、舞　　蹈 ……………………………………… 238
　　六、美　　术 ……………………………………… 240
　　七、书　　法 ……………………………………… 241
　　八、摄　　影 ……………………………………… 242
　　九、谚　　语 ……………………………………… 242
第三节　文化市场管理 ………………………………… 243
　　一、文化活动场所 ………………………………… 243
　　二、文化市场管理 ………………………………… 243
第四节　文物遗址 ……………………………………… 245
　　一、文　　物 ……………………………………… 245
　　二、遗　　址 ……………………………………… 248
第五节　广播电视 ……………………………………… 250
　　一、广播宣传 ……………………………………… 250
　　二、电视宣传 ……………………………………… 250
第六节　体　育 ………………………………………… 251
　　一、学校体育 ……………………………………… 252

二、群众体育……………………………………… 254
　　三、体育竞赛……………………………………… 259

第十四章　卫生医药社会保障……………………… 261
第一节　医疗卫生……………………………… 262
　　一、行政单位……………………………………… 262
　　二、事业单位……………………………………… 263
第二节　民族医药……………………………… 272
　　一、药物分布……………………………………… 272
　　二、药物蕴藏……………………………………… 274
　　三、药物种植……………………………………… 274
　　四、药政管理……………………………………… 275
第三节　社会保障……………………………… 277
　　一、劳动保险……………………………………… 277
　　二、合作医疗……………………………………… 279
　　三、劳动仲裁……………………………………… 280
　　四、优待抚恤……………………………………… 282
　　五、社会福利……………………………………… 285
　　六、社会救济……………………………………… 287

第十五章　城乡建设…………………………………… 293
第一节　县城建设……………………………… 294
　　一、机　构………………………………………… 294
　　二、街道建设……………………………………… 294
　　三、房地产业……………………………………… 296
　　四、园林绿化……………………………………… 298
第二节　乡镇建设……………………………… 300
　　一、黎村建设……………………………………… 300

  二、乡镇规划建设……302
 第三节 老区建设……302

第十六章 环境保护……305
 第一节 环境保护机构……305
 第二节 环境保护现状……306
 第三节 环境保护措施……309
  一、"三废"治理……309
  二、采空矿区复植……312
  三、石碌水库保护……312
  四、昌化江保护……313

后　记……314

第一章 地理环境

第一节 自然环境

一、地理位置

昌江黎族自治县位于海南省西北偏西部,地跨北纬18°53′—19°30′、东经108°38′—109°17′。东与白沙黎族自治县毗邻,南与乐东黎族自治县接壤,西南与东方市以昌化江为界对峙相望,西北濒临北部湾,东北部隔珠碧江同儋州市相连。版图狭长,南北长75千米,东西宽平均21.5千米,辖区总面积1596平方千米。县城石碌镇距海南省海口市180千米,距洋浦经济开发区100千米,距三亚市190千米,距东方市八所港码头50千米。

二、地势概貌

昌江黎族自治县属海南岛地层区西北分区,地层多样。出露地层分下古生界、上古生界、中生界、新生界四大类。地势复杂,分为海洋、陆地、岩溶、水面四种地貌。地势东高西低,自西北海拔

30米向东南逐级上升达1654米,形成西北平原、中部台地、东南山地的背山面海的地理环境。猕猴岭位于昌江县南端与乐东黎族自治县交接处,为本县最高峰。海拔300米以上山峰57座,其中海拔1000米以上的山峰有雅加大岭、金牛岭、狗岭、毫肉岭、霸王岭、戈枕岭、峨理岭、旧林岭、燕窝岭等25座。

三、河流水系

昌江黎族自治县背山面海,河流遍布全县。除昌化江、珠碧江两大河流分别从本县南北边界流入北部湾外,境内主要河流有:南绕河、七叉河、郎代界河、乙涝河、石碌河、青山河、纳凤河、沙地河、卡叉河、靛村河、南罗河、保突河12条河流。河流总长244.35千米,河内积水面积在100平方千米的河流有4条。

昌化江发源于五指山北麓的琼中黎族自治县空尔岭,干流流经琼中、乐东、东方三市县而注入昌江黎族自治县南部边界,于咸田港和英潮港入北部湾,全长232千米,其中县境流程62千米,流域集水面积5150平方千米,总落差1614米,平均坡降1.21‰~0.41‰。年径流量39.04亿立方米。

珠碧江发源于白沙黎族自治县的南高岭,河流总长84千米,其中在本县与儋州市交界的边境上为11.5千米,平均坡降0.2‰,总落差598米。支流共7条,流经昌江县境2条,即南罗河和保突河。流域集雨面积231.2平方千米。

石碌河属于昌化江支流,全长60千米,集水面积546平方千米,从本县中部流过,在叉河镇的叉河汇入昌化江。河的中游建有一座石碌水库。

四、水 库

昌江黎族自治县属干旱地区,历代地方官员均把兴修水利作为首要政事。1958年,昌江县组织全县人民兴建石碌水库。20世纪 60 年代初，石碌水库大坝工程告捷，接着以河流为对象进行全面规划，重点兴建小型水库工程，还利用昌化江、珠碧江水系，先后建立 18 宗水电站。截止到 2005 年，昌江黎族自治县共兴建蓄水工程 143 宗，设计灌溉面积 132300 亩。其中大（二）型水库一宗，小（一）型水库 9 宗，小（二）型水库 7 宗，其他蓄水工程 126 宗。

石碌水库位于石碌河中游，位于昌江县城石碌镇以东 5 千米处，是以灌溉为主，结合防洪、供水和发电为一体的大（二）型水利工程。总库容量 1.42 亿立方米，正常库容 9888 万立方米，设计灌溉面积 15 万亩，年供工业和生活用水 1600 万立方米。石碌水库主干渠长 46.5 千米，是昌江农田灌溉的大动脉，担负着全县农田灌溉任务的 80% 以上。坝后电站装机容量 1000 千瓦，年发电量 4000 万千瓦时。

山竹沟水库位于石碌水库干渠 22 千米处的青山河上游，属小（一）型水库。主坝为均质土坝，坝顶高程 106.4 米，坝顶宽 5 米，坝面长 920 米。库区截流面积 4.94 平方千米，设放水涵洞一条，洞径规格 1.8×2.1 米，最大过水流量 15.7 立方米/秒。库区正常水位 103.8 米，相应库容 790 万立方米，死水位 91.7 米。相应库容 25 万立方米，设计灌溉面积 6400 亩，现以每年 500 万立方米供应工业用水。

五、土　壤

昌江黎族自治县有土类 10 个，亚类 19 个，土属 46 个，土种 122 个。土类主要有山地黄壤、砖红壤性红壤（东红壤）、砖红壤、燥红土、滨海沙土、水稻土、潮沙泥土等。

黄壤的两个亚类黄壤和灰化黄壤，分布在七叉镇内的山地，在海拔 750~1200 米之间，面积 21.69 万亩。砖红壤性红壤（赤红壤）两个亚类主要分布在石碌、七叉两镇境内，海拔 400~

800米的山地，面积37.1万亩。砖红壤分为砖红壤和褐色砖红壤两个亚类，分布在石碌、十月田、叉河等镇内的保梅岭以西、三架岭以东的低丘地带，面积78.5万亩。燥红土主要分布在沿海地区的海尾、昌化等镇，海拔20～50米之间的地带，面积30.5万亩。滨海沙土分布在海尾、昌化等镇的海滨平原及沙滩地带，海拔高度在20米以下，面积14.7万亩。水稻土属于耕作熟化土壤，全县各镇都有。潮砂泥土分布在昌化江和珠碧江下游出海口处，面积6.2万亩。

六、气　候

昌江黎族自治县地处热带北缘，属热带季风气候，但又紧接东亚大陆南缘，受大陆性气候的影响，因此，具有明显的大陆性岛屿气候特点。冬季盛行东北季风，夏季盛行东南季风。干湿季节明显，每年5—11月为雨季，12月至翌年4月为旱季。年平均降水量1395毫米，山区降水多，西部沿海地区降水少。5—11月为台风季节，8—9月为台风盛期。受台风影响比较重的地区为西北沿海地区的南罗、海尾、昌化、乌烈一带。全年日照射数为2000～2600小时，年平均气温为24.1℃～25.1℃，最冷的1月平均气温17.5℃～19.7℃，最热的7月平均气温28.1℃～29.5℃。历年来出现的极端最低气温为1.5℃～4.2℃，极端最高气温为37.5℃～41.5℃。温差最大的地区是七叉镇和十月田镇。

第二节　物产资源

一、矿产资源

昌江黎族自治县矿产资源较为丰富，主要矿藏有铁、铜、钴、金、石灰岩、石英砂、花岗岩等。金矿主要分布在东南山区的叉河、七叉镇境内。D级黄金储量3.8832吨，品位7.6克。保由地区铝锌伴生金储量0.41吨，品位0.62克。七叉镇的王下地区储藏一定数量的金矿。钴、铜矿分布在石碌镇南1千米处的石碌矿区（北一区段），B+C+D级钴金属储量11165吨，品位0.308%，B+C+D级铜金属储量66162吨，品位1.7%。位于昌化镇东南3千米处的铅锌矿产，C+D级铅锌储量49410吨。保由铅锌矿储量24529吨，品位2.6%，锌295吨，铜187吨，铁134443吨，品位31.75%。铁矿主要位于石碌镇南1千米处的石碌铁矿床。铁蕴藏量为海南之冠，是亚洲最大的富铁矿，储量4.404亿吨，品位达49.22%。朝阳铁矿储量1万吨，军营铁矿储量16万吨。石灰岩储量大、品位高、分布广，主要分布在县境内东南部和中部地区，据海南省地勘测，位于七叉镇尼下村的石灰岩储量达亿吨以上。位于石碌镇1千米处的白云矿床白云石储量1.6413亿吨，镁含量达19%~20%。位于海尾镇东南2千米处的石英砂矿产面积500亩左右，平均深度2米，总藏量49.5万吨。

截止到2005年，已开采利用的矿藏有铁矿、铅矿、锌矿、铜矿、金矿、石灰岩、钴、石英砂、花岗岩等。开采业成为昌江经济发展的一个重要产业。

二、水资源

昌江黎族自治县水资源充足，大小河流14条，河流长244.35千米，集水面积1675.75平方千米。海南第二大河流——昌化江经县境入海，过境流量39亿立方米。年平均降水量1395毫米，年降水量222.37亿立方米，年平均径流深582毫米，径流量9.2亿立方米，人均年径流量5733立方米，高于海南省5250立方米的人均水平。境内地下水资源在昌化江出海口处比较丰富。孔隙潜水天然降水渗入量一般每天15.3万立方米，年5600万立方米，可采资源均匀，布井水量每天4.34万立方米，年1584万立米；基岩裂隙水天然资源地下径流量，每天21.64万立方米，年79030万立方米。地下水的水质良好，符合国家"T120-76"规定的卫生标准。山区、沿海地区地下水均可开采、打井、提水，供人畜饮用。

水力资源理论储量38575千瓦，可开发量2900千瓦，小水电站装机15台，装机容量12450千瓦。

三、林牧业资源

昌江林地面积122.1万亩，森林覆盖率为54%，未开发的林地面积69万亩。天然草场面积2277.3915万亩，未利用的天然草场22.71991万亩。成片的天然草场面积在1万亩以上的有6处，5000亩以上的有5处，100~200亩以上的有21处，有待开发。饲草载畜量14.5万羊单位。霸王岭是国家级自然保护区，拥有上百万公顷的热带原始森林，奇树异木比比皆是。原始林木种类1400多种，经济价值较高的有76个科属460多种，一至三类材有120多种，属热带雨林区独有A类品材有坡垒、子京、母生、花梨、荔枝等。一至三类材的活木蓄积量占林区原始林总面积总蓄量的50%以上。被列入国家级重点保护的珍贵树种如见血封喉、陆均松、红椎、马桐、油丹、竹叶松、绿楠、桢楠、红罗等27种。二类有南亚公、乌黑、黄椎、毛丹、油楠等30多种。三类有黄杞、鸡毛松、白格、黑格、稠木、青岗东、乌榄、酸枣、黄檀、黄牛木、无患等50多种。热带兰花在全国兰花展览中屡获大奖。全县经济树种有：芒果、木棉、橡胶、腰果、椰子、石榴、人心果、荔枝、柑橘、油甘等。引进树种有：木麻黄、小叶桉、大叶相思、杉树、马占相思、非洲楝、马尾松、油木、刚果桉12号、樟树、南洋松、园相等。年产鲜果100125吨。木材采伐量9274立方米，采伐限额8300立方米。畜禽品种主要有牛、羊、猪、兔、鸡、鸭、鹅、鸽。畜牧存栏量年均16万头（只）~17万头（只），出栏量15.1万头（只），畜禽肉总产量1万余吨。

四、水产资源

全县淡水、海水面积辽阔，有利于发展鱼类养殖业。海岸线长52.2千米，海域总面积1189平方千米，浅海总面积73396亩。滩涂可养殖水面1697亩，有昌化、海尾、沙鱼塘、新港4个天然渔港，鱼类资源丰富。淡水总面积47904亩，可养水面13901亩。天然湖泊3个，面积650亩。海洋鱼类有鲳鱼、马鲛鱼、鲨鱼、石斑鱼、带鱼、麻鱼、红鱼、铁甲鱼、菜刀鱼、西刀鱼、小公鱼、池泽鱼、青甘鱼、白卜鱼、鲍鱼、海鳗、红三鱼、红线鱼、赤鱼、鲤鱼、鱿鱼、大虾、青蟹、花蟹、螃蟹等30多种。淡水鱼有：鲛鱼、斑鱼、花鳗、鲤鱼、泥鳅、鲈鱼、鲩鱼、桂花鱼、虾、福寿鱼、淡水鲳、淡水麻鱼等。水产品平均年收购量40万担左右。

沙鱼塘和新港浅海一带滩涂可以养殖蝎。海尾海面滩涂马尾藻分布广、藏量大，常年可打捞。

五、动物资源

全县地域辽阔，境内有野生动物1000多种。稀有野生动物有黑冠长臂猿、云豹、坡鹿、水鹿、黑熊、山马、穿山甲、猕猴、果子狸、野猪、狐狸、鹦鹉、鹧鸪、白鹅鸟、巨狐等24种。两栖爬行类动物有黑眶蟾蜍、虎纹龟、沼蛙、花细狭口蛙、大绿蛙等20多个品种。爬行纲蜥蜴目动物有巨蜥、裸耳飞蜥、斑飞蜥、细鳞树蜥、变色树蜥、壁虎、石龙子等。爬行纲蛇亚目动物有福建丽纹蛇、繁花林蛇、白唇竹叶青蛇、巨型烙铁头蛇、金环蛇、银环蛇、眼镜蛇、翠青蛇、眼镜王蛇等十多个品种。珍贵鸟类有孔雀雉、白鹇鸡、山椒鸟、金啄木鸟、猫头鹰、海南原鸡、鹦鹉等 50 多个品种。

第三节 人口与民族

一、人 口

早在新石器时期，约三四千年前，就有黎族先民在昌江这块土地上生活。秦汉开始逐渐有大陆移民迁入昌江，但数量极少。元明两代，昌江人口超过万人。清代至民国时期，昌江人口有了较大幅度的增长，人口数已逾 5 万。

1953 年全国第一次人口普查，全县总人口 53089 人；1964 年全国第二次人口普查，全县总人口 84330 人；1982 年全国第三次人口普查，全县总人口 174500 人；1990 年全国第四次人口普查，全县总人口 205547 人；2000 年全国第五次人口普查，全县总人口 219502 人。

新中国成立前，昌江黎族自治县人口文化素质低，文盲和半文盲占总人口的 90%。新中国成立后，昌江大力开展扫盲活动并通过各种渠道普及教育，人口的文化素质得到了较大的提高。1990 年全国第四次人口普查，全县具有各种文化程度人口 134439 人，占总人口的 65.40%。其中具有大学文化程度的 2389 人，占总人口数的 1.16%；具有高中（含中专）文化程度的 21484 人，占总人口数的 10.45%；具有初中文化程度的 40130 人，占总人口数 19.54%；具有小学文化程度的 70436 人，占总人口数的 34.26%。2000 年全国第五次人口普查，全县具有各种文化程度人口 175069 人，占总人口数的 79.8%。其中具有大学文化程度的 5213 人（23 人为研究生学历），占总人口数的 0.023%；具有高中文化程度（含中专）的 24408 人，占总人口数的 0.111%；具有初中文化程度的 61083 人，占总人口数的 2.327%；具有小学文化程度的 84365 人，占总人口数的 3.85%。

1990 年全国第五次口普查，全县各行业在业人口数为 97417 人，占总人口数的 47.39%。从事第一产业人口 63795 人，占在业人员的 65.49%，是比重最大的一个行业。其中从事粮食生产劳动的 55976 人，占本行业人口数的 87.74%，占总人口数的 27.23，其他 4 个行业仅占 12.26%；从事第二产业人口 18548 人，其中，从事地质普查勘探的人口占 50.3%，从事建筑业的人口占 2.02%；从事第三产业人口 15074 人，占在业人口的 15.47%，其中比重较大的为商业、公共饮食、物资供销和仓储业，占 5.86%，教育文化广播电视事业占 3.13%，国家党政机关和社会团体占 2.67%，卫生体育和社会福利事业占 1.13%。

2000 年，全国第五次人口普查，昌江县总人口为 219502 人。其中，全县各行业在业人口总数为 15059 人，占总人口数的 14.57%。从事第一产业人口 157185 人，占总人口数的 71.61%；从事第二产业人口 22345 人，占总人口数的 10.18%；从事第三产业人口 39971 人，占总人口数的 18.21%。

二、民　族

黎族、汉族、苗族是昌江主要的聚居民族，其他民族人口均为新中国成立后因工作、婚嫁迁入。2000 年全国第五次人口普查总人口 219502 人，汉族 137639 人，占总人口数的 62.71%；黎族 79529 人，占总人口数的 36.23%；其他民族 2334 人，占总人口数的 1.06%。

境内除黎、汉、苗 3 个聚居民族外，还有壮、回、满、瑶、彝、朝鲜、蒙古、侗、白、土家、京、仫佬、高山、土、藏、水

16个民族成分。黎族人口主要分布在山区的七叉镇、叉河镇、十月田镇、石碌镇以及乌烈镇；汉族人口主要分布在县城石碌镇以及沿海地区的昌化镇、海尾镇、乌烈镇和各国营厂矿企业、农林场等；苗族人口只聚居在七叉镇的一个村落。其他外来民族人口均分布在各国营厂矿企业、农林场以及各机关事业单位。

以下主要介绍县境黎族语言文字、风俗习惯、宗教信仰。

1. 黎族语言文字

县境内操黎语的人，都自称为 dai^{53}。但除了这统一的自称以外，不同的支系又有不同的自称，如 hai^{13} "侾"、gei^{13} "杞"、mo：i^{53} fau^{53} "美孚"等。根据各地黎族土语的异同程度以及居住、穿着等生活习俗，黎语分为侾方言、美孚方言和杞方言，其中侾方言又分为罗活土语和侾炎土语。

侾方言是昌江县使用人数最多的黎话方言，分为罗活土语和侾炎土语。操用罗活土语的黎族人分布在石碌、叉河、十月田、七叉4个乡镇、41个自然村，人口4.4万人。操用侾炎土语的黎族人分布在十月田、石碌、七叉3个乡镇、15个自然村，人口4825人。

操美孚方言的人，主要分布在乌烈镇的峨港、白石、峨沟，十月田镇的保平、塘坊，石碌镇的水头、牙营，七叉乡的重合、红峰等15个自然村，人口2.2万人。

操杞方言的人主要分布七叉镇的三派、牙迫、钱铁、洪水、大章等村，人口约3400人。

2. 黎族风俗习惯

（1）生产习俗

狩猎 新中国成立前，狩猎是黎族群众的主要经济生产方式。狩猎规模有大有小，大至聚合全峒二三百人，携网在数，带犬几百只，持枪带箭数百枝。遇一山岳则施网百箭，人犬共摆列围之。然后人犬齐奋叫闹，密向兽域举枪发喊，纵犬搜捕，山界应声震动,兽惊下山着网中箭。小则三五人带一两条狗上山追猎。集体狩猎多在农闲季节进行。所获猎物,除击中者优先取得头部外,凡参猎者和狗均分得 1 份兽肉,并且还存在着见者有份、共同分享的习俗,20 世纪 70 年代起,许多野生动物被列为国家珍稀动物进行保护,狩猎活动逐渐减少。

刀耕火种 烧地耕作是黎族山区的一种传统耕作法,这种耕作方式首先要求场地要选择在比较向阳的倾斜面,坡度大约为 30°左右,土质一般以松软的黑土为佳。场地选定后,通常每年在四月份左右进行砍伐,后集山木而焚烧,俗称"砍山兰"。山兰地播种大多是混播,一般以山兰稻为主,以玉蜀黍、红豆角、狗尾粟、南瓜、蓖麻、吉贝等为辅。耕作不粪不耘,仅男子拿着棒子在前面戳穴,妇女跟在后头撒种。后盖小茅寮看守,常以敲打叮咚驱赶鸟、猴、野猪等害。收割方法采取抽穗或以小稔刀切取。山兰地耕作有轮荒习俗,通常好地连播 4 年之后,让它丢荒休闲,另重新择地砍伐,数年后又旋回重新砍伐耕作。20 世纪 60 年代起,这种耕作方法除个别偏僻山区沿袭至今外,因毁林严重,政府严令禁止。

牛踏田 山区不少稻田属烂泥田,田泥较深,不易人牛犁耙耕耘,黎族农民唯待雨足之时,则纵数牛于田间往来践踏,俟水土交融,随以手布种粒于上,传统称"牛踏田"。20 世纪 70 年代起,农田水利排灌设施完善,这种耕作方法仅在个别叩问沿用。

渔捞 渔捞是黎族传统经济生产活动之一,因本县地域属昌化江流域,昌化江及其支流有着优越的天然条件,淡水鱼种类繁多,因此,黎族每家每户都有弓箭、钓钩、渔罩、渔箩等捕捞工具,待农闲时下河猎鱼。20 世纪 70 年代起,这些捕捞工具除个别偏僻山村仍沿用外,大多数采用网具。

纺织 黎族妇女从事纺织有着悠久的历史。纺织品的主要原料是木棉、山麻等。首先脱净纤维,然后用脚踏纺车以旋转纺垂卷取棉纱。印染原料为野生的兰靛草或其他有色树皮,用料缸浸泡,并做成各种印染颜料。织布是用自己制作的织布机,织时两足伸直坐在席子上,织机一端用麻绳紧缚在腰际,一端用两足撑着,使径线钳紧起来,然后用两手来回牵引梭子织布。工艺精湛的黎锦、筒裙、头巾、花腰均由此工序完成。20世纪80年代起,手工纺织技术的应用逐步减少。

制陶 制陶是黎族传统手工业生产之一。一般在正月以后开始制作。全部工序都是由妇女承担,男人不参与。其工序为:首先选择粘质好的泥料,搓好泥团,然后根据器物的不同形状做成泥坯,在阳光下晾干,择好日子烧熟。20世纪70年代起,制陶工艺逐渐减少。

编织 编织也是黎族传统手工业生产之一,其分工一般是女子善于苇料编织,男子善于竹藤料编织。主要产品有草席、草笠、草萝、竹箕、竹筐、竹筛、藤笼、藤椅、刀篓等。

(2) 生活习俗

服饰 不同支系的服饰有不同的特点。

侾支系:男女衣着以木棉加工自织,呈黑色或灰黄色,以灰黄为主(木棉自然色泽),男女有别。男上衣无领,对开线扣,四周衣缘留有寸许长的穗。裤为宽约五寸的三角布(黎语称为"编"),新中国成立后消失。头饰为黑色长布巾,缠头巾时不留巾尾呈圆盘形。女衣着较复杂,衣无领,对襟线扣,两边以及前后衣缘有寸许宽的花纹边,并系有铜钱或小铜珠,衣背有一道红布条或细花带,两边有二至三组小的对称几何图纹把背部衣幅分为两边。上衣有常服、婚礼服两种款式。常服单衣、花纹一层;婚礼服由多件单衣重套而成,长度不等,合单层袖子,有多层重叠华丽花纹。裙的长短一般在膝盖处,花纹以变形的几何图纹和植物图纹为主,多用红白丝线绣织。不缠头巾。佩带饰物有银、铜、铝合金等制作的手镯、耳环、项圈以及兽骨雕刻的头插,男女外出时扎花边带穗腰带、自织的背袋或竹编的"龙卡"（即腰篓）。

美孚支系：衣着黑蓝色或浅黄色，用木棉自织，男女有别。男衣对襟无领、无扣、无穗。用白布镶边。围襟为蓝色，长度到膝盖。围裙由前后两幅布连接，前幅小后幅大，相连处用白布镶边。不缠头巾。女上衣有平领，对襟线扣绳。衣领是一块方形布，披于颈后连至胸前。童装衣领为红布黑边，成人装衣领为黑布红边或白边，衣边与前襟花边上端相连接，与汉装的海魂领极为相似。衣袖前端1寸处有一圈白色布纹。女筒裙长至脚踝。筒裙花纹繁多，色彩分三节，上节纹是简单线纹和几何图纹。中节花纹为主要装饰部分，由红蓝、黄、绿各色丝线绣成，以植物、动物花纹为主，最为华丽。下节为染花纹。女式头巾花纹呈黑白，宽约3寸，佩带的饰物有银、铜、合金铝以及少量玉石手镯，银、铜耳环，银、铜项圈。项圈有3~4层重叠。此外，还有银头插饰物。男女外出喜欢佩带黎锦袋或"龙卡"（腰篓）。

孝应支系：男衣着呈蓝黑色，衣开胸对襟圆领，上端有一线系扣，无衣穗。裤子有两种：一种是宽约5寸、长约尺许的三角布，黎语叫"编"，新中国成立后消失；另一种是大裤头中裤，裤长及小腿肌。男性所缠头巾宽约1.5尺，长约1.2丈，缠成圆形，留有巾角。女式衣物一般为自织或购布自裁。上衣小圆领，包胸旁襟，领口用花布镶边。衣襟边沿以及衣幅下摆边沿均用花布镶边。领口与旁襟共有六对布扣或铜扣，袖口有两圈花布纹饰，筒裙长度至小腿肌。筒裙装饰分两截，上截是一圈黑布，无花纹，下截是自己编织的锦幅，花纹繁多，由五色丝线绣成。花纹主要以动植物、人物为主，色彩艳丽，图像、姿态各异，栩栩如生，独具特色。头巾为宽约2寸的黑布或蓝布。妇女颈项、首饰与侾支系妇女相似。外出多佩"龙卡"。

杞支系：衣着呈黑色或浅黄色，用木棉和山麻自织。男式衣物面料无花纹，开胸对襟，无领无扣，着衣时用布带或麻绳捆扎，背面衣幅下摆有约1.5寸长的衣穗。筒裙为前后两幅布相连，前幅小后幅大，长度仅及膝关节。头缠红布或黑布巾，布巾长约1.2丈，宽约1.5尺，布巾圆缠于头上并留出巾角于额前。男人右手绑红色或青色的线圈，意保平安。女式衣服对襟上端有一线系扣。袖口以及全部衣服边沿以红布扎边，衣对襟有两行青纹，前摆无花纹，衣背正中有双行直纹连及下幅的方块花纹。筒裙长度刚没及膝关节，花纹遍及全裙，以叶脉纹和蜂窝纹为主要花纹。花纹用五彩丝线绣成，色彩多样。头巾自织自绣，长约5尺，宽约1.5尺，头巾两端均绣有方块花纹，并结有彩线穗，穗长约5寸。头巾折叠缠于头上，线穗飘于额前脑后，以长约8寸的布缠小足。女子首饰与美孚支系相似。男女出门多佩锦袋。

新中国成立后，上述各个支系的服饰特色均逐步淡化，尤其至20世纪80年代后，黎族青年、儿童的服饰已基本汉化。

文身 新中国成立前，文身是黎族人民生活中的一种习俗。男文简单，女文较复杂。女文年龄一般在12～16岁的少女时期，个别可以推迟至18～25岁。施文必须逐期进行文面、文肢、文身的不定期文工序。不同的支系有不同的文谱特征，文身的部位和图案也有区别，但其共同的特点和涵义是用点、圈、线组成各种图案表示一致的图腾象征。例如，身文的各种图案都是象征女性的美容，脸文是支系的区别。划于脸部的双线文、几何文称为"福魂"文，划于上唇的图文称为"吉利"文，下唇的图文称为"多福"文；臂文中，手腕的双线文称为"平安"文，臂上的铜线圈文称为"财福"文；躯干上的田形文、谷粒文称为"福气上身"；腿文中的双线文、树叶文、槟榔树文称为"护身"文。

文身工具选取坚韧尖利的白藤和红藤带棘的梗，以此作为文针，配备一根如筷子大小的小木棒击打文针。文身颜料取自家种的染料草，用前把草放到陶缸七天七夜，制成青兰色的染色水，使用时加进炭屑。妇女文身一般喜欢在秋季农闲时选择吉日进行，杀鸡摆酒设祭。伤口痊愈后，用龙眼树叶煮水洗身，请酒设祭感谢祖先。

新中国成立后，文身习俗逐渐淡化，20世纪70年代后，除个别地区仍有简化仪式外，已基本废止。

饮食 日食三餐。主食是大米、玉米、番薯，其次是粟、豆类、木薯等。菜食有木瓜、南瓜、葫芦瓜、野菜、田菜、田螺、蛙蛤类等。20世纪80年代后，日食干饭已成常事，菜类也丰富多样。饮具、餐具多为自制素面陶器和竹木器。糯米是黎族人最喜欢的主粮之一，尤其是"山兰香糯"，用途甚广，除制酒外，还制"米糕"、"粽子"等。

饮酒是黎族男女的嗜好。酒由自己酿造，有米酒、山兰米酒、番薯酒等品种。最具有本民族特点的"山兰米酒"，是黎族闻名遐迩的迎宾佳酿。黎族男女惯于老少围成一圈，在酒坛上插上几支竹管轮流吸饮，另一种方式是用大碗豪饮，遇有喜事、丧事往往喝到通宵达旦。

竹筒饭是黎族独特的食品，用一节保留头尾的竹筒，打通一头放进山兰米和适量的水后用火烧烤至熟。竹筒饭清香可口，狩猎时常烤制。20世纪70年代后，民间竹筒饭逐渐消失。20世纪80年代后成为旅游食品。

酸食"南刷"（音译），是黎族居民家家户户常备菜肴，多以小鱼虾、小青蛙、田螃蟹及兽肉等掺以米饭、瓜菜沤制而成，风味独特。20世纪80年代起，酸食"南刷"逐渐减少。

住宅 主要有两种形式，即船形屋和金字顶屋。

船形屋：其平面呈长方形，以原根粗糙的树木做梁柱，用竹条或藤条构成屋架，以麻绳扎结实，在半圆拱形的构架上覆以茅草作为屋顶。整个建筑的外观形象如船篷，其室内的平面布置也仿照船中隔舱的结构样式做间隔，当地称为"船形屋"。这种建筑有高、低两种，按当地的叫法，一种叫高栏楼居，一种叫低栏地居。从清末至民国初年开始，黎族地区低栏式住宅建筑相继出现，并沿袭至今，成为黎族住宅建筑的主要模式。改革以后的低样船形屋，平面为长方形，建筑内部作纵深方向布置，由前屋、居室及后部的杂物用房三部分组成。视其家庭人口及经济条件而定，一般纵长约6米，个别达10米以上，横跨度一般为4~6.5米。梁架结构多以二柱穿斗式构架，檐柱与脊瓜柱柱头砍修成凹的弧形承托脊檩和檐檩，四檐柱上与下部各施一根通长的穿枋，并以榫卯技术作加固，使建筑形成上和下两部分框架，下枋在侧面与枋上皮凿出凹槽，侧槽与建筑相拼合，下枋上皮槽口正对着两头牵固在檐柱的柱脚之中，上枋也穿插在柱身上部，使得整座建筑的结构上下左右相互牵连，形成一个整体，增强了房屋的稳定性并提高了抵挡台风的能力。

金字顶屋：其平面呈横长方形，进深4.5米，悬山式金字顶，顶坡度约0.25米高，前后高约1.5~1.8米，檐墙柱草泥墙，正门开在前檐。前檐门廊有两种：一种是檐飘出1米左右形成檐廊，一种是门口一间作凹入门廊。这种住宅平面布局作横向伸展，平面规模有大有小，随居住者的经济、人口及生活水平而定。有单开间（居室和门廊组成）、双开间（一厅一房及门廊组成）、三开间（一正厅两耳房及门廊组成）、四开间（三开间加一间厨房及门廊组成）、院子式（在主屋前面一侧加建一幢副房，构成曲尺形，再在其余两面围以竹子或树篱笆，使之形成一个宽阔、方整的前院）五种。横向金字屋保留着原始住宅屋矮、窗少、室内光线较暗的特点。

此外，黎族女子年满十五六岁以后，其家里人就在村边路口旁为她建造一间小茅寮（黎族叫"布隆闺"，意即"没有灶的屋"），让她单独出居睡觉，供青年小伙子来串门，其外形结构与一般茅屋相同，最大的不过10平方米，最小的仅4~5平方米。

婚嫁 黎族婚姻独具民族特点。有严格的婚姻俗规，严禁血亲的直系亲属内通婚，实行一夫一妻制。新中国成立前，黎族人实行早婚较为普遍，男女在十五六岁时就不与父母同居，住自己的"布隆闺"。在"布隆闺"里谈情说爱，以对歌来倾吐情感。男向女赠送精制的腰箩和竹笠，女向男赠送精心纺织的定情腰带和背袋。若女方同意，男方可同床过夜，翌日鸡叫两三遍时刻，男子才告别情人回去。父母对子女的这种恋爱行为不加干涉。当男女青年经过恋爱，男方家长便选择吉日，委托媒人到女方家求亲。携带的礼物有：一个"红包"、一箩米、两把蒌叶、一合螺灰、一捆自种烟叶、一件自织新衣、一箩糯米糕团等。媒人由女方父母接进屋中，摆设酒席接待。女方家长如果同意结亲，席间接礼物；不同意结亲，席间不受礼物。一接受礼物表示婚约已定，有的支系在缔结婚约时，当场议决身价聘礼，有的支系缔结婚约后再议身价，说亲订婚之后，若是男方提出退婚，就得托人告诉女方家长，取得同意，聘礼一般不退回。如女方家长不同意，婚约未解除之前，男方不得另外择婚。

结婚日子一般选择在秋收以后到春节前。牛、龙、羊、鸡、猪、兔等时日为吉日。结婚仪式，各支系大同小异。侾应支系的婚礼分为接娘、迎亲、饮福酒、送娘4个程序。由男方派出二男二女做为接娘人员，二女中一人为联络人，一人为引路人。接娘人员一般于下午时抵达女方家，接女方出门不得超过晚10时。送娘队伍除了男方来人外，还有女方村寨里的男女青年，但女方父母不能参加。当接娘队伍到达男方村寨时，村里男女老少都来迎新娘。迎亲仪式的程序是：首先朝天鸣放粉枪，放鞭炮，接着由新郎和母亲出门迎亲。入屋后，新郎陪女方客人入席喝酒，新郎的母亲带着新娘看新房。当日新娘亲自做饭招待双方宾客，饮福酒。第二天双方亲友赶来贺喜，有的送猪，有的送米、酒或红色布料等。新郎家大设宴席招待众宾客。宴席设平地式长排席，席位分宾主两排，男方众亲坐一排为主位，女方众亲以及各村寨客坐对面一排为宾位。宴席中央放着一坛酒，酒坛上插一对竹子吸管，酒坛旁边放着相对的一对圆藤凳子。一对是"正座"，即主位，一对是"陪座"，即客位。新中国成立前，宴席菜肴以芭蕉杆心菜、木瓜杆心菜为主，肉类极少。新中国成立后，菜肴丰富，以肉类为主，饮福酒开始时，新郎和新娘相对坐"正座"，两亲家母坐"陪座"。当一对新人相对低头用吸管吸酒时，两个亲家母坐上"正座"为他们祝福，讲吉祥话。然后，众宾客轮流坐上"正座"和"陪座"饮福酒。席间，饮酒对歌，八音锣鼓吹奏乐曲。女方嫁到夫家以12天为周期，周期满时回娘家"送娘"。送娘要4人作为"陪伴娘"，由夫家小姑或表姐妹担任，用36个糯米糕作为礼物。新娘回娘家以15天为满期，满期后，由婆婆或是丈夫到女家请媳妇，媳妇从此返夫家一直到老。

丧葬 黎族实行土坑葬，棺木分为四种。第一种为木棺，有独木棺和木板棺，棺葬者祭奠仪式称"牛祭"。第二种为树皮棺，即用厚皮树的皮代棺。第三种为竹棺，即用长约2米的山竹编成席状代棺。第四种为席棺，即用露兜叶席代棺。第二至第四种祭奠仪式称"猪祭"。葬俗程序主要有：

报丧：人死后鸣粉枪三声报丧，并要派人讣告各村寨的亲属。

停尸：把尸体移至房子中央的地上，用草席铺垫，遗体盖上一张"龙被"或灰色毯被，摆列死者生前用品。男性头朝前门，女性头朝后门，不设灵位，在手足边摆放两把谷物、一个酒碗，有的摆上牛或猪的下颚骨，男性死者加摆猪头下颚骨等做祭品，停尸时间不超过三日两夜。停尸期间，亲属按照辈分依次守在遗体旁。

出殡：将死者放在用竹枝和竹竿做把的抬架上，再用藤条分为五节绑固，然后覆盖"龙被"，尸架由亲属中的青壮年轮流抬扛，亲儿子手拿山刀走在前面领路，众亲友随后。尸架抬到坟山后，先把独木棺放进墓穴，再把尸架解开，将尸体放进棺内，在盖棺前，揭开"龙被"让亲属瞻仰遗容，向死者告别，然后盖棺埋土下葬。坟堆一般高出地面一尺左右，呈长方形。随葬品摆于墓侧，不立碑。黎族坟山是一处禁地。一个氏族一处坟山，坟山的草木不准任何人砍伐，违者将受到严厉处罚。坟山内的墓地零乱。非正常死者一般在死的地方乱葬，不能与正常死亡同葬。

饮孝酒：埋葬死者后回来饮"孝酒"，表示对死者的哀悼，也表示洗脱死者缠在自己身上的衰气，各支系饮孝酒的方式大同小异，有的只准饮酒时吃芭蕉杆菜和木瓜杆菜，不准吃米饭和肉类，有的只准饮酒时吃肉但不准吃饭，有的却无禁忌，酒肉饭菜都可以吃。守孝时反穿衣服为孝衣，孝衣不能洗换，戴孝者不能洗头洗身，不下田劳作，守孝期间长短不一，有的支系长达十几天，有的仅三天，期满除孝也有一定仪式，孝期满的当天晚上，由氏族头领杀一只鸡见血，男死者杀公鸡，女死者杀母鸡，念咒祷告，拾回死者灵魂加入祖先，请祖先认亲魂，不要使新魂孤独，除孝仪式完后，上述守孝禁忌才解除。

黎族办丧事，也有做"七"、做"佛"的习俗，并且仪式独具鲜明的民族色彩。按俗规，人死后，要举行哀悼仪式做"七"、"七"满期后要做"佛"。尤其是做"佛"仪式场面隆重，时间为一天一夜，村里寨外的亲戚朋友，要向丧主家送猪、米、酒等礼物，一家丧事做"佛"，四面八方众人都来参加，丧主家就得摆设酒席接待。男女青年人则乘做"佛"的机会谈情说爱，这样，丧主屋里悲伤痛哭，村外坡地则男女青年对歌调情，寻求新欢或重温旧情，从而使丧事活动呈现出一种悲喜交集的奇特场面。居住在平原地区与汉人杂居的美孚黎族丧葬习俗基本汉化，并有清明扫墓的习俗。

岁时　在邻近汉族地区的十月田、保平、乌烈一带的黎族居民，节日基本与汉族相同，即正月初一春节、四月五清明节、五月初五端阳节、七月十四中元节、八月十五中秋节、九月初九重阳节等。在这些节日里都有与汉族相似的庆祝、祭祀活动，如春节贴春联、五月包粽子、七月烧纸钱、中秋食月饼等。此外，黎族还有自己的传统节日，如三月三节，七叉地区九月九的打柴节，太坡、石碌、王下等地区三月、七月的插秧洗犁节，十月田地区的牛日节、五月与十月的丰收节。在这些节日里，黎胞身着新衣，制作各种糕点、美酒，互相祝贺，饮酒作乐，特别是黎族三月三，青年人相约游坡，对歌赛歌，谈情说爱，通宵达旦，热闹非常。

喜庆 黎族同胞建新屋前，普遍请道士选择良辰吉日，然后按时动工建造。亲兄戚弟前来帮工者众多，不计报酬，房子盖好后，再请道士择日进宅。进宅当天，主人设酒宴请亲朋好友前来庆贺，贺礼一般为钱、米、酒等物品。20世纪80年代后，随着人民生活逐渐富裕，"入屋酒"越来越讲究排场。

禁忌 黎族禁忌多种多样，如"禁青"和"插青"。"禁青"是村寨里有疾病流行，或是外村发现流行疾病，被认为是神鬼作祟，除了杀牲祭祀外，在村寨的路口或寨门柱上挂上青树叶，叫做"禁青"，表示禁止外鬼侵入，防止疾病、灾难入侵，同时也禁止外村人进入村寨，避免带进疾病。此外，人生病、女人生小孩、猪生仔、下谷种和酿米酒等都在家门口挂一串青树叶"禁青"。违禁的人被谴责为无道德、无教养，如因违禁而巧合出事的，违禁者还会受到罚没财物的惩罚。"插青"是以插棍、结草或刻划为标志，表示被插青的地、坡、山林、树木、草坡、水塘等移不动、拿不走的物体已有主人，他人不能再占有。生产生活中的禁忌很多，如人不能跨过炉灶；被村里公认的"神树"不能随便用刀砍，不准攀登，不准拴牛，神树下的小草、祭台等不准乱摸和移动；被公认为有神灵的岩石、碑石禁用镰刀、山刀刻伤；门口禁用刀砍；孕妇禁吃狗肉、蛇肉，否则难产；妇女制陶、烧陶禁忌男人参与；禁忌讲脏话和不吉利的话；春节期间禁忌讲粗话、不吉利的话；大年初一禁忌洗衣、扫地；砍山兰一定要选择龙日、马日、兔日、蛇日等吉祥日；三月八日牛节禁忌杀牛；病患者服草药时禁忌孕妇入室等。

3. 宗教信仰

黎族人民在过去仅有一些原始的宗教信仰和巫术，没有神庙和统一、固定的崇拜偶像，更没有专职的僧侣、信徒、祭祀阶层。黎族原始宗教花样繁多，时常渗透到黎族人民生活、生产的各方面。黎族人认为"万物有灵"，凡能作崇的精灵都被称为鬼，其中祖先鬼为最大的鬼。为了保佑平安，获得好收成，必须祭祀它们。巫术是黎族人民的主要迷信活动。巫术指各种占卜，包括交杯卜、鸡骨卜、蛋卜等。其中鸡骨卜、蛋卜在禳灾除祸、狩猎、砍山兰等生产生活中，无不用之。

第六节　行政区划

1987年，昌江黎族自治县成立，除石碌镇外，区制改为乡、镇建制，原来的11个区公所改设为乡的有七差、保平、昌城、王下4个乡政府；改为镇的有叉河、十月田、乌烈、海尾、南罗、昌化、太坡7个镇政府。全县各镇下设街道办理处1个，居民委员会23个，村民委员会71个。

1991年，昌江县县辖8镇、4乡、69个农村管理区、174个自然村，其中黎族村庄103个。1995年7月，撤销管理区设立村民委员会，全县设有村民委员会77个。2002年7月，全县乡镇行政区划进行调整撤并，将原12个乡镇调整撤并为7个镇。太坡镇并入石碌镇，昌城乡并入昌化镇，南罗镇并入海尾镇，保平乡并入十月田镇，王下乡与七差乡合并，设七叉镇、乌烈镇、叉河镇不变。村民委员会区域除原保平乡红阳村委会划归叉河镇辖,原十月田镇山竹沟村划归石碌镇辖外,其余村委会区域随原乡镇管辖不变。

一、石碌镇

石碌镇地处昌江县城,是县委、县政府所在地,是全县政治、经济、文化中心,距省会海口市210千米,国道海榆西线公路、西线高速公路和西环铁路贯穿其中,交通便利。优越的地理环境和丰富的自然资源使之在长期发展过程中形成了农业、加工业、商业一体化的经济发展模式,并带动了旅游业的进一步发展。2002年7月,全县乡镇区划调整撤并,太坡镇并入石碌镇设立石碌镇政府,驻原石碌镇,原十月田镇山竹沟村委会划归本镇辖。区划调整后,石碌镇行政区域面积216.5平方千米,总人口83550人,辖11个村(居)委会,耕地面积22400亩。镇政府下设1个财政所、4个地税所、4个派出所,全镇设有2所中学、13所小学。完善的机构设置,有力地保证了全镇政治、经济、文化、交通等各项工作的正常运转。

近年来,镇党委、政府坚持以经济建设为中心,认真贯彻党在农村的各项方针、政策,团结奋进,艰苦奋斗,使全镇经济呈现稳中有升的发展势头,人民生活有所改善,科技、文化等各项事业不断发展;民主法制建设取得新的成效,精神文明建设发生了巨大变化。2002年,全镇工农业总产值3332万元,农民人均纯收入1295元。

二、七叉镇

七叉镇位于县城东南部,东临白沙县,西濒昌化江与东方市邻隔,南与乐东县交界,北与叉河镇相邻,距县城23千米。2002年7月,原七差乡与原王下乡撤并,设置七叉镇,同时设立王下工作站，重合村为镇政府所在地，是本县最大的黎苗族聚居地。区划调整后，七叉镇行政区域面积696.6平方千米，总人口21938人。辖13个村民委员会，45个自然村，总户数3698户，总耕地面积13362.6亩，全镇农村经济总收入2999.1万元，人均收入1180元。

七叉镇四周环山，境内河流纵横，雨量充沛，水源充足，土地肥沃，气候温和，适宜发展热带高效经济作物。芒果、木棉为全县之冠，素有"芒果之乡"的美誉。王下山区为海南最大河流南渡江的发源地，境内矿产蕴藏丰富，有铁矿、金矿、石灰岩等，其中石灰岩储量大，品位高，是生产特级水泥的原料。自然资源丰富，有多种珍贵动物和1000多种植物，土特产有红白藤、松香、沉香、花梨木、砂仁等。

境内旅游资源丰富，有七叉温泉、燕窝岭、母娘洞（也称革命洞）、雅加大岭瀑布以及列为国家级的霸王岭黑冠长臂猿自然保护区等。溶洞极多，以皇帝洞最为著名，该洞于1980年被列为县级自然保护区。

农作物有玉米、水稻、花生、蕃茨等，经济作物主要有甘蔗、芒果、橡胶等。

三、叉河镇

叉河镇地处昌化江中下游，距县城24千米，海榆西线、粤海铁路贯穿全境，境内矿产资源丰富，是昌江最大的工业区，也是全省西部四大工业区之一。2002年7月，全县乡镇撤并，原保平乡红阳村委会划归本镇管辖。全镇总面积100平方千米，耕地面积38460亩，总人口13876人，共辖8个村（居）委会、12个自然村。境内有海南叉河水泥厂、国投水泥厂、海能达锂电池厂、铜钴冶炼厂等大小企业。经济发展以工业为龙头，辅以农业生产，农作物主要有水稻，还生产甘蔗、芒果、香蕉、剑麻等经济作物。

作为县工业区及全省四大工业开发区之一的叉河镇，近年来，镇党委、政府紧紧抓住经济建设这个中心，充分利用资源优势及区位优势，通过招商引资，截止到2002年底，建成叉河水泥厂、国投水泥厂、海能达锂电池厂、铜钴冶炼厂等大型企业，此外，有新型建材厂、石场、砂场等18家中小企业，形成了具有现代规模的产业群体。

四、十月田镇

十月田镇距离昌江县城12千米，离海南西线高速公路昌江太坡出口路3千米，县中心公路贯穿全境内。2002年7月，乡镇区划调整撤并，保平乡并入十月田镇，设立十月田镇。镇政府驻原十月田镇，区划调整后，十月田镇行政区域面积199.8平方千米，辖9个村委会、28个自然村、2个农场，全镇总人口20840人。红阳村委会划归叉河镇辖。全镇水利资源丰富，土地肥沃。经济以林果、养殖、农业种植为主，主要农作物有水稻、甘蔗、芒果、香蕉等。

1997年以来，依据本地资源优势，先后开发甘蔗、芒果、香蕉、反季节瓜菜等4个万亩基地，实行以公司加农户或政府扶持的发展模式，惠及千家万户，带动全镇经济再上新台阶。

五、昌化镇

昌化镇位于县城西北部、昌化江出海口的北岸。南隔昌化江与东方市相望，东连乌烈镇，北与海尾镇相连，西南、西北临北部湾，石昌公路贯穿全境，交通便利。2002年7月，乡镇区划调整撤并，昌城乡并入昌化镇设立昌化镇，镇政府驻原昌化镇。区划调整后，昌化镇区域面积125.8平方千米，人口26174人，管辖12个村委会、2个居委会，距县城52千米。

境内矿产资源以石灰石、大理石、花岗岩等为主,盛产芒果、香蕉等鲜果品。农产品以稻谷、甘蔗、花生、西瓜、番薯、辣椒等为主。全镇海岸线较长,渔场资源丰富,滩涂面积广阔,适于发展旅游业、海水养殖业。近年来,镇党委、镇政府坚持以经济建设为中心,深化改革,扩大开放,经济建设日新月异,农民生活水平不断提高。

六、海尾镇

海尾镇位于昌江西北部,东与十月田镇交界,西邻北部湾,与乌烈镇、昌化镇相连,北隔珠碧江与儋州市海头镇相连。2002年7月,乡镇行政区划调整撤并,将南罗镇与海尾镇合并,设立海尾镇,镇政府驻原海尾镇。区划调整后,海尾镇行政区域面积197平方千米,人口28433人,总户数5368户,辖11个村委会、3个居委会、34个自然村和2个镇办农场,汉族为主要居民。总耕地面积为55450亩,其中水旱田面积20620亩,坡地面积34830亩。境内海尾港介于洋浦和八所港之间,是海南五大海港之一,也是北部湾中心港口。海尾镇海岸线长达33千米,具有丰富的淡水养殖资源。

海尾镇属亚热带气候,年平均气温24℃,最高气温39℃,最低温度10℃,正常年份降雨量为900毫米,为半山区平原地形。全镇以农业生产为主,以渔业为辅。农业主要以甘蔗、西瓜、瓜菜的种植为龙头,其他还种植香蕉、菠萝、芒果、腰果、水稻、番薯、花生、芝麻等经济作物。渔业捕捞较为发达,现有渔船206艘,主要捕鱼种类有马鲛、红三、西刀、红鱼、鲤鱼、鲨鱼、海鳗、石斑鱼、螃蟹、罗非鱼、虾,另外还养殖鲍鱼等优质鱼类,还有江漓菜、麒麟菜。近年来,通过招商引资,开发高位池养虾基地8家,使海尾的税源进一步扩大,已成为昌江名副其实的鱼米之乡。

七、乌烈镇

乌烈镇位于县城西北部，距县城 38 千米，西距棋子湾旅游区 25 千米，东与十月田镇毗邻，西北与海尾镇、昌化镇相连，南临昌化江与东方市三家乡相望。改革开放后成为周边几个乡镇的小商品及农产品集散地，往来贸易频繁。该镇主要以种植水稻为主，以反季节瓜菜及养殖业为辅。由于地理位置的优势，较适合手工业、水产品的初加工及反季节瓜菜的种植。

乌烈镇总面积 88.931 平方千米。镇区面积 5 平方千米，石（碌）—昌（化）公路穿镇而过，镇区内为水泥路面，街区呈 T 字形。人口密度大，2002 年全镇人口 28175 人，黎汉杂居。下辖 8 个自然村、7 个村委会，分别为乌烈村、峨港村、道隆村、白石村、峨沟村、纳凤村、长塘村。其中峨港村是全省最大的少数民族村，2002 年有人口 8900 多人。全镇有峨港田洋、道隆田洋、利来田洋、峨沟田洋四大粮食生产基地。乌烈镇素有"昌江粮仓"之称。

第二章　历史沿革与社会变革

第一节　历代行政区划设置

　　昌江县建置历史悠久，是海南岛建置较早的郡县之一。西汉元封元年（公元前110年）始置至来县（辖区包括今部分东方市区域），隶属儋耳郡辖。梁大同年间（535—545年），废儋耳郡地置崖州，本县境归属崖州辖。隋大业三年（607年），改梁崖州为珠崖又郡，以析西南地置临振郡，同时以汉至来地析置义伦、昌化、吉安三县。义伦、吉安属珠崖郡辖，昌化属临振郡领。唐武德元年（618年），置儋州，治义伦，领昌化，同时省吉安入昌化。唐贞观元年（627年），又析昌化县复置吉安县，属岭南道。天宝元年（742年），改儋州为昌化郡。乾元元年（758年），复昌化郡为儋州，废吉安县治洛场县。时昌化县仍属儋州辖。五代时沿袭，宋熙宁六年（1073年），改儋州为昌化军，废昌化、感恩县为藤桥镇，隶属于琼管安抚司。元丰三年（1080年），复置昌化县，属昌化军辖。南宋绍兴元年（1131年），废昌化军为宜伦县，昌化县归属琼州辖。绍兴十四年（1144年）复置昌化军，统辖昌化县。端平二年（1235年）改昌化军为南宁军。元朝，昌化县归属南宁军，隶属琼州路。明洪武元年（1368年），废军复州，昌化归儋州辖。清初，昌化县仍属儋州。光绪三十一年（1905年），升崖州为广东省崖州后，昌化县归属崖州辖。民国三年（1914年），昌化县易名为昌江县。1949年12月，海南特别行政区成立，将昌江、感恩合并，成立昌感县。

1950年5月1日，海南岛宣告解放。1958年12月，昌感、东方、白沙三县合并为东方县（时东方大县），隶属海南黎族苗族自治州管辖。1961年6月，东方县（东方大县）重新划分为东方、白沙、昌江三县，昌江县直属于海南黎族苗族自治州辖。县政府驻地石碌镇。1987年12月20日，撤销海南黎族苗族自治州建制，昌江县更名为昌江黎族自治县。1988年4月13日，海南省成立，昌江黎族自治县直属海南省辖，至今未变。

第二节　人民政权的建立

昌江县人民经过浴血奋战取得了政权，并且通过自身建设不断发展、完善，历经了几个阶段。

一、昌江县抗日民主政府

1941年5月下旬，昌江县江南区抗日民主政府在下荣村成立，区长文赞恒，副区长吉茂芬（民主人士）、钟瑞琮，政治指导员赵光炬。江南区抗日民主政府直辖昌一区和昌三区。同年12月25日，中共昌感县委在大新村（今东方市辖）召开全县各界人民代表会议，成立昌江县抗日民主政府，同时撤销江南区抗日民主政府，成立新一区和三区抗日民主政府。抗日民主政府实行民主选举，产生民主政府县长，赵光炬任县长，文丕烈任副县长（党外人士）。

1942年4月,昌二区署在白沙村成立,桂树魁任区长。同年秋,昌江县少数民族特别抗日民主政府在二甲村成立,周业广任区长,期间,成立红文、方大、差烈3个民族乡。

1943年9月,中共昌江、感恩两县在那等村(今东方市辖)联合成立昌感联县抗日民主政府,赵光炬任县长,王迁俊任副县长。抗日民主政府辖昌一区、三联区、昌二区署、感三区署4个区,同时撤销昌江县抗日民主政府。

1944年2月,昌感崖联合抗日民主政府成立,赵光炬任县长,林庆犀、王廷俊任副县长。辖昌二区署、昌一区、三联区、感三区署、抗日民族特别区署、崖四区署。

1945年1月,琼崖特委撤销昌二区署,在才地村成立昌白边区抗日民主政府。林扬春任区长,林木青任副区长(5月任区长)。隶属特委和昌感崖县委双重领导,下辖原昌江区的海沙、南兴两个乡和白沙县第三区的大城邦溪等乡。4月,成立邦溪乡抗日民主政府,后分别成立南兴、海沙、大坡、白打、邦溪等乡抗日民主政府。7月中旬,撤销昌感崖联合县抗日民主政府,恢复昌感抗日民主政府,赵光炬任县长,王廷俊任副县长。

二、昌感县民主政府

1945年8月,日军投降,9月,昌感县抗日民主政府改名为昌感县民主政府。1947年5月26日,昌感县析分为昌江、感恩两县,同时成立昌江县民主政府,赵光炬任县长。1948年2月,琼崖区党委决定成立海山县、辖昌二区、白沙三区和儋县二区。县政府驻地在白沙邦溪的大米山,林王精任县委书记兼县长。

三、昌感县人民政府

1949年2月,琼崖临时民主政府撤销海山县。11月,昌江、感恩两县合并后,成立昌感县人民政府,县人民政府驻地新街镇，符史任县长。1950年5月，海南岛解放。1952年底，吉寒冬接任昌感县人民政府县长。1954年11月，昌感县人民政府更名为昌感县人民委员会。1955年12月，王丹江任县长，1956年12月，陈光武接任县长，1957年12月，丁怀文继任县长，期间，昌感县副县长有陈春恒、吉克强、赵建中、张树桢、杨绳苔、王执民等。

四、东方黎族苗族自治县（小县）人民政府

1952年2月，由昌感、白沙、乐东三县析出部分黎族地区，成立东方黎族苗族自治县（时称东方小县），县政府驻地东方村（今东方市老东方），隶属海南黎族苗族自治州委员会，下辖石碌、东方、中沙3个小区66个乡。首任县长容兴中。1953年，增设广坝区（辖王下乡）。1956年12月，符球坚接任县长。期间，曾任副县长的有邢亚理、杨涤海、莫清波、李盛华、马文兴等。

五、东方县（大县）人民政府

1958年12月，撤销东方黎族苗族自治县，并将昌感、白沙、东方三县合并为东方县（时称东方大县），隶属海南行署，县政府驻地新街镇，次年初迁到叉河镇，年底又从叉河搬迁到八所镇。王玉锦任县长，副县长有符桂霖、黄尚勤、符其辉、牛永州等。东方县下辖新街、感城、八所、东方、昌城、海尾、石碌、七坊、白沙、叉河10个人民公社（区）。直至1961年5月东方县撤销。

六、昌江县人民政府

1961年6月，经中央批准，撤销东方县（大县），析分三县，从此成立昌江县人民政府。县政府驻地石碌镇。1967年，受"文化大革命"冲击,县人民政府各职能部门基本瘫痪。1968年4月,成立昌江县革命委员会,实行党政合一体制,县革委会下设办公室、政工组、生产组、保卫组等,取代县委、县政府的工作机构。拨乱反正后,1981年7月,撤销昌江县革命委员会,复称昌江县人民政府,隶属海南黎族苗族自治县州辖。1987年12月,撤销海南黎族苗族自治州,昌江县人民政府更名为昌江黎族自治县人民政府。1988年4月,海南省建立,昌江黎族自治县人民政府归海南省人民政府辖。

第三节 土地改革

1951年,昌感县委在全县范围内全面开展土地改革运动(以下简称土改)。4月,昌感县在佛新乡进行土地改革试点。7月,在汉区地区全面铺开,运动分三批进行。翌年12月,海南区党委派300人的土改工作队赴昌感县帮助土改工作。1953年1月,昌感县土改工作队员全部集中在北黎学习土改工作文件,然后编队下乡开展土改工作。23日,昌化乡成立贫农主席团,在昌城村首次组织反霸斗争大会,批斗地主、恶霸6人,没收光洋393块、黄金2.83两,拉开全县全面开展土改工作的序幕。县土改工作队在土改工作过程中,贯彻执行"依靠贫农、雇农,团结中农,中立富农,打击地主阶级"的方针,发动群众,组织农会,斗争地主、恶霸,消灭封建地主、富农的经济基础,划分阶级成分,在少数民族地区,根据中央颁布的有关民族地区土改政策,采取和平协商办法,教育地主自愿交出土地,实现和平土改。6月,全县土改工作基本结束。接着组织复查。9月,土改复查工作结束。据统计,全县共斗争敌对分子476人(其中地主344人),逮捕反动地主128人,没收黄金17.8两、白银

5295两、稻谷3229斤、人民币（旧币）27425元，划定地主1227户，富农519户，贫农阶层（含雇农）及其他阶层37932户。37932户贫农分到土地79453亩、房屋1373间、耕牛3217头、农具8855件、粮食207万斤。

土改结束后，接着开展群众性的查田、定产运动。当时全县查定耕地21万亩（以该县境内计），其中水田2万亩、旱田13万亩、坡地6万亩。经查田定产、划分土地等级，发放土地证30858张。

第四节　社会主义改造

1953年以后，党实行对农业、手工业和资本主义工商业的社会主义改造（以下简称"三大改造"）。接着在农村组织互助组、初级社、高级社。1956年，基本完成对生产资料所有制的社会主义改造。由于生产资料私有制的变革，进一步解放了生产力，到1957年，全县工农业总产值达1179万元（按1970年不变价），其中，工业总产值从零增至403万元，农业产值达776万元。以农、工、商为主的经济结构开始出现新格局。

一、私人工业和手工业

1953年，昌感县贯彻党在过渡时期的总路线，并实行第一个五年计划，逐步对私营工业和个体手工业进行社会主义改造，开始组织手工业社（组）。1956年，县委、县政府制定《昌感县手工业社会主义改造初步规划（草案）》，同时设立手工业局和手工业联社。年底，基本完成对私营工业、个体手工业的社会主义改造。全县有打铁、木屐制造、木材加工、单车修理、缝纫、石灰窑等个体手工业行业12个、304户，有278人按不同行业组成了生产合作社,参加合作社的个体手工业者占个体手工业从业人员的 90.6%。合作社按照自愿互利的原则,生产资料折价入股（20 世纪 60 年代初股金陆续归还社员）,采取集体经营、自负盈亏。1957 年,全县成立海尾五金社、服装社,昌化服装社,港门服装社,港门米粉社,新街服装社,昌化、感城、新街、港门木屐社等,入社社员 258 人,从而走上集体化道路。

二、私营、个体商业

1954 年,昌感县成立私改办公室,对 45 个私营户进行转行业改造,1955 年,公私合营由初级形式转为高级形式,全县按自觉、自愿、互利等五项原则,对城镇 46 户经销批购的私营户进行改造,部分私营户被改造为国营小组、经销合作小组、合作商店、合营商店和代销店。1956 年,对资本主义工商业的全面社会主义改造基本完成,形成以国营商业为主导的多种经济成分共存的商品流通体系。全县有公私合营和合作商店 958 户,从业人员 1102 人。其中,公私合营 32 户,从业人员 132 人;合作商店 182 户,从业人员 215 人;合作小组 72 户,从业人员 74 人;经销、代销、自营 672 户,从业人员 682 人。此后,私营商业在整个商业中所占比例逐年减少。

三、农业合作化

1. 互助组

土地改革后,广大农民得到土地和生产资料,生产积极性高涨,但也有部分农户,人多劳力少,或是生产资料不足而无力耕种土地。为了尽快恢复和发展生产,昌感县委根据互助、自愿的原则,组织、引导农民走生产互助合作道路。1953 年 9 月,在进董村开展生产互助组试点工作,成立第一个农业生产互助组。1954 年 1 月,农业生产互助组陆续在全县范围内成立。7 月,昌感县召开第一次人民代表会议,确定以"生产度荒、发展互助合作组"为中心工作,会后,全县农村以常年互助和季节互助两种组织形式普遍开展生产互助合作运动。年底,全县组织生产互助组2266个,参加农户达8517户,大部分农户参加了互助组。

2. 初级社

1954年1月,中共中央发出《关于发展农业生产合作社的决定》,1954年初,昌感县在引导农民巩固发展互助组的同时,以常年互助组为基础,试办农业生产合作社。11月,县委选择基础较好的大风乡峨港村作为试点,成立第一个初级农业合作社,入社农户140户,社长符明义。尔后,各乡陆续办点建社。1955年7月,东方县委在七差乡搞建社试点,以杨亚凡、刘打出两个常年互助组为基础建社,全社15户、78人,耕地20万亩,耕牛23头。年底,全县农业合作化运动形成高潮,初级社发展到477个,全县入社农户20833户,占全县总户数的81%。其中少数民族地区发展较快,当时有37个初级社。农业合作化运动促进了生产发展,1955年,大多数农业社生产获得丰收,全县收获稻谷3647.41万斤,比1954年增产22.5%。

3. 高级社

1955年底,昌感县一部分农业生产合作社为适应当时形势要求,合并组成高级农业生产合作社。次年底,全县大部分初级社转化为高级社,入社农户23184户。占当时全县总农户的84.7%。高级社取消土地分红制,财务管理、生产计划、产品分配由社管委统一管理。社下设若干生产队,生产队实行定额包工、按劳取酬。包工方案一般采取五定(定时间、定质量、定等级、定标准、定报酬),分配原则为按劳分配。由于大部分初级社转化为高级社时间仓促,基础差,干部骨干少,管理跟不上。一段时间后,许多入社农户闹退社,部分高级社徒有虚名。

1957年夏，海南区党委派出工作组和该县区、乡干部共200多人组成工作队，下乡开展"拾社"运动，批判退社思潮和右倾保守思想，重新建社，同时帮助那些基础差的农业社做好巩固工作。年底，基本完成"拾社"工作，全县有高级社346个，入社农户34880户，占全县农户总数的91.6%。当时东方县也建社100个，入社农户19372户，占全县总农户94%。

第五节 改革开放

1978年12月，党的十一届三中全会胜利召开，党中央决定把全党工作重点转移到社会主义现代化建设上来，以经济建设为中心，坚持四项基本原则；提出改革开放、搞活经济，从此掀起改革开放浪潮。1979年，中央昌江县委贯彻中共中央《关于加快农业发展若干问题的决定》，解放思想，放宽政策，在农村开始实行包产到户，推行联产承包责任制，揭开昌江改革开放的序幕。

1988年，海南建省创办全国最大的经济特区，为昌江县的改革开放提供新的契机。党的十四大后，十多年来，昌江县委县政府经过不断探索产业发展趋势，科学地制定了符合昌江实际的一系列改革措施和经济发展战略。在历届县委县政府的领导下，经过全县各族人民的艰苦奋斗，昌江的面貌已发生根本性变化，已跻身到全省经济竞争力十强行列，初步奠定了昌江经济迅速发展的基础。其主要成就表现为：综合经济实力显著增强，整体经济上了一个新台阶，经济结构调整取得重大进展；改革开放不断深化，全方位对外开放总体格局已经形成，逐步建立起社会主义市场经济体制的基本框架，能源、交通运输、邮电通信等基础设施建设取得长足发展，已具备了大规模开发建设的条件，社会主义精神文明建设取得明显成效,科技、文化、教育、卫生、环保等各项社会事业不断向前迈进,人民生活水平显著提高。

一、综合

国民经济保持快速增长,综合实力明显增强,整体经济上了一个大台阶。十多年间,昌江经济建设成就显著,全县国内生产总值由1992年的54734万元增加到2002年的138341万元,增长1.5倍;全县人均国民生产总值由1992年的2599元增加到2002年的6081元,增长1.3倍;2002年全县人均GDP在全省居第7位,财政实力不断增强,全县地方财政收入由1992年的2480万元增加到2002年的8803万元,增长2.6倍。农民人均收入由1992年的728元增加到2002年的1908元。

二、农业

农业投入力度不断加大,农业生产条件持续提高。农村经济保持较快增长,农村经济体制改革不断深化,联产承包责任制进一步完善,个体、联营、股份合作制等各种经营组织形式继续发展,以加工运输为中心的农村市场流通服务体系逐年完善。乡镇企业不断发展壮大,呈现农工贸齐发展的新局面,市场对农业资源的配置发挥基础性作用,以反季节瓜菜、热带水果、水产养殖为代表的高效农业已成为昌江农业经济新的增长点。瓜菜、水果产量连年倍增。瓜菜总产量由1992年的21376吨增加到2002年的95000吨,增长3.4倍;水果总产量由1992年的3499吨增加到2002年的116000吨,增长32.1倍。畜牧、渔业生产持续、快速增长,肉类总产量由1992年的4368吨增加到2002年的9484吨,年均递增8.3%,水产品产量2002年达51035吨,比1992年增长10.5倍。

农业现代化水平明显提高,生产条件逐年改善。2002年全县农业机械总动力69289万千瓦,比1992年增长53%,其中排灌机械动力18081千瓦,比1992年增长80.9%;农用载重汽车1915辆,增加145辆。2002年农村用电量881.97万千瓦时,比1992年增长3.1倍。

三、工 业

岛西工业走廊的建设步伐加快,工业发展后劲得到加强。十多年来,全县在一批老国营工业企业的拉动下,一批现代化的骨干企业,如国投水泥厂、华盛水泥厂、钴铜冶炼厂、球墨铸铁管厂、石英砂石、橡胶加工厂、锂电池厂等相继建成投产,加快了昌江岛西工业走廊的建设步伐,增强了工业发展的后劲,形成新的工业增长点。全县工业增加值由1992年的2435万元增加到2002年的26713万元,增长9.97倍。

企业改革取得明显成效。十多年来,全县先后对企业管理体制和经营体制进行一系列改革,以公司重组、企业兼并、委托运营、产权交易为主要形式的企业改革取得较大进展。全县已有两家国有中型企业进行公司制改建或实施兼并,有4家国有小型企业采取股份制合作,有限责任公司兼并转让、破产重组、承包或租赁经营等形式进行改组改制。经过改组改制改造和加强企业管理,经营状况得到改善。全县工业企业产品销售收入由1992年的40447万元增加到2002年的725550万元,企业产品销售利税由1992年的1450万元增加到2002年的2512万元。

四、固定资产投资

固定资产投资规模迅速扩大。1992年全县固定资产投资总额8563万元,2002年增加到37980万元。基建投资由1992年的8528万元增加到2002年的25791万元,年均递增11.7%;城乡个人投资由1992年的1386万元增加到2002年的4605万元,年均递增12.8%。

五、交通运输和邮电通信

交通运输迅猛发展。公路建设有较大改观,乡村道路网络基本形成,实现村村通,环岛西线高速公路和大坡出口路的建成与石昌公路的改造完工,大大提高了交通运输能力。全县公路通车里程由1992年的292千米增加到2002年的365千米。全县公路客货运输量明显增加,公路货物周转量由1992年的489万吨千米增加2002年的6704万吨千米,千米旅客周转量由1992年的5723万人千米增加到2002年的11381万人千米。

邮电通信事业快速发展。随着通信设施不断提高和完善,县内光缆系统工程、数字移动电话和模拟移动电话扩充工程及视讯多媒体公共信息网络工程等相继建成并投入使用,全县已形成包括数字微波、光纤通信、卫星通信、程控电话、移动电话、无线寻呼、分级交换等现代化通信技术手段组成的完整通信体系,使全县通信能力更上一个新台阶。1992年全县邮电业务总量251万元,2002年增加到2286万元,全县市话装机容量由1992年的785门增加到2002年的22304门,农话装机容量由1992年的560门增加到2002年的11418门,电话普及率由1992年的0.6部/百人上升到2002年的12.5部/百人。通电话的行政村由1992年的30%上升到2002年的100%,实现村村通。移动电话用户达1万余户。

六、商业贸易

商品市场繁荣活跃。十多年来,全县对商品流通体制进行一系列改革,逐步形成大多数消费品和生产资料由市场供求关系决定价格的市场机制,商品市场基本上由卖方市场转变为买方市场，各类商品供应充裕。全社会消费品零售总额由1992年的11533万元上升到2002年的34036万元，年均递增11.4%。乡村消费水平不断提高，由1992年的879万元上升到2002年的9164万元。

流通领域呈现多种经济成分共同发展的新格局，非公有制经济发展迅速，比重逐年上升。非国有经济在消费品零售总额中所占比重由1992年的47.5%上升到2002年的89.8%。商品流通体制和交易机制不断完善，综合市场和各类专业市场不断涌现，县城出现不少自选商场或超市。城镇集市贸易成交额逐年倍增，1992年全县集市贸易成交额11533万元，2002年增加到23651万元。

七、旅　游

旅游业迅速崛起。旅游资源开发规模不断扩大，旅游基础设施不断改善。十多年间，旅游部门围绕着"创知名度，抓管理，上水平"的旅游工作方针，加大力度，拓宽国内外客源市场，开展大规模的旅游市场整治工作，提高旅游业整体水平，使旅游业出现良好的发展势头。全县旅游定点饭店由1992年的4家增加到2002年的8家，2002年共接待旅游过夜人数14272人，旅游收入逐年递增。

八、金融　保险

金融体制改革不断深化，金融形势保持平稳发展。十多年来，全县金融行业不断加大改革经营管理体制的力度，拓宽融资和投资渠道，通过促经济发展和培育新的增长点实现自身的发展和壮大，贯彻执行国家统一的金融方针政策，加大金融杠杆对国民经济和社会各项事业发展的调节作用，逐步形成了国有商业银行和政策性银行作支撑，多种社会金融机构辅助运营、初步防患和化解金融风险能力的金融体系。2002年全社会存款余额达

110519万元，全社会贷款余额87918万元。

保险业得到快速发展，十多年来，全县逐步建立由养老、工伤、失业、医疗、财产五项保险制度构成的社会保障体系，进入全省先进行列。1992年，全县保险行业完成承保额1251.4万元。2002年，仅中国人寿保险公司就完成承保额818万元。

九、科教文化事业

科技事业蓬勃发展。十多年来，全县共实施国家级"星火计划"项目3项，实施省级"星火计划"项目3项，实施国家科技成果重点推广项目402项。县、乡、村三级科普网络已经形成。2002年，全县科技成果转化率达25%，贡献率达45%。

文化事业稳步走向繁荣。全县文化事业取得丰硕成果，有6篇少年儿童创作的作品获得"海南省少年儿童蒲公英"奖，歌舞《警嫂心中的他》等6个文艺节目分获国家级、省级奖。全面实施"千里文化长廊"工程，推进精神文明建设。加强广播电视事业发展，提高广播电视覆盖率，全县有线电视混合覆盖率达90%。

十、卫生和环境保护

卫生事业不断发展，医疗条件明显改善。十多年来，农村卫生防疫机构、保健机构和乡镇卫生院建设得到加强，农村卫生"三项"投资不断加大，农村改水改厕工作成绩明显。截止到2002年，全县共建户厕11926个，改水受益人口达23424人，农村卫生面貌明显改观，全县初级卫生保健达到合格标准或基本合格标准，成为海南少数民族市县中第二个达到国家标准的县。

医疗体制改革不断深入，形成以公办医疗机构为主体，集体和个体办医为补充的多种所有制办医格局，与省内其他县市一道率先在全国推行以县为单位的医疗保障制度改革。医疗设备得到更新,医疗技术水平不断提高,全县已有两所医院达到国家二级甲等医院。现已经能开展颅脑、骨科、普科等大手术。

环境保护工作卓有成效。十多年来,通过规范化、法制化管理,全县环境保护方面取得较好成绩。单位 GDP 主要污染物排放量达到国家标准。完成 13 家工业污染企业的整治。农村生态文明村建设大有增进,截止到 2005 年底,全县建成 25 个县级生态文明村和 26 个文明小区。曾获得"全国环境综合整治优秀县城"、"全省城镇园林绿化先进单位"和"全省一控双达标先进单位"等称号。

十一、人口和人民生活

计划生育工作取得明显成效。全县人口出生率由 1992 年的 20.2‰ 下降到 2002 年的 11.4‰,人口死亡率由 1992 年的 4.4‰ 下降到 2002 年的 3.5‰,人口自然增长率由 1992 年的 15.7‰ 下降到 2002 年的 8.88‰。人口控制在计划目标之内。

人民生活水平明显提高,生活环境显著改善。全县职工工资总额由 1992 年的 10848.9 万元增加到 2002 年的 19808 万元,全县职工年均工资由 1992 年的 3626 元上升到 2002 年的 9490 元;城镇居民人均可支配收入由 1992 年的 3626 元增加到 2002 年的 6201 元;农村居民人均收入由 1992 年的 728 元增加到 2002 年的 1908 元。

城乡居民居住条件显著改善,城镇居民居住面积、结构向现代化方向发展,居民人均居住面积由 1992 年的 6.1 平方米扩大到 2002 年的 18 平方米,农村居民人均居住面积由 1992 年的 6.8 平方米扩大 2002 年的 25 平方米。政府扶持和居民自筹资金开展的民房改造工程大有进展,大批少数民族群众迁入新居,2005 年民房改造率达 85%。

第三章　民族区域自治

　　昌江是黎族自治区域，黎族祖先在昌江这块土地上繁衍生息，距今已有三千多年的历史。在这个漫长的历程中，黎族人民逐渐成为了一个独具特色、勤劳勇敢的民族，在开发昌江、建设昌江的事业中创造了辉煌的业绩。

　　新中国成立前，封建统治阶级长期实行民族压迫和民族歧视政策，给黎族人民带来了深重的灾难，但共同的命运把黎汉人民联结在一起，敢于与反动统治阶级进行不屈不挠的斗争。自唐至清，有记载的黎民大规模反抗斗争就达 16 次之多。中国共产党成立后，在共产党的领导下，为争取民族自由和昌江的解放，黎汉人民均作出了卓越的贡献。

　　新中国成立后，党和国家采取一系列的措施，大量培养和选拔黎族干部，尤其是昌江黎族自治县成立后，党的民族政策得到全面的贯彻落实，黎族人民以主人翁的新姿态为建设一个团结、富裕、文明的社会主义新昌江而努力奋斗！

第一节　自治地方的建立

　　1952 年，海南黎族苗族自治州成立，标志着我国民族区域自治制度在海南民族地区得到实施，标志着黎族人民千百年来梦寐以求的愿望终于实现。20 世纪 50 年代，在海南黎族苗族自治州党委、政府的领导下，县委、县政府多次召开各级干部会议，举办干部培训班，组织群众学习党的民族政策以及自治州制定和颁布的《自治州人民委员会组织条例》、《自治州婚姻单行条例》、《自治州农业合作化章程补充条例》、《民族地区税收征免规定》、《改革落后的民族风俗习惯和规定》和《关于处理违反民族政策的决定》等。通过文艺表演、"三月三"活动等形式宣传党的民政政策，认真处理旧社会遗留下来的民族问题。1961 年，东方县分置 3 个县，新成立的昌江县划归自治州管辖。为了更好地宣传和贯彻落实党的民族政策。1962 年 11 月 2 日，县委召开黎族干部座谈会，由县委书记亲自主持会议，县委、县政府领导出席，邀请本县在职黎族干部参加。座谈会提出了有关黎汉关系，黎族干部使用、待遇等问题。会后，县委采取了一系列解决问题的措施，使民族关系更加融洽。"文化大革命"中，党的民族政策一度受到破坏，许多黎族干部受到打击。20 世纪 70 年代后期，特别是党的十一届三中全会以来，经过拨乱反正，平反冤假错案，逐步落实了党的民族政策，进一步调动了各族人民建设社会主义的积极性。1984 年 10 月 1 日，《中华人民共和国区域自治法》正式公布，全县人民一片欢腾。县委、县政府组织有关人员认真学习了《中华人民共和国区域自治法》和自治州制定的自治条例和法规，结合本县政治、经济、文化的特点，采取了一系列措施，使党的民族政策家喻户晓，深入人心。

　　1987 年，昌江黎族自治县成立。在省委、省政府的正确领导和关心、支持下，昌江黎族自治县县委、县政府团结全县人民，坚持以经济建设为中心，解放思想，更新观念，务实创新，开拓进取，使昌江由全省较为落后的地区跻身于地区经济竞争十强行列，初步奠定了昌江经济迅速发展的基础。昌江黎族自治县成立后全县取得的成效主要表现在：综合经济实力显著增强，整体经济上了一个新台阶，经济结构调整取得重大进展，改革开放逐渐深化，全方位对外开放总体格局已经形成，逐步建立起社会主义市场经济体制的基本框架；能源、交通运输、邮电通信等基础产业和基础设施建设取得长足发展；已具备大规模开发建设的条件；社会主义精神文明建设成效明显，科技、文化、教育、卫生、环保等各项社会事业不断向前迈进，人民生活水平和生活质量显著提高。

第二节　自治机关的建设

1952年2月，东方黎族苗族自治县（时称小县）成立，自治县下辖石碌、东方、中沙3个小区66个乡。翌年增设广坝区（辖王下）。1961年，经中央批准，成立昌江县人民政府，昌江县成立即划归自治州管辖。县人民政府设办公室（秘书组）、粮食局、财政局、检察院、物资局、畜牧局、农业局、邮电局、卫生局、交通运输委员会、手工业管理局、外贸基地局、水产局、体育运动委员会、税务局、公安局、计划委员会、水电局、林业局、经济委员会、农机局、工商局、工业局、科学技术委员会、供销社、气象站、物价局、五料作物局、农林水办公室、农业银行等工作机构以及6个人民公社，即海尾、新港、大风、石碌、叉河、七差人民公社。同年8月，调整公社结构，全县设10个公社，即石碌、十月田、叉河、乌烈、海尾、昌城、南罗、新港、七差、王下人民公社。各公社设有办公室、财税、粮食、民政、调解、治安、民兵等办事机构。公社下辖生产大队71个，生产队442个。

1967年，受"文化大革命"冲击，县人民政府各职能部门基本瘫痪。1968年4月,成立昌江县革命委员会,实行党政合一体制。县革委会设生产组、政工组、办事组、保卫组。四大组下设7个站,即毛泽东思想宣传部、财政金融服务站、商业供销服务站、农村社会主义建设服务站、粮油服务站、人民卫生服务站、工交服务站。同时,公社改称革命委员会,生产大队成立革命领导小组。1973年,撤销"四大组"、"七个站",设革委会办公室、工交办、农林水办、财贸办、科教办、计划委员会、政法委以及物资、农业、邮电、卫生、热作、水产、教育、二轻、商业、劳动、文化、科技、公安、水电、林业、交通、工业、农机、民政局等机构。公社机构再度调整划分,截止到1974年6月,全县有12个公社,即石碌、十月田、叉河、乌烈、海尾、昌城、昌化、南罗、七差、王下、沙田(1980年改名为大坡、1984年改为太坡)、保平人民公社。1980年,撤销各公社革命委员会,除石碌镇恢复为人民政府外,各公社所辖的村级机构复称大队。同年,全县有大队62个,生产队488个。1983年9月,除石碌镇仍保留镇建制外,各公社管委会改为区公所,区公所设有办公室、财税、供销、粮所、学区、法庭、计划生育小组、派出所、武装部等办事机构。各区所辖大队改称为乡政府、村委会,生产大队称为村委会,全县有乡政府71个、村委会254个。

1981年,撤销县革命委员会,恢复县长制,县政府机构全部恢复原称。

1987年12月,中共中央、国务院决定撤销海南黎族苗族自治州,设立民族自治县,同月,昌江黎族自治县成立。同年,撤区建立乡镇,全县设有8镇4乡,即石碌镇、太坡镇、叉河镇、十月田镇、乌烈镇、昌化镇、海尾镇、南罗镇和昌城乡、保平乡、七差乡、王下乡。各乡镇设有办公室、财政、税务、学区、司法、计划生育、文化站、派出所、法庭、武装部、国土所、乡镇企业办、信用社、供销社、粮所、妇联等机构。所辖村级机构称之为管理区和居委会。1987年，全县有管理区和居委会71个，村委会272个。

昌江黎族自治县成立后，县政府工作机构不变。1995年11月实行机构改革，县政府工作机构的设置略有变动。县属局级行政单位有政府办、计划统计局、教育与科学技术局、财政税务局、公安局、民政局、司法局、人事劳动局、建设与环境资源局、林业局、审计局、工商行政管理局、工业交通局、农业局、贸易局、文化体育局、卫生与计划生育局。原海洋局、水利电力局、乡镇企业局、水产局、扶贫办公室、体制与住房制度改革办公室改为事业单位。2001年3月，进一步实施机构改革，县政府工作机构变动的有：撤销计划统计局，设立统计局、发展计划局；不再保留工业交通局、贸易局，设立经济贸易交通局；县人事劳动局更名为人事劳动保障局；建设与环境资源局更名为建设与国土环境资源局；设立海洋与渔业局，不再保留海洋局、水产局；文化体育局更名为文化广电体育局，不再保留广播电视局；原林业局、水利电力局此时更名为水利局；粮食局改为事业单位，新组建的县机关事务管理局为事业单位。2003年12月，发展计划局、经济贸易交通局分别更名为发展和改革局、交通局，设立商务局。2004年12月，撤销文化广电体育局，成立文化广电出版体育局。

1995年7月，撤销管理区，设立村民委员会，全县设有村民委员会77个。2002年7月，全县乡镇行政区划进行调整撤并，将原12个乡镇撤并为7个，即：太坡镇并入石碌镇，昌城乡并入昌化镇，南罗镇并入海尾镇，保平乡并入十月田镇，王下乡并入七差乡设七叉镇，乌烈镇、叉河镇不变。村民委员会区域除原保平乡红阳村委会划归叉河镇辖，原十月田镇山竹沟村委会划归石碌镇辖外，其余村委会随原乡镇管辖不变。

自治县成立后，为了全面、正确地贯彻、落实党和国家的民族政策、法律法规，管理好本县、本民族的内部事务，依照昌江政治经济文化特点，制定了一批地方性民族法规。1994年，《昌江黎族自治县自治条例》出台。《昌江黎族自治县自治条例》的出台，促进了昌江经济的发展和社会进步，实现了各民族的共同繁荣。

第三节　法制建设

新中国成立后，昌江县人民公安司法机关随即成立。"文化大革命"期间，公检法机构陷于瘫痪，1968年实行军事管制，1973年6月以后，公安司法机关逐渐恢复和完善。党的十一届三中全会后，公检法机关依照互相配合、互相制约的原则，严格依法办事，独立行使职权，成为社会主义新的历史时期党和人民所信赖的"金色盾牌"。

一、公　安

1950年6月，昌江县公安局建立。1956年，设石碌派出所。1960年，设石碌公安分局。1961年6月，新置昌江县，随之成立昌江县公安局，配备民警25人，同年8月，增设叉河和海尾两个派出所。1963年3月，增设霸王岭派出所。1968年12月，公检法实行军管，成立保卫组，公检法合署办公。1969年9月，恢复石碌、叉河、乌烈、十月田、昌化和海尾6个派出所，增设新港派出所。1973年6月，撤销保卫组，恢复县公安局。1980年12月，增设边防武装警察大队。1982年5月，设立行政拘留所，8月，增设大坡派出所。同年增设石碌河北区和河南区两个派出所，恢复石碌矿区派出所。1983年，增设保平、昌城两个派出所和保梅、昌化两个林场派出所。同年6月,中国人民武装部队昌江县支队建立。昌化、海尾、新港派出所均改为边防派出所。1983年6月,成立交通队。1986年12月,交通队改为交通警察大队。1987年11月,昌江县公安局易名为昌江黎族自治县公安局。1988年5月,增设车站派出所。1989年7月,增设王下派出所。1990年,县公安局下设直属派出所15个和沿海边防派出所3个。1998年,开通"110"报警服务台。2001年,建起防雷系统和公安二级、三级信息网络系统和人口信息系统等,建立起网上追逃、出入境管理、交通信息管理和网上"侦破系列杀人案件工作机制"。

昌江县境内设有石碌矿区公安局、霸王岭公安分局、农垦公安分局、林业公安分局等公安机构,业务归属县公安局辖。

1. 石碌矿区公安局

石碌矿区公安局改制前为海南铁矿公安处,成立于1959年7月,2001年改制为海南省石碌矿区公安局,正式划为地方公安机关,列入省公安厅建制序列。由省公安厅和昌江黎族自治县政府实行双重管理,以省公安厅管理为主。设办公室、法制科、国内安全保卫科、治安科、经济犯罪侦查大队、刑事侦查大队、巡逻警察大队、交通管理警察队,现有50名在编民警、27名消防队员、128名经济民警、2名综治办工作人员。

2. 农垦公安分局

1982年12月,昌江县农垦公安分局成立,下设治安侦破股和行政秘书股,人员编制13人。基层机构有红田、红林2个农场派出所,配有干警10人。此外,农垦石碌机械厂、水泥厂、铜厂、医院4个农垦系统单位均设有保卫科。1987年,农垦公安分局重新设股,设有刑侦股、治安股和行政秘书股。1990年以来,农垦公安分局内部机构有刑侦股、治安股、行政秘书股,派出机构有红田农场派出所和红林农场派出所。

3. 霸王岭林业公安分局

1958年，霸王岭林区设有警卫班，后改为保卫科。1982年3月，成立霸王岭林业公安局，下设1个派出所，共有林业公安干警14人。1989年9月，增设昌化江、长臂猿自然保护区两个林业派出所。现有公安干警27人。

4. 昌江县公安局林业分局

昌江县公安局林业分局成立于1996年8月，定编10人，现有民警10人，是县林业局下属的具体从事保卫森林资源工作的副科级事业单位，设有政秘股、刑侦治安股、法制宣传股，下辖两个林区派出所。昌江黎族自治县公安局林业分局既是林业部门的职能机构，又是地方公安机关的派出单位。政治思想、行政管理等工作由县林业局负责，公安业务由县公安局直接领导，同时接受省森林公安局的指导。

二、检察院

新中国成立前，昌江县置昌江司法分庭。新中国成立后的1957年7月，昌感县人民检察院建立。1961年复置昌江县。同年，成立昌江县人民检察院。1967年1月，检察院受"文化大革命"冲击，机构瘫痪。1968年8月，公、检、法合并成立保卫组。此后，公、检、法实行军管。1975年，检察机关被撤销，检察职能由公安局代行。1978年10月，筹建检察院，翌年3月，重建昌江县人民检察院。1981年，设立检察委员会。1987年12月，昌江县人民检察院改为昌江黎族自治县人民检察院。1991年，检察院设有经济检察股、法纪检察股、控告申诉股、税务检察股、调研室、审查批捕股、审查起诉股等专门工作机构。1996年，县检察院内设机构各股室改为科室，其性质、职能不变。设有办公室、政工人事科、审查批捕科、审查起诉科、法纪检察科、民事行政检察科、调研室、控告申诉科、监所检察科。撤销经济检察科，成立反贪污贿赂局（副科）。1997年1月8日，昌江黎族自治县撤销审查起诉科、审查批捕科、法纪检察科，分别设立公诉科、侦查监督科、渎职侵权科。2002年，检察院内部机构有所调整，内设办公室、政工科、反贪污贿赂局、公诉科、侦查监督科、渎职侵权检察科、控告申诉检察科、监所检查科、民事行政检察科，核定编制人员47人，现有人员38人。

三、法　院

1950年5月，昌感县人民法院成立。1954年，成立海尾人民法庭。1956年，成立石碌人民法院。1961年6月，昌江县人民法院成立，设有刑事审判庭，同时建立石碌、大风两个人民法庭。同年底，大风人民法庭迁往乌烈墟，改名为乌烈人民法庭，并重设海尾人民法庭。1964年，设立审判委员会，同年成立县人民法院党组。1965年初，增设七差人民法院，庭址设在七差村。同年底，移往叉河墟，改为叉河人民法庭。1967年，受"文化大革命"冲击，法院机构陷于瘫痪。1968年4月，县政法机关实行军管，法院机构撤销。

1972年9月，恢复昌江县人民法院，设立刑事审判庭、民事审判庭和办公室，派出机构有石碌、乌烈、海尾3个人民法庭。1973年，重设红卫（七差）人民法庭。1975年1月，增设矿区人民法庭。1976年，根据广东省高级人民法院关于建立一社一庭的精神，以南罗为试点，建立南罗人民法庭。1977—1979年，县法院派出机构有：石碌、十月田、保平、乌烈、昌城、海尾、南罗、叉河、红卫（七差）、坝王岭、矿区、红田12个法庭。1980年，精简机构，撤销南罗、十月田、保平、昌城、叉河、坝王岭、红田、石碌农垦8个人民法庭。1981年1月，增设经济审判庭。1983年,恢复七差人民法庭。1985年,增设执行庭。

1987年,昌江县人民法院改名为昌江黎族自治县人民法院。同年2月,建立红林人民法庭。1989年初,设立行政审判庭。同年7月,设置告诉申诉庭。截止到1990年,法院内部共设置8个庭室,即办公室、刑事审判庭、民事审判庭、经济审判庭、执行庭、行政审判庭、告诉申诉庭、政工室,同时设立了石碌、乌烈、海尾、七差、叉河、矿区、南罗、十月田、保平、昌城、坝王岭、红田、红林13个人民法庭。

1991年,法院设有办公室、政工室、告诉申诉室、刑事审判庭、民事审判庭、经济审判庭、行政审判庭、执行庭和7个基层人民法庭。1997年,成立审判监督庭,负责对当事人申诉的复查、上级法院及人大交办、督办案件的办理和二审发回重审案件的管理以及该院审判、执行过程中有关程序、实体等处理的监督。1998年,撤销矿区人民法庭、红林人民法庭、叉河人民法庭。1999年,根据最高人民法院关于加强基层法庭建设的精神,海南省高院对全省人民法庭进行撤并。撤销石碌、海尾、七差3个人民法庭,重新组建乌烈人民法庭。2001年1月,进行机构改革,撤销经济审判庭、审判监督庭。机构设置有:办公室、政工室、立案庭、刑事审判庭、民事审判庭、行政审判庭、执行庭、司法警察大队和乌烈人民法庭。

四、司法行政

新中国成立之后至1981年1月,司法行政工作由县人民法院兼理。1981年2月,与县法院分开,单独成立司法科。同年6月,司法科改为司法局,下设人秘股、宣传股、基层股、公证处、律师顾问处等。

1985年2月,设立石碌、昌化、乌烈、保平、王下、七差、太坡、海尾、十月田、叉河、海南铁矿、红田农场12个基层司法办公室。1989年,增设石碌镇、太坡镇、乌烈镇、南罗镇、叉河镇、保平乡、昌化镇、海南铁矿、红田农场9个基层法律服务所。1990年,司法局内部机构有:办公室、人秘股、宣传股、基层股、公证处、律师事务所以及乡镇、厂矿基层司法办公室,共19个单位。

1991年,设有办公室、基层股、法制宣传股、政工股、律师事务所、公证处6个职能部门。县普法办公室亦设在司法局。1994年,石碌镇、红田农场、海钢公司3家法律服务所被省司法厅评为一级法律服务所。2002年"148"法律服务大楼建成并投入使用。

第四节 民族干部培养

中国共产党历来重视培养少数民族干部。早在第二次国内革命战争时期,中共昌二区委就注意在黎族地区培养少数民族党员。抗日战争时期和解放战争时期,县委通过才地黎区建立抗日根据地和成立东方峒少数民族抗日工作委员会以及派人到少数民族地区开展建党活动等工作,培养了一批少数民族干部。新中国成立后,20世纪50年代,县委和县政府坚决贯彻执行中央、省和自治州关于大量选拔少数民族干部的方针,分期分批从农村吸收少数民族青年积极分子,参加各项政治运动和生产活动,让他们在实践中增长才干,然后选拔到各级领导岗位上工作,并通过选拔有培养前途的少数民族干部到民族院校和其他学校学习,提高他们的文化素质。同时,组织民族干部到先进地区参观学习等,提高了民族干部的素质。

20世纪50年代末，全县担任乡级以上领导干部的黎族人已有82人。

1958年以后的历次政治运动，由于"左"的错误思想影响，党的民族政策受到破坏。如在反地方主义和地方民族主义等政治运动中错误处理了一批少数民族干部。在撤区并乡和公社化运动中，又把一部分乡级民族干部下放回农村，20世纪70年代末，全县干部总数2272人，少数民族干部仅有222人，担任副局级以上的领导干部仅有15人。

党的十一届三中全会以后，经过拨乱反正，逐步落实了党的民族干部政策。为了促进少数民族干部迅速成长，培养和造就一支优秀的少数民族干部队伍，县委和县政府认真开展了培养和选拔少数民族干部的工作。1981年，全县民族干部增至452人，其中副局级以上的少数民族干部被选送到各大专院校和中央、省党校学习深造。同时还鼓励少数民族干部参加各种自学考试。1981—1990年，全县外出学习进修的少数民族干部共238名。1990年，全县干部总数3246人，其中少数民族干部1009人，全县少数民族干部队伍中，具有大专文化程度的187人，具有中专文化程度的492人，具有高中文化程度的114人，具有初中文化程度的216人。

1994年，根据《海南省培养选拔少数民族干部工作规划》，县委、县政府加大了对少数民族干部的培养力度。一批中青年少数民族干部被选送到各级党校和大专院校学习、培训，一批年富力强的少数民族干部被选拔到领导岗位。截止到2004年，全县干部总数4073人，其中少数民族干部就达1275人，其中副局级以上的领导干部达436人。少数民族干部在全县各个岗位上发挥着积极的作用。

第五节 民族关系

新中国成立前,虽然封建统治阶级长期实行民族压迫政策,造成民族之间曾经互相猜疑、歧视、对立,但共同的命运使昌江各族人民同呼吸共患难,联合起来与统治阶级进行斗争,为反对封建主义、帝国主义,推翻国民党反动统治,争取民族翻身解放做出了贡献。新中国成立后,党和人民政府采取了一系列有效措施,进行了大量的卓有成效的工作,使各民族之间逐步建起平等、团结、互助的新型的社会主义民族关系。党和国家领导人多次视察昌江,先后有朱德、董必武、叶剑英、刘伯承、姬鹏飞、宋平、黄华、谷牧、胡耀邦、赵紫阳、郭沫若、田纪云、乔石、朱镕基、贾庆林等,他们对开发山区,改变民族地区落后面貌都作过重要指示。

20世纪50年代,汉族中小学教师、医务人员纷纷来到黎族山区,兴建学校、医院,发展黎族文教卫生事业。农垦工人、产业工人一批批来到黎族山区,兴办工厂企业,黎族人民热情欢迎,全力支持,在人力、物力上给予无私援助。20世纪50年代末至60年代初,为改变昌江农业的落后面貌,昌江黎汉各族人民通力合作,近万名黎汉民工奋战在石碌水库,用勤劳的双手和聪明才智建起了石碌水库,彻底改变了昌江农业靠天吃饭的状况。民族地区有困难,汉族地区大力支援。1961年,叉河、十月田等公社灾情严重,政府拨给自然救济款1.8万元,社会救济款1.31万元,治病专款1万元,大米10万斤。1965年,国家资助黎族人民新建瓦房面积4900平方米,139户黎族人民迁入新居。1973年10月,七差、叉河、王下发生粮荒,海南拨给1.5万元和32立方木材帮助灾区群众解决困难,恢复生产。1976年

3月，叉河公社老羊地大队发生火灾，县、自治州、海南区联合组成慰问团，并发放棉毯、大米、救济款等进行救济。1970年，全县掀起向峨港学习的高潮，各公社大队基层干部纷纷来到这个黎族村庄学习取经，全县农业生产踏上一个新的台阶。党的十一届三中全会以来，民族团结互助关系有了更进一步发展，为了促进山区尽快富裕起来，黎族乡镇与外地合资兴办了一批热带经济作物基地，大批汉族群众来到黎区施展才干，沿海的汉族群众和山区的黎族群众联合办起了果园、林场、畜牧场、甘蔗基地、剑麻基地以及砖瓦厂、石灰厂、麻包厂等各种企业。如今，在社会主义大家庭里，黎汉少年儿童同在学校里读书，黎汉青年男女互相通婚，建立美满幸福的家庭，黎族群众到汉区办企业，汉区群众到黎区发展种养业，已成普遍现象。黎汉工人、农民、干部亲密合作，齐心协力建设新昌江。

第四章 农 业

第一节 农 业

昌江黎族自治县全县土地总面积为1596平方千米,其中耕地面积21.7万亩,水旱田面积10.4万亩,坡地面积11.3万亩。总人口23万人,其中农业人口14.6万人,农业人口平均耕地面积1.49亩。1987年以前,由于人们传统农业观念积习很深,基本是粮猪型农业,种植以水稻、番薯为主,经济作物不成规模。全县粮食播种面积203337亩,总产329300吨;其中夏粮播种面积84616亩,亩产196千克,总产16559吨;秋粮播种面积107765亩,亩产144千克,总产15508吨;玉米播种面积8792亩,亩产58千克,总产512吨;油料播种面积26132亩,亩产78千克,总产2056吨。党的十一届三中全会,特别是海南建省后,昌江县委、县政府认真贯彻落实党在农村的路线、方针和政策,以发展特色农业为方向,以推进结构调整和农业产业化经营为主线,以增加农民收入为总目标,切实抓好农业各项工作,取得明显成效,全县农业和农村经济呈现出良好的发展势头。2005年全县粮食总产量达51882吨,比1987年增长58%,亩产增加

95千克。其中夏粮总产达21220吨，比1987年增加4661吨；秋粮总产达24761吨，比1987年增加9253吨；玉米总产达2517吨，比1987年增加2005吨；油料总产达2624吨，比1987年增加568吨。农民人均收入2437元。特色高效农业高速发展，建立了芒果、香蕉、菠萝、甘蔗、瓜菜、柚子、杨桃、菠萝蜜、海水养殖、畜牧养殖十大生产基地。昌江县农业在全省乃至全国的地位不断提升，先后获得"全国优质芒果生产基地"、"全国高产、优质、高效芒果标准化示范区"、"全国芒果生产十强县"等荣誉称号。

（一）农业产业结构成绩显著

随着农业生产的发展，昌江县基本形成了三条区域经济带，即东南山地林果区域经济带，如七叉镇主要发展林业和畜牧业，以种植芒果、热带名优水果、甘蔗为主。中部的山地丘陵区域经济带，包括叉河镇、石碌镇、十月田镇；叉河镇、石碌镇主要以发展甘蔗、水稻、芒果为主；十月田镇以种植香蕉、香水菠萝、甘蔗、瓜菜为主。西北滨海平原区域经济带，包括乌烈镇、昌化镇、海尾镇，以发展水稻、瓜菜、甘蔗、水产为主。

（二）实施粮食自给工程

1996—1998年，县农业局承担了"粮食自给工程"建设项目。项目总投资4026万元，其中中央投入734万元、省投入583万元、县配套516万元、群众自筹2193万元。配套石碌主干渠，昌城、乌烈分渠，峨港岭支渠，总长23千米；整治田洋1.6万亩；配套斗渠26条，长35千米；修建机耕路11条，长22千米；修建桥、涵、闸斗门等建筑物753处。新技术推广3万亩，良种推广8万亩，高产综合技术推广3万亩，购买新型农业机具85份（件）。项目实施后，新增旱涝保收田面积1.5万亩，改善灌溉面积9500亩，新增排灌面积1.2万亩。3年共增产粮食16000吨，减少粮食调入量7000吨，项目区人均增产粮食180

千克，人均增加收入160元。

（三）实施糖料生产基地项目

1998年申报"九五"第二批糖料生产基地项目，1999—2000年总投资170万元。

1. 农田水利配套设施

建基地800亩，其中配套支渠1条，长1100米，斗渠U型槽6条，长5200米，机耕路5200米，建筑物120宗。

2. 良种扩大基地

"九五"第二批糖料生产基地项目建设卓有成效。引进、繁育和推广新台糖2号、16号、20号、22号、23号、24号和桂糖16号、17号。示范种植的新台糖16号，平均亩产6.61吨，含糖量15.71%；桂糖16号，平均亩产5.24吨，含糖量15.71%；桂糖17号，平均亩产5.24吨，含糖量14.45%。为农民提供良种甘蔗种苗1200多吨。2001年，全县种植甘蔗面积13万亩，比项目建设前的1998年增加2万亩，总产45万吨，增加10万吨，增长28.5%，农民人均纯收入2190元，比项目建设前的1998年增加343元，目前，全县甘蔗良种覆盖率达到60%，甘蔗生产已向良种化、基地化、规模化、产业化方向发展。

（四）实施芒果换冠改造技术示范项目

农业局承担1998年、1999年度省百项农业新技术《实施芒果换冠改造技术示范项目》。2002年3月7日，经省农业厅专家验收通过。项目完成芒果换冠改造示范面积3000亩，改造芒果园，盛产期平均亩产优质果达1000千克，亩产值达6000元，产量和产值比换冠前提高1倍以上，完成了项目合同书规定的经济技术指标；项目带动全县芒果换冠改造面积2万亩，平均亩产增加420千克，总产量增加8400吨，全县芒果优良品种率由60%提高到80%以上，效果显著。

1. 日援粮食增产项目

1997年,昌江被列为海南省日援粮食增产项目县之一。项目总投资4974564元,整治了乌烈田洋、保平田洋和浪炳田洋,其中乌烈田洋2000亩、保平田洋2400亩、浪炳田洋1800亩。项目取得很大的效益。全项目区人均口粮增加149千克,人均纯收入增加740元,项目区示范田亩产增加165千克,总产增加99千克。

2. 抓好抗旱确保粮食增产

1998年、1999年、2005年,是昌江县旱情最严重的年份,全县12条河溪断流,126宗塘坝全部干涸,农作物受旱面积10多万亩,损失水稻种子32万斤,15个村庄7000多人饮水困难。面对严峻的旱情,县委、县政府非常重视,把抗旱作为农村工作一件头等大事来抓,组织群众封江堵河,挖塘打井,在峨眉岭水库安装11部抽水机抽水到山竹沟水库,再从山竹沟水库放水到乌烈灌区。据统计,全县共投入抗旱劳力20万人次,封江堵溪2303处,挖田头井1805眼,维修渠道53千米,组织抽水机2002台、手扶拖拉机199台昼夜抽水,从而确保了农业生产用水。

3. 扶贫攻坚成果进一步巩固

2001年,全县共投入扶贫资金730万元,扶持王下、七差、太坡等贫困地区农民种植香蕉7000亩、橡胶1640亩、珍珠石榴和菠萝蜜4400亩、甘蔗14600亩、冬季反季节蔬菜2800亩、芒果换冠3000亩。同时,通过开展省、县、乡联手扶贫活动,帮助贫困地区改善水利、道路、住房、办学等生产和生活条件,较好地解决了全县贫困地区行路难、住房难、饮水难、用电难和入学难等问题。

4. 水利基础设施进一步完善

2001年,全县共投入水利建设资金2854万元,其中石碌水库加固工程实际投入专项资金1700万元,农田水利基本建设资金1154万元,全县劳力投入130万个工日,维修配套渠道187条,总长62.7千米,修复水毁工程968处,新建大口径田头井330眼,增加蓄水能力100万方,恢复灌溉面积7000亩,新增节水灌溉面积200亩。经过多年建设,昌江县现有蓄水工程143宗,设计灌溉面积13.32万亩;引水工程169宗,灌溉面积0.579万亩;提水工程18宗,灌溉面积1.12万亩。

(五) 发展特色农业

1987年以来,昌江县委、县政府充分利用资源优势,发展特色农业,取得了辉煌成绩,建立了芒果、香蕉、瓜菜、菠萝、甘蔗、柚子、杨桃、菠萝蜜、海水养殖、畜牧养殖"十大基地"。

瓜菜 全县每年种植瓜菜10万亩,其中冬季瓜菜6万亩。瓜菜品种主要有冬瓜、西瓜、南瓜、黄瓜、苦瓜、丝瓜、圣女果、马辣椒、尖椒、泡椒等。主要分布在昌化、海尾、乌烈、十月田、石碌、叉河、七叉7个镇。在冬季瓜菜生产中,无公害瓜菜生产基地有14个,面积40000亩,其中乌烈镇的长塘基地5500亩,纳凤基地5500亩;昌化镇的旧县基地5500亩,大凤基地5500亩;海尾镇的五大红地岭基地3000亩,红地岭水库基地4000亩;十月田镇的王炸好清基地2500亩,姜园保平基地3000亩;叉河镇的七叉红峰基地1800亩,红阳基地1000亩;石碌镇的保梅水头基地1000亩,尖岭三道基地1000亩。疏菜年均亩产量3000斤,总产15万吨;冬季瓜菜年均产量4000斤,总产12万吨。冬季瓜菜年出岛量为6.3~8.4万吨。

香水菠萝 全县种植面积7000亩,年总产量1.75万吨,年出口日本、韩国1.4万吨。香水菠萝生产基地位于海南省昌江县十月田镇,由海南全农农业开发有限公司经营,该公司是台湾农友种苗股份有限公司在海南投资的一家独资企业,创办于1993年4月1日。

芒果 昌江芒果种植历史悠久,几百年树龄的芒果老树现仍生机勃勃,挂果累累,昌江县委、县政府提出"芒果兴县"的战略方针后,昌江芒果得到了迅速发展,种植面积达10万多亩,品种有49个。其中1000亩以上的芒果基地有汇通公司(6000亩)、海昌公司(6000亩)、海创公司(3500亩)、坝王林业公司(1509亩)、万昌公司(1300亩)、兴达公司(1200亩),500亩以上的有天和公司(810亩)、企业供销公司(750亩)、永昌公司(700亩)、华超公司(620亩)、王金芳芒果园(550亩),100亩以上的芒果基地62个。全县2004年芒果挂果面积8万亩,总产量3万吨,出口日本、韩国4000吨。

香蕉 昌江县香蕉种植实施政府统一规划、农户种植并举,形成基地化香蕉产业。全县香蕉种植面积5万亩,总产量10万吨。有少量出口。香蕉生产基地面积在100亩以上的有21个公司和个体经营户。

第二节 林 业

昌江县独特的地理环境和气候资源为林木的生长繁育提供了良好的自然条件。昌江县历史上是一个林木繁茂、绿树成荫的地区。东南部山区现仍保存着成片的原始森林,中、西部的丘陵、台地也分布着参天古树和林木交错的小山包。据民国三十六年(1947年)昌江县国民政府的调查,当时的三架岭、西方岭、塘坊岭、保平岭一带成层林约10万亩。但在漫长的封建社会及半殖民地半封建社会,当局从未采取任何措施保护或营造林木,长期只采不育,森林资源得不到应有的发展。

新中国成立后,党和国家十分重视林业工作,先后在昌江县兴办了三个国营林场,从事森林管理、开采和育种工作。历届政府也采取多种措施,开展大规模的植树造林运动,营林面积逐年增加。党的十一届三中全会后,党中央和国务院颁布了一系列有关林业的方针、政策、法令,落实山林权属,实行全民、集体、个人所有并存,有效地调动了广大人民群众造林、护林的积极性。县、乡(镇)、村三级普遍组织专业队伍,建立林场和育苗基地。1982年,乡镇林场有6个,造林工作逐步走上经常化、制度化、规范化、机械化和良种化道路。1980—1990年,全县造林面积85098亩,占新中国成立后40年造林总面积的60%。1990—1996年,全县造林面积77245亩,其中农综林29027亩、中央林1660亩、世行林46558亩;1997—1999年,沿海防护造林面积20433亩;2000年,浆纸林造林面积41261亩;2001—2005年,造林面积达到311275亩,其中2002年造林51826亩,2003年造林96822亩,2004年造林48860亩,2005年造林67167亩。在昌江县西部的52.2千米海岸线上,一条宽1000米的防护林带郁郁葱葱。无论城镇或乡村,到处绿树掩映,生机勃勃,全县林木覆盖率已从十一届三中全会前的19%上升到54.3%。

一、森林资源

昌江地处热带,林木资源极为丰富。东南部山区海拔千米以上的山峰有十多座,现有的天然林全部分布在这一区域。全县有林地面积(包括霸王岭林业公司在本县境内的面积)1194258亩,占全县土地面积的49.9%。

昌江林地按区域划分,东南部七叉镇有林地面积36.4万亩,占全县林地面积的30.4%,森林覆盖率达40.5%,活木蓄积量217万立方米,占全县活木蓄积量的86.3%。东部的石碌镇有林地6.8万亩，森林覆盖率达30%，活木蓄积量23.7万立方米，占全县活木蓄积量的9.4%。中部的叉河、十月田、乌烈3个镇，有林地面积2.263万亩，占全县林地面积的4.5%，覆盖率为2.1%，活木蓄积量0.27万立方米，占全县活木蓄积量的1.1%。西北部的昌化、海尾2个镇，有林地面积4.9万亩，占全县林地面积的9.7%，森林覆盖率为10.2%，活木蓄积量10.5万立方米，占全县活木蓄积量的4.2%。在全县林木资源中，县属林地面积7.95万亩，活木蓄积量为21.2万立方米，占全县活木蓄积量的8.3%。其中天然林70783亩，活木蓄积量177226立方米，占83.9%；人工林6224亩，蓄积量17839立方米，占8.51%，防护林2449亩，蓄积量10497立方米，占5%；四旁树及散生林45.15万株，蓄积量4115立方米，占2.1%；疏林543亩，蓄积量1103立方米，占0.5%。

二、树　种

昌江县境内的霸王岭林区属热带雨林区，雨量充沛（年降雨达1800~2000毫米），阳光充足，长年无霜，土壤肥沃，为物种生息繁衍提供了良好的自然环境。据统计，林区内拥有乔灌木树种1400多种，其中经济价值较高的有76个科属460多个品种。主要有壳斗科、龙脑香科、无患子科、樟科、罗汉松科、木兰科、松科、番荔枝科、杜英科、梧桐科、桃金娘科、桑科、冬青科、楝科、灰木科等。一至三类材有120多种，属热带雨林区独有A类商品材有坡垒、子京、母生、花梨、荔枝5种。特种树、一类材、二类材、三类材的活木蓄积量占林区的原始林木总蓄积量的50%以上。其中属一类材的有陆均松、红椎、马酮、油丹、竹叶松、绿楠、苦梓、桢楠、麻楝、红罗等20多种；属二类材的有南亚松、乌墨、黄椎、毛丹、菠萝蜜、油楠、胭脂、香楠、香椿等30多种；属三类材的有黄杞、鸡毛松、苦楝、白格、黑格、稠木、青岗栎、乌榄、酸枣、黄檀、黄胆、黄牛木、无患子等50多种。

昌江县经济林木树种主要有芒果、木棉、橡胶、菠萝蜜、腰果、椰子、石榴、人心果、荔枝等。引进树种有木麻黄、小叶桉、窿缘桉、大叶相思、泰国木棉、杉树、柠檬桉、马占相思、非洲楝、马尾松、油木、新银合欢、刚果桉12号、樟树、凤凰木、南洋杉、枇杷树、圆柏等。

1. 珍贵林木简介

坡垒 坡垒为特有树种，属龙脑香科常绿乔木，树干高大，在猴弥岭、雅加大岭中有零星分布。树干挺直圆满，木质坚韧，硬度大，结构紧密，无开裂，材色美观，抗腐力强，耐日晒水浸，无虫蛀。属特种用材，适用于码头、造船、桥梁、建筑、防空坑道建设用材。为国家二级保护树种。

母生 母生属天然木科常绿乔木，树干通直，分枝多，材质坚硬细致，抗虫耐腐，坚固耐用，是造船、车辆、建筑、桥梁用的优质原材料。为海南特种用材之一。在昌江县坝王岭林区保梅岭有分布。其特点是再生力强，为林场重点繁殖树种。

降香黄檀 俗称花梨木。属蝶形花科半落叶乔木，为海南省特有树种，是国家重点保护树种之一，主要分布在昌江县东南部高丘山冈和山腰开阔的地带。该树种经济价值高，用途广泛，心材坚硬，有光泽，呈紫色或紫褐色，木质结构紧密细致，横切面纹理清晰、美观，并有芳香气味，不变形，无干裂，无虫蛀，耐腐力强，是制造高级家具、乐器、嵌边等工艺品的理想用材，同时也具有药用价值。

青皮（青梅） 青皮为昌江县典型热带雨林树种，属龙脑香科常绿乔木，分布在坝王岭林区高山的中下部，生长在湿度大、土质较肥、坡度小的林区，成林较集中。木质坚硬，结构致密，耐腐力强，树干挺直，干燥后稍有开裂，但不变形，心材抗腐耐浸，常作造船、桥梁、车辆、建筑、枕木、坑道等用材。

竹柏 竹柏属罗汉松科常绿乔木，主要分布于雅加大岭海拔650米以下的山地及沟谷地带。枝干通直，纹理纵行，结构细致，干燥无裂缝，不变形，横切面平滑且有光泽，材色淡黄美观。可作门、窗、地板、家具、乐器、雕刻等。果子含油丰富，可作工业用油。

海南油杉 属松科常绿尖叶乔木，枝干圆直，高大，年轮清晰明显，纵切面呈花纹状，美观雅致，是高级家具及房屋建筑用材，为国家保护树种之一。主要分布在坝王岭林区深山密林中。

雅加松 属松科常绿尖叶乔木，因20世纪60年代在雅加岭一林区发现而命名。枝干高大通直，纹理细密、均匀、美观，是家具及建筑理想用材，喜生长于湿度较大的深谷中。

黄杞 属山毛榉科，多分布于半山腰海拔600米以上的地带，适应性强，径级小，一般为40厘米左右，70厘米以上的少见，是林区特有树种，受国家保护。

海南粗榧 另名红壳松，属粗榧科常绿乔木，在坝王岭林区中分布较广，喜生于深山幽谷地带，纹理通直，结构均匀细致，木质较松软，适用于制作天花板、高级箱盒、家具、文具、雕刻等。

荔枝 荔枝属果材两用树种。昌江县荔枝林多属野生，在坝王岭林区有成片林地，东部及东南部高丘地带也有分布。木质坚硬致密，比重大，不变形，切面平滑，有光泽，是制造仿古家具的理想用材，广泛适用于车辆、建筑、船舶等。目前保存较好的一片天然荔枝林约有600亩，1982年已划定为禁伐区，受到保护。

2. 经济树种简介

芒果 芒果在昌江种植历史悠久，本地品种主要分布在东南部的七叉镇和中部的叉河、十月田及东部的石碌等镇。散生在各个村落约两万多株，其中有不少百年树。1930年，昌江首次出产芒果干1000担。新中国成立后，外贸及供销部门每年都组织收购并加工成芒果干外销。1978年，石碌水库工程管理局开始引进良种芒果栽培。主要有红象牙芒、白象牙芒、白玉芒、鸡蛋芒、青皮芒、留香芒、吕宋芒、秋芒、龙井大芒9个品种。1984年起，全县各乡镇及企事业单位、各经济实体都先后建立了良种芒果苗圃和生产基地，形成大发展的趋势。县政府把芒果生产列为昌江县农业经济支柱，积极扶助个体农户和经联社及外籍专业户发展芒果生产。截止到1990年，全县已种植良种芒果14476亩，收获面积870亩，鲜果年产量为732.3吨左右。昌江县出产的良种芒果质地优良，在1986年广州举办的全国优稀水果品尝评比会上，白象牙芒果荣获一等奖，白玉芒、吕宋芒荣获二等奖，青皮芒、留香芒荣获三等奖。

腰果 腰果是热带四大香料作物之一，经济价值高。腰果树耐旱耐瘠，有防风固土作用，适宜在沿海沙质土壤中生长。20世纪60年代初期开始引种，主要分布在海尾镇白沙、进董两个村，面积3630亩。1986年，县政府把腰果作为昌江县重点发展的经济树种，引进资金、技术、外地公司在昌城、南罗、海尾等地联营成片开发，腰果基地已粗具规模。1990年底，全县已种植腰果33373亩，收获面积3082亩，年产果仁15吨。其果壳及种仁含油较高，果仁营养丰富，风味独特，经济价值高，是制作高级糕点、饮料的主要原料。直接油炸，香脆可口，品味独特，是宾馆、酒店常用的席上佳肴。外贸部门历年组织收购出口创汇，是昌江对外贸易的主要农产品。

木棉 木棉是昌江传统经济林木，栽培历史悠久。分布在昌江东南部的七叉，东部的石碌，中部的叉河、十月田等镇，其余地区也有零星分布。木棉树粗生易种，树干高大，直接插条繁殖。主要产品木棉花絮柔软质轻，弹性好，是国防、航海工业专用物资，商业上广泛应用于床上用品，是当地黎族同胞世代制作衣裙、被褥的主要原料。其花瓣可供药用。历年国家组织收购棉絮及花瓣，为黎族同胞开辟了经济门路。1986年，木棉、芒果、腰果一同被列为昌江县重点发展的经济林木。20世纪80年代后期，昌江县引进泰国木棉品种，进行成片种植。据统计，全县共有木棉树15000亩（以株折亩），年产量达50~100吨左右。

橡胶 橡胶是昌江种植面积最大的一项经济林木，主要分布在县东部的石碌，中部的叉河、十月田镇等镇，乌烈也有少量种植。1990年，全县有橡胶种植面积60459亩，其中县属部分16661亩，占全县橡胶种植面积的27.5%。

昌江年均气温在23.5℃~25℃之间，光照充足，热量丰富，雨水较多，具备橡胶生长的环境和条件，加上风害轻、寒害少，使得昌江的橡胶生产割胶期长，干胶含量高，发展潜力大。全县拥有种植橡胶一等用地27625亩（其中县属部分26346亩），二等用地95521亩（其中县属部分38895亩），三等用地38138亩（其中县属部分25201亩），共计161284亩（其中县属用地90442亩），发展前景可观。

椰子 新中国成立前，昌江椰子仅局限在黎族同胞居住的房前屋后和村落旧址（黎族同胞有迁居习惯）零星种植。1964年前后，种植较多。截止到1990年，全县椰子实有面积2446亩（以30株为一亩计），当年椰子总产56.7万个。2005年，全县又新种椰子林5000亩。

三、营林生产

1. 采 种

新中国成立前，只有民间采集经济树种，但数量不多。

新中国成立后，党中央、国务院提出"植树造林，绿化祖国"的号召，并把3月12日定为"植树节"。1956年，县各林业工作站曾组织专人开展采集树种活动。石碌林业工作站于当年采集鸡占、苦楝、海棠、油楠、黑格等树种2580斤，海尾、昌城林业工作站采集苦楝、酸豆、木棉、合欢等树种3207斤，芒果仁11.4万个。1957年，海尾林业工作站采种2478斤，芒果仁8万个。1958年，石碌多业工作站完成采种任务149000斤。1961年后，为了营造沿海防护林带，县政府曾发动、组织人民群众及中小学生、机关干部开展采集树种活动。主要是采集木麻黄、窿缘桉等树种。党的十一届三中全会后，各乡镇林场由个人或专业队承包，自行采种，自办苗圃，并为所在乡镇解决大量种苗，县林业部门也积极引进一些优质树种填补空白。

2. 育　苗

国营苗圃场　昌江县首个国营苗圃场于1953年在海尾建立，隶属于昌感县林业局，有职工3人，育苗基地5亩。主要任务是为营造沿海防护林带提供种苗。树种以木麻黄为主。1955年，昌感县林业部门又在昌城靛村设第二个林业苗圃，有职工3人。1961年，昌江县恢复建制后，在石碌地区增设国营苗圃场，经营面积35亩，有职工4人。1981年后，经营面积达50亩，职工增加到9人，主要任务是为城镇绿化及营造公路林提供苗木。1985年后，因城镇建设用地需要，苗圃基地被征用，苗圃场解散。

社队苗圃场　社队自办苗圃场自1956年开始，其管理形式有乡镇（前称人民公社）苗圃场、管区（前称大队）苗圃场和生产队苗圃场。十一届三中全会后，有的乡镇林场承包到联合体，有的农户自发组织造林专业队或专业户，自采、自育、自办林场，林业部门或国营林场派出技术人员直接指导，提供服务或定期培训乡镇造林技术人员，以提高育苗技术。

昌江县最早建立乡镇苗圃的是昌城地区（昌感二区），共建社办苗圃15个，育苗27.2亩，10.2万株，采种6200

斤,海尾区(昌感二区)共建社办苗圃14个,育苗23亩,有力地促进了昌江县植树造林工作的开展。1961—1966年,全县共有社队苗圃28个,育苗队伍124人,"文化大革命"期间曾一度中断。1973年10月至1982年底,全县共建社队苗圃29个,专业队伍165人。1983年,全县共有民办苗圃46个,专业队伍344人。1987年成立昌江黎族自治县以后,每年育苗均在900亩以上。

四、人工造林

新中国成立后,昌江各族人民在党和政府的领导下,采取育苗造林、封山育林、人工迹地更新等措施,实行国营、集体、个人一齐上的政策,使昌江县的造林绿化工作取得较大的成绩。截止到1990年底,全县人工造林保存面积为148630亩(其中用材林74936亩、防护林53749亩、经济林17000亩)。1990年以来,全县造林38.9万亩,此外有公路林带107千米,四旁树769.4万株。森林覆盖率和活木蓄积量逐年增长。

1. 用材林

新中国成立初期,昌城、海尾、石碌等地区在农业合作化的推动下,按照"统一规划,分片种植"部署,发展集体林业生产,鼓励个人植树造林。1958年,东方县政府制订了"社队林场化,育苗基地化,造林丰产化"的规划,大量引进窿缘桉作为速生丰产林的主要树种,以岛西林场为基地,迅速向全县推广种植。人工营造用材林的树种还有木麻黄、桉树、母生、杉树、花梨木等。截止到1972年,人工造林保存面积达16205亩,其中用材林4266亩、防护林8122亩、经济林940亩、综合林2877亩,此外,疏林更新4713亩,四旁植树203100株。1990年末,全县实有用材林地面积24435亩,截止到2001年,又新增7900亩。

2. 防护林

昌江地处北部湾之滨，海岸线长达52.2千米，受东部崇山峻岭阻隔，潮湿的太平洋气候难以影响昌江县，县境内高湿干燥的南亚次大陆气候使昌江县周期性地出现"四风一旱"的自然灾害，因而营造沿海防护林带、防风固沙成为昌江县人民的重要任务，从新中国成立初期的昌感县政府，到现今的昌江黎族自治县政府，北自珠碧江口，南至昌化江岸沿海的海尾、昌化两个镇，每年都投入大批人力、物力、财力，重点营造沿海防护林带，固土防风，抵御自然灾害的袭击，保护农田、庄稼及人畜的安全。目前，52.2千米长、1000米宽的海防林带已经合拢，林带总面积84182.3亩。

五、经济林

昌江县经济林主要树种有橡胶、芒果、腰果、木棉、石榴、菠萝蜜、人心果、椰子等。其中成片种植、形成规模生产的有橡胶、芒果、腰果。木棉是传统性的经济林，以四旁（路旁、水旁、村旁、屋旁）种植为主。石榴、菠萝蜜、柑橘、荔枝、人心果、椰子等数量近年大幅增长。截止到1990年，全县种植各种经济林面积（不包国营农场场的面积）已达66448亩，其中芒果15387亩、腰果33373亩、橡胶16688亩。截止到2005年，全县又新种植椰子林5000亩、经济林20760亩。

六、四旁林

新中国成立前，四旁林多为自然林，人工种植的不多。1960年，东方县政府曾动员境内的企事业单位及各乡镇营造公路林。1961年，昌江县政府又发动群众，在公路及主要村道都种上树木。1964年，全县营造路旁林65千米，面积

1057亩。20世纪60年代中后期，公路林遭到严重破坏。20世纪70年代起，县政府多次组织工程技术人员对全县山、水、田、路全面规划，鼓励干部群众因地制宜，积极种植。全县先后种植苦楝、木麻黄、芒果、桉树、木棉等四旁林869.54万株。人均拥有53.4株。

附：霸王岭林区

霸王岭林业公司位于昌江东南部，地跨昌江、白沙、乐东、东方四县，主体部分在昌江县的七叉镇，总面积117万亩，是海南省三大天然林区之一。现有在职员工1412人（其中有大、中专技术人员27人），3000多人口。拥有固定资产646.23万元、基建面积38162平方米、机械设备104台套、动力总能量2596千瓦。公司下设12个科室，下属13个林场。附属企事业单位有职工医院、子弟中小学、松香厂、家具工艺厂、木材加工厂、水电厂、橡胶厂、贮木场等13个，是一个综合性、功能齐全的中型企业。

霸王岭林业公司前身是广东省森林工业局海南分局东方木材采购站。1957年5月正式成立，属海南森林工业分局领导。1958年6月，改为"东方县国营坝王岭林场"，场部从原东方镇迁至七差乡坝王岭下。同年5月，改为海南坝王岭林业局，9月又改为"广东省林业厅坝王岭林业管理局"，1960年由"管理局"改为"森工局"，1961年又由"森工局"改为"林业局"，截止到1984年初，一直属广东林业厅领导。1984年5月下放给海南行政区管理，由海南林业局领导，改名为"海南坝王岭林业局"。1988年10月，根据海南省林业总公司琼林字〔1988〕06号文件精神，易名为"海南省霸王岭林业公司"至今。

霸王岭林业公司林区总面积117万亩，实际经营面积95.5万亩，林木覆盖率68.7%，有林面积41万亩，宜林荒地26.6万亩,疏灌木林地29万亩。其中过熟林面积11.3万亩,活木蓄积量为60万立方米,更新造林保存面积8.09万亩,木材总蓄积量为250万立方米。

霸王岭林业区属原始天然林区,树种繁多,结构复杂,资源丰富,拥有树种1400种,其中经济价值较高的用材树种有76个科属460多个品种,主要科属有壳斗科、木兰科、松科、番荔枝科、桃金娘科、桑科、冬青科、楝科、灰木科、杜英科、梧桐科、龙脑香科、无患子科、樟科、罗汉松科等。其中1～3类材有120余种,特类林有5种(坡垒、子京、母生、花梨、荔枝),药用植物1000余种,珍稀动物100多种。

霸王岭林区又是一个保存得较好的天然林体,山高林密,四季常青,珍禽异兽,奇花异草,多不胜举。林区有雅加瀑布、皇帝洞、燕窝岭、温泉等风景点10多个,有黑冠长臂猿、纯青梅林、纯荔枝林、纯南亚松林、工人思茅纯林保护区5个,游人可以充分领略各具特色的自然风光,霸王岭林区旅游资源十分丰富,是理想的避暑度假胜地。

第三节　畜牧业

1987年前,昌江畜牧业发展缓慢,农民饲养畜禽还属于传统分散的饲养方式,黎族乡镇(七叉、叉河、十月田等乡镇)对发展畜牧业缺乏规划和指导,农村养畜养禽未能形成商品生产,畜牧业还没有从家庭副业地位摆脱出来,生产水平偏低,畜产品远远未能满足自给,畜牧业年均产值仅占农业产值的3.5%。1987年以后,随着改革开放的不断深入,昌江畜牧业在县委、县政府的领导下,认真贯彻落实省、县农村工作会议精神，以结构调整为主线，以科技为动力，以市场为导向，以推进畜牧业产业化进程、农民增收为目标，加快畜禽养殖基地建设，加大畜禽良种繁育推广、动物防疫、疫病防控和饲料资源开发工作力度，促进畜牧业的稳步、健康发展。2005年，全县生猪饲养量为201164头，出栏120830头，分别比上年同期增长13.8%和14.6%，比1986年同期增长121%和412%；牛饲养量81108头，出栏22764头，比上年增长8.6%和8.3%，比1986增长131%和265%；羊饲养量92243只，出栏46909只，比上年增长11.2%和13.3%；比1987年增长276%和359%；家禽饲养量143.2万只，比上年增长26.3%，比1986年增长312.2%；肉类总产量12185吨，比上年增长16.1%，比1986年增长117%；畜牧业产值15636万元，比上年增长16.6%，比1986年增长379%，畜牧业产值占农业产值的20.2%，比1986年提高16.7个百分点，畜牧业产值和肉类总产量连续5年增长达到两位数。

一、畜牧兽医体系建设

昌江于1979年成立畜牧局，下设12个乡镇畜牧站、1个种畜繁育场、1个畜牧场、1个兽医站、1个诊断室、1个畜牧科学研究所和卫监所，有干部职工112人，其中具有中级技术职称的4人、具有初级技术职称的18人。1995年机构改革后，县畜牧局改为县畜牧技术推广服务中心，下设7个镇畜牧兽医站、卫监所、动物检疫站、诊断室、畜科所、种畜场、畜牧场、药监所，有干部职工108人，其中具有中级技术职称的7人，具有初级职称的53人。

二、畜牧业结构调整

1987年后，按照县政府的工作部署，围绕实现农民增收目标，结合全县资源和市场需求状况，加大结构调整力度，优化畜产品结构和区域布局,形成沿海地区以养猪、养禽为主,山区以种草、养牛、养羊为主的格局。充分利用海南省建设无规定动物疫病区这一发展机遇,调整牧业生产部署,实施"十头万户"和沼气养猪工程,使猪生产量大幅增长,其中2005年新增养猪专业户达320户,年新增猪出栏达6000多头。利用果园推广林下养鸡、鱼塘上养鸭养鹅的生产方式,引进良种文昌鸡、良凤花鸡和樱桃谷鸭,使全县年增禽类出栏达30万只以上。积极开发草地资源,引导农户发展草食动物。利用山区草资源丰富的有利条件,发展养牛养羊,改善人民饮食结构,提高畜产品质量。

三、畜禽良种繁育体系建设及品种改良

1987年前,昌江在公社、大队兴建三级牧场达65个,其中猪场4个、牛场28个、羊场33个,建县级良种繁育场和畜牧场1个,使畜牧业在一段时期内发展很快,但因品种改良工作滞后,畜禽品种退化,造成畜禽生产水平低,加上厂矿企业较多,肉类长期未能自给,每年从外地调入,供应市场。1987年后,政府撤销三级牧场,巩固县级两场的发展,并投入资金近50万元,在乌烈镇的峨沟、那凤、乌烈村,海尾镇的柯来、沙地村,昌化镇的新城、杨柳村,叉河镇的老洋地、老洋田村,七叉镇的乙劳村,十月田的保平、塘坊村等7个镇设立猪牛改良站,23个村设猪牛配种点。引进一批良种良苗,其中猪引进盘克、长白、杜洛克、文昌良种公猪和陆川母猪,牛引进了婆罗门、辛地红、利木赞、南德文、高峰、荷兰等品种,鸡引进882、麻花、良凤花、文昌鸡等,鸭引进北京鸭、樱桃谷鸭。对7个镇的品改站、23个村配种点配备仪器设备,举办猪牛人工授精配种技术培训班120期,培训人数达12000多人次。此外,加大推广猪牛人工授精配种、林下养鸡、羔羊增肥技术。近五年全县猪配种达11200多胎次,产出良种猪苗达45000头,牛人工授精配种达

3000多胎次，本交达11000多胎次，产出良种牛仔达5000多头。引进优质良种禽类达50万只，供城乡饲养，有效缓解了昌江县种苗紧缺状况，提高了良种覆盖率。截止到2005年，昌江猪良种覆盖率由35%提高到62%，牛良种覆盖率由42%提高到66%，家禽良种覆盖率由30%提高到75%。

四、畜牧兽医科技推广

1987年以来，畜牧科技工作取得了新进展，科技攻关取得了新的突破。《猪牛人工授精配种技术》、《羔羊增肥配套技术》、《林下养鸡技术》、《青贮、氨化等秸秆利用技术》、《沼气养猪技术》等多个课题取得重大进展，并被广泛运用到农牧业生产中去。《牛巴氏杆菌病的诊断与防治》、《热带牧草种子引进繁育》被县评为科技进步三等奖，《牛伪狂犬病的首次发现项目》被县评为科技进步二等奖。1998年昌江畜牧技术推广工作被省农业厅评为"先进单位"。同时围绕着促进农民增收这一目标，在全县开展农民技术培训，使科学养殖技术在全县得到较大的普及和提高。昌江猪、牛冻精配种技术的运用得到省农业厅的肯定和表扬。

五、无规定动物疫病区示范区项目建设

1999年，国家农业部在全省19个市县建立无规定动物疫病区示范区，昌江按照项目建设的要求，配套34万元，修建海尾、叉河、十月田、乌烈4个镇实验室，维修县级诊断室，建造和维修实验室面积达600平方米，配备县、镇两级实验室仪器设备品种42个、385件，完成了项目建设"框架表"规定的必备诊断、监测、监督设备，建立、健全县、镇、村三级疫情监测网络，完善动物疫病控制、防疫监督、疫情监测、防疫屏障四大体系。同时围绕项目建设的目标和任务,落实各项技术措施,全面开展动物防疫和重点疫病监测工作,使昌江畜牧兽医工作走上新台阶。昌江在接受国家"无疫区"建设工作检查中,顺利通过验收,并受到国家检查组的表扬。

六、动物防疫和动物监督

1987年以来,昌江全面贯彻国家、省动物防疫工作会议精神,推进动物防疫工作目标管理考核制度,强化了疫病控制,加大免疫工作力度,提高了动物防疫工作水平。动物免疫工作实施"政府保密度,业务部门保质量"的责任制。县政府高度重视防疫工作,每年投入10万元防疫专项资金,对重大动物疫病(猪瘟、鸡新城疫、口蹄疫、禽流感)以预防注射为主。猪瘟免疫密度达99.2%,比1986年提高35%,口蹄疫防疫密度达100%,比1986年提高40%,鸡新城疫免疫密度达98.2%,禽流感免疫密度达100%,有效地降低了全县畜禽发病率和死亡率。动物疫病防控与监测工作由县、镇、村三级设立动物疫情监测点,配备疫情观察员。严格动物疫情报告制度,做到一旦发现疫情或疑似疫情按规定及时上报,并采取紧急措施防范和扑灭疫情。进一步完善三级疫情防控网络,加大对口蹄疫、猪瘟、鸡新城疫、禽流感等动物疫情的监测,每年进行抽血监测达2500份,上送血清达150头份,禽流感监测达800份。对于动物防疫监督工作,昌江县加大动物防疫监督案件的处罚力度,每年派出动物防检执法监督组深入各镇农贸市场、港口、车站进行监督检查,并联合工商、技术监督、卫生、商务等部门加大对交易所、县农贸市场的重点检查,严厉打击私宰、违法经营和逃避检疫的行为,确保无病害畜禽进入流通领域,让广大群众吃上"放心肉",推进动物防疫监督工作正常化、规范化。强化兽药、饲料管理,加强对兽药、饲料经营、使用的管理和监督检查。深入畜禽养殖场、个体经营户，对兽药和饲料进行抽检，每年抽检饲料和饲料添加剂150份、兽药36份、尿液85份，减少假冒、伪劣产品坑害养殖户事件的发生，进一步净化兽药饲料市场，保护养殖户的利益。大力推进动物产地检疫，进一步规范屠宰检疫。昌江山区多，群众居住分散，以前开展产地检疫工作难度很大，常出现漏检现象。为确保让群众吃上"放心肉"，1987年以来，昌江加大对动物检疫工作的投入，在每个镇均设立报检点和报检电话，保证人员、设备、经费足额到位，全县7个镇全面开展产地检疫，产地检疫率达90%以上，屠宰检疫率达100%，上市肉品持证率、无害化处理率均达100%。

七、技术培训

为促进畜牧业快速安全发展，昌江开展畜禽饲养管理、疫病防治、动物检疫、疫情监测、饲料兽药执法等业务知识培训班，每年受训人数达3000多人次。提高兽医人员的业务水平，为昌江县畜牧业发展提供人员和技术保证。

第四节 渔 业

昌江县西临北部湾，海岸蜿蜒曲折，长52.2千米，水域广阔，海域面积366.736平方千米，滩涂面积16.7万亩。内陆水域2490公顷，水产品种繁多，资源丰富。2005年，全县有两个半渔农业镇、5个纯渔业居委会、5个半渔农村民委员会，渔业户数2348户，渔业人员11983人。

据清昌化县志记载："昌化盛产鱼虾，犹以马鲛鱼、鲳鱼味道佳美"。但新中国成立前，由于捕捞技术和渔具落后，渔民多在浅海滩涂捕捞小鱼、小虾等海产品，捕捞量少。新中国成立后,党和国家重视渔业生产,成立专门水产机构。1954年,昌感县成立水产科。1955年,昌感县委成立渔业工作部,负责组织领导全县渔业生产。20世纪60—70年代,随着捕捞技术的不断进步,全县海洋捕捞产量逐年增长。1980年,实行联产承包责任制后,捕捞渔船逐渐实现机动化,渔船的各种设备逐步完善,海洋捕捞逐渐向中深海方向发展,海捕量增加。1990年,全县海洋捕捞量为15.86万担。2005年,全县海洋捕捞产量达到49406吨,总产值31739万元。

1959年起,全县渔民开始利用沿海滩涂和陆地山塘水库进行大规模的水产养殖。2005年,全县养殖面积2635公顷,产量8187吨。其中海水养殖面积381公顷,品种约11种,产量4715吨;淡水养殖面积2254公顷,品种8种,产量3472吨。

一、海洋捕捞

(一)鱼类品种

昌江县西面临海,12海里以内浅海面积366.736平方千米,渔场水深一般在20~35米,透明度好,底质为细沙泥。海区表层水温适宜,平均25℃,海水盐度不高,为15‰~35‰。海区表层流和底层流一致,成东西流向,近海域有暖流经过,昌化江、珠碧江、南罗河、沙地河等陆地河流汇入海区,给近海区带来丰富的有机物;海区藻类和浮游生物繁多,生物量高达336.55克/立方米,为海洋生物,尤其是鱼类、虾类、蟹类、头足类、贝类等鱼类资源提供丰富的索饵。鱼类品种有底层和中上层两大类,共800多种,鱼类品种繁多。昌江县主要鱼类品种有乌鲳、中国鲳(白鲳)、康氏马鲛、斑点马鲛、鲨鱼、中华青鳞(青鳞)、金色小沙丁(横泽)、青干金枪(青甘)、大四(铁甲)、宝刀鱼(西刀)、鲔鱼(白卜)、斑条鲕、水公鱼、海鳗(麻鱼)、蓝园参(池鱼)、红青笛、鲷(红鱼)、带鱼、银牙或

（三牙或）、红三、红线、海鲶（赤鱼）、曹白鱼、蛇鲻（九棍）、长尾大眼鲷、银方头鱼（马头鱼）、眼镜鱼、石斑、头鲂等。虾类主要有长毛对虾、墨吉对虾、斑节对虾、日本对虾、黄氏新对虾、龙是、鹰爪虾等。蟹类主要有锯缘青蟹、远洋松子蟹、三疣梭子蟹等。贝类主要有马氏珍珠贝、鲤鱼、日本日月类、长助日月贝、文蛤、江珧、近海牡蛎、魁蚶、毛蚶、泥东风螺等。歼足类主要有枪乌贼、金乌贼、针乌贼、虎斑乌贼，以及环蛸、长蛸、短蛸、如蛸等。此外还有海豚、海蝗、章鱼等。

（二）主要经济鱼类品种

鲳鱼 南海海域普遍有鲳鱼，北部湾西部海域最多。年产量一般为 10~18 吨。

马鲛鱼 每年春季盛产，昌江县沿海海区较多，年产量较稳定，一般为 560 吨左右。单船最高日产 2 吨。

海鳗 南海常见鱼类，常年 3—5 月为昌江县旺季，以刺网、拖网和钓业为主捕捞，年产约 80 吨，单船作业最高日产 1500 担。

红鱼 昌江县昌化海域为主产区，一般在 3—12 月盛产，以钓为主捕捞，年产约 2 吨。

带鱼 北部湾西部海域为主产区，一年四季都可以捕捞，8—12 月为旺期。

石斑鱼 南海常见鱼类，北部湾西部海域为产区，3—7 月为主汛期，以钓捕和刺网捕捞为主。

鲨鱼 昌江县渔船 20 世纪 80—90 年代在近海海区普遍捕捞，产量较高，单船日产可达 2 吨。2000 年后，在近海海域捕获鲨鱼量甚少，但大船在"四沙"总产量较高。

青鳞鱼 以灯光围网、拖网、三层网捕捞为主，年均产量 130 吨。

红线鱼 北部湾西部海域春秋两季为旺季，单船最高产量达

12吨。

鱿鱼 昌江县海尾、昌化、新港等海域均有捕捞,年产量一般为58吨。

青蟹 昌江县沿海海域可捕捉,河口海域产量最多,年产量3吨。

珍珠贝 海尾、新港等海域18米水沟和渔场均有分布,但产量甚少。

(三)渔 具

渔民在长期的捕捞生产实践中,不断地改进和创造了各种渔具、渔法。据调查,昌江县现有拖、围、刺、钓、笼壶、拉网等多种渔具,主要以拖、围、刺网类渔具为主。经过调整作业后,拖、围、刺三重网渔具有所发展。

围网类 围网是以包围方式作业,主要捕捞集群鱼类的网具。其网具结构形式分为无囊围网和有囊围网两种,并配合灯光作业,可获得较佳的捕捞效果。

昌江较普遍采用的无囊围网是由取鱼部和网翼组成,其中有下纲底环装置的称环围网,无底环装置的称无环围网。昌江近海作业的便属有环无囊围网。

20世纪60年代,昌江渔民学习广东等地围网技术,引进先进网型,围网作业逐步发展,作业方式为单船无囊光诱围网。开始使用的网具为棉线编织,网长60米、网高46米、目大47毫米的小型围,在北部湾浅海进行捕捞,获得较好效果,但作业时需打鱼炮配合,后来鱼炮被禁止使用。昌江县渔民到广东学习灯光围网经验,模仿网型,制作出网长102米、网高76米,中囊式的围网。网材料采用尼龙、乙纶、棉纱,用水松基作浮子。当时使用大光灯,每盏1600~2400烛光。由于渔场多数在水深40米以内,且中上层鱼类资源丰富,使用大光灯同样可以获得高产,因此后来一直使用大光灯围网作业。此后,北部湾中、上层鱼类资源减少,围网作业也大幅度减产,到1992年后围网渔船已部分转产。2005年围网兼业渔船20艘。

2. 刺网类

昌江县刺网渔业在捕捞中也具有悠久的历史,分布较广,渔具种类多,产品优质,近几年发展较快。

刺网作业主要分布在昌化、海尾、新港渔区,按作业种类分为:飘浮刺网(有表、中、下层三种)、定置刺网(有表、底层两种)、拖刺网。

过去,网具是以麻线或棉线为材料,网具经常要浆染。后来模仿制作三重刺网,渔具材料改革为塑料和化学纤维材料。1965—1978年的十多年间,随着拖、围网作业的兴起,刺网产量相应下降,发展比较缓慢。1979年,调整作业,由于刺网作业网艇投资少、技术性能易掌握、所需劳力少、渔获品种优质、经济价值高,一经倡导,发展迅速。除了海洋捕捞外,农业社队的渔民也纷纷织网大量发展。刺网渔具依捕捞对象而异,结构种类较多,有捕捞鲫鱼、鲈鱼、黄鱼等的三重刺网,有捕捞鲤鱼、青蟹等的定置单片刺网。网具较大型的三重刺网网高3.3米,外网目为150~690毫米,内网目为88~100毫米;最小的密目刺网网高为0.56米,目大34毫米。网具材料用绵纶、乙纶、尼龙,浮子用塑料、泡沫杉木,沉子用铅、铁、石。

3. 拖网类

群众渔业机船拖网是以双拖作业为主,开始使用的网具是网口周长为43.20米、目大50毫米的齐口网。后来学习广东的拖网技术,在齐口网的基础上进行改革,将网口目大改为80、120、200、250毫米。20世纪80年代开始,采用机船单拖作业,其所使用的网具为430毫米×160毫米,网口周长为68.80米,目的是为了瞄准底层和近底层的优质鱼类捕捞,当时的捕捞效益较好。该网存在网目过小、拖网阻力较大、浪费材料的缺点。在20世纪80年代中后期，对拖网进行了一些改革，但捕捞效益仍然不大。

4. 钓 业

钓具种类较多，形式不一，依其作业形式分为一本钓和延绳钓。一本钓包括绳钓、手钓、竿钓三种。延绳钓包括饵犯错钓和生钓两种。一般以单船作业，逆风在受潮的舷横流作业，钓线务必放到海底。

二、水产养殖

（一）海水养殖

昌江地处海南省西部，西临浩瀚的北部湾，有4万亩的海滩、3万亩的海港水面积，海域面积366.736平方千米，港湾多、水质好、浮游生物丰富、水体肥沃、海流缓慢，滩涂地势平坦，沿海滩涂处在江河入海口的港湾，底为沙质，浅平，坡度较小，海水透明度好，是鱼类、虾类、蟹类等海洋生物饲饵、产卵、孵化较为理想的场所。鱼、虾、蟹、贝类等幼苗品种繁多，发展近海养殖具有得天独厚的优越条件。

党的十一届三中全会以来，各级政府重视组织沿海渔民在滩涂地带发展养殖业。1987年起，国家对海水养殖业较为重视，在资金、技术上给予大力支持，当年银行放贷90万元，兴办昌化和南罗养殖场。近几年来由于海洋过度捕捞，渔业资源破坏严重，海洋捕捞产量有所下降，国家采取"休渔"政策，限制掠夺性的海洋捕捞。海南省委、省政府日益认识到海洋经济对海南经济发展的重要性，于1998年提出了加快海洋产业发展的战略。提出"以近海养殖为突破口，大力发展海岸产业带"的口号，制定了发展海洋经济、建设海洋大省的经济发展战略，并出台了《关于加快海洋渔业发展的若干意见》，为发展海洋渔业提供了契机。

2000年后，昌江加大海水养殖的管理工作力度，发展高效海水养殖项目。2000年审批1000多亩浅海海域发展麒麟菜养殖。2002年，规划万亩养殖示范基地，通过招商引资西岸垦殖人公司、海口兆生公司、南疆公司、李明公司、好当家公司等在昌江开发建设高位池对虾养殖2800亩，并产生效益。2005年，引进海南亿嘉投资公司开发建设深水抗风浪网箱养殖，年底投苗放养2组8口16000尾军曹鱼种。2005年，昌江海水养殖面积381公顷，主要养殖有鲈鱼、军曹鱼、石斑、对虾、青蟹、花蟹、鲍鱼、贝类、江蓠、马尾藻、麒麟菜等。

（二）淡水养殖

进入20世纪80年代，淡水养鱼开始有较大的发展。1980年，国家开始投资建设塘鱼商品基地。1981年以后，新引进奥尼亚罗非鱼、革胡子鲶、罗氏沼虾、鲈鱼、淡水白鲳等，并对鳖鱼人工繁殖与养殖技术开展研究。从1984年开始，在县区进行高产养鱼综合技术推广，经过实践，已探索出池塘养鱼综合技术可行措施，为大面积池塘养鱼实现高产、优质、低耗、多收的目标提供了模式。

2005年，年淡水养殖产量3472吨，淡水养殖产量已超过淡水捕捞产量。

三、渔港建设

渔港是渔业生产的后方基地，担负着渔船避风、鱼货装卸、冷冻保鲜、鱼品加工、渔船维修、物资补给、船员休息等任务。搞好渔港建设，使之成为具有现代化配套设施的渔业生产后方基地，昌江自1990年以来，加大了渔港建设力度。

昌江县天然渔港有昌化港、海尾港、新港、咸田港、马容港、双塘港、沙渔塘港等。主要海湾有棋子湾、昌化湾和双塘湾。

新中国成立前,昌江县没有搞海港建设,渔船任意停靠,缺乏避风屏障、装卸码头及渔船维修设施。新中国成立后,党和政府重视渔港建设,曾在渔业生产集中的昌化、海尾、新港、沙渔塘等渔港分期分批修建和改建天然渔港,建起防浪堤、避风港、码头、拍岸等,让渔民有稳定的生产生活基地。渔港建设实行以自筹资金为主,国家投资为辅,即民办公助的方针。据统计,新中国成立后至2005年国有渔业渔港码头建设共投资2772多万元,建设渔港码头,建设护岸堤,疏浚港池和航道,拓宽渔船锚泊。

海尾渔港 海尾渔港位于海南岛西北部,地处昌江县海尾镇,海尾渔港是昌江县三个重点渔港之一,也是北部湾渔业生产的重点渔港。它离县城42千米,北距洋浦港约42海里,南离八所港25海里,是距离北部湾昌化渔场最近的渔港。2005年,海尾渔港驻地海尾镇总人口3万多人,其中海尾村居住人口达1.2万人,占全镇人口的40%。目前拥有海洋捕捞渔船333艘,总吨位4809吨,渔船总功率14100千瓦,占全县机动渔船数的76%,2005年度海尾镇渔业产量为28366吨,产值为29771万元,分别占全县渔业产量和产值的63%和63.6%。每年鱼汛期间,过往海尾渔港的外地渔船以及在昌化渔场生产的渔船多达数千艘,海尾渔港为海南的海洋捕捞业发展发挥了重要的作用。

建设情况 1990年,海尾港报经海南省政府批准立项建设,按国家一级渔港的功能规划建设。1990—1994年,分别由省政府拨给建设资金600万元,当地政府和企业筹措资金300万元,群众投劳和社会各界捐助12万元,共计912万元投入海尾渔港建设。1994年,已建成东北防波堤572米,西南防波堤抛基础堤心石420米,建成护岸堤590米,开挖港池航道7.8万平方米。原计划3年建成使用,但由于当时渔港建设资金不足,海尾渔港建设于 1994 年底中断，其建设仅完成工程总量的 30%，无法发挥其渔港的功能。近几年来，海尾渔港的建设得到县委、县政府历届领导的高度重视，积极将海尾渔港情况向省政府及有关部门汇报，同时聘请省海洋开发规划设计研究院的专家对海尾渔港进行规划，形成《海尾一级渔港续建项目可行性研究报告》呈报省海洋与渔业厅和农业部。2003 年，农业部批准将海尾渔港列入国家一级渔港建设规划。2004 年 7 月，农业部派出渔港评审小组实地考察海尾渔港，经专家评审同意立项。2004 年，农业部批准海尾一级渔港建设项目。项目建设内容是：建设码头长 400 米，共 9 个泊位；新建东北防波堤 125 米；新建西南防波堤 670 米；改造西南防波堤 420 米；阶梯码头 50 米；港内护岸 480 米；港池航道疏浚 45 万立方米，以及道路设施配套等。海尾一级渔港建设项目总投资为 3275 万元，其中中央预算专项国债资金 1200 万元（已到位），地方投资 2075 万元。

昌化渔港 昌化渔港位于昌化镇昌化村，是南海北部湾昌化渔场的主要渔港，位于东经 108°40′、北纬 19°19′，渔港等级为二级。1968 年投资 4.5 万元（其中地方投资 2 万元，其他投资 2.5 万元）。1994—1998 年投入资金 120 万元，建设东北护岸堤，疏浚港池和航道，拓宽渔船锚泊面积，2005 年投入资金 48 万元疏浚港池和航道，港区水域面积约 70 万平方米，锚地面积约 20 万平方米，可泊渔船约 500 艘，航道长 250 米，平均水深 2 米，护岸堤长约 800 米，可避 10 级台风，日供水量 100 吨，日供油量 10 吨，日供冰量 20 吨。现拥有渔船 140 多艘。

新港渔港 新港渔港坐落在昌江县新港居委会北端海岸，位于东经 108°55′98″、北纬 19°30′67″，渔港等级为二级，港区水域面积 30 万平方米，该渔港在 1996 年 18 号强台风洪水冲垮堤坝 120 米后，省计划厅拨款 447 万元修复建设防洪堤 260 米、防波堤 140 米，挖港池土方 20 万立方米，现港区面积 30 万平方米，可泊渔船290艘，日供水量100吨，日供油量10吨，日供冰量20吨，年吞吐量0.7万吨、贮油量40吨/次、贮冰量50吨/次、冷藏量20吨/次，拥有渔船120艘。

沙渔塘渔港 沙渔塘渔港坐落于海尾镇沙渔塘村西部海面，位于东经108°45′27″、北纬19°45′27″，港区水域面积40万平方米，平均水深1米，港池可泊渔船300多艘，日供水量10吨、日供油量3吨、贮油量10吨。

四、海洋与渔业管理

1. 管理机构

1950年，渔业生产由昌感县农建科负责管理。1954年，昌感县委成立渔业工作部，下设水产科。次年撤销县水产科，改设昌感县水产局，工作人员增加到8人。1958年，昌感、东方、白沙三县合并为东方县（大县）时，成立东方县水产部，编制增加到14人，内设行政秘书股、海洋生产股、海淡水养殖股、渔业生产技术推广站、墩头水文站、渔业安全管理站等。

1961年，成立昌江县水产科，同年下半年改为昌江县水产局，编制5人。1968年精简机构时，撤销水产局，水产管理业务归农村服务站管理。1969年，划归农业办管辖。1973年，恢复水产局后，干部队伍逐年扩大。1985年，水产局配备人员9人，内设行政股、生产股（海洋捕捞、海淡水养殖、渔业技术推广站）、渔港监督站、渔政站、渔业电台管理站等，局直辖水产销售公司、水产养殖场、县国营造船厂等。随着经济体制改革的不断深入，昌江渔业生产日益兴旺，渔业管理机构逐步健全。

1988年，根据琼编（88）130号和琼海字（88）14号文件精神，经县委会议研究同意成立昌江黎族自治县海洋局，属县政府的局级单位，在县人民政府领导下和省海洋局业务指导下开展工作，行使政府管理职能，干部定编4人，即局长1名、科员

3名。

1995年11月，海洋局由科级行政单位改为科级事业单位。

1995年11月，水产局由科级行政单位改为科级事业单位。

2001年，县机构编制委员会《关于昌江黎族自治县党政机构设置的通知》（字［2001］09号），撤销海洋局、水产局，设立海洋与渔业局，为科级行政单位。县海洋与渔业局内设办公室、海域管理和海洋环境保护股、海洋捕捞股、养殖股、渔政与电信管理股、渔港监督与渔业船舶检验股、水产技术推广站。行政编制10名，其中局长1名、副局长3名、非领导职务6名；机关工勤人员财政预算拨款事业编制1名。2005年，全县海洋与渔业系统职工218人，助理工程师10人，高级工程师2人。

2. 渔政渔监管理

1979年前，未设置渔监管理机构。水产局负责管理渔业水产，兼管渔政监督工作。1979年起，设渔政管理站，编制1人。业务归东方县渔政站领导。1980年，设立县渔政渔监管理站，编制5人，配备渔政066号船1艘，业务上受县水产局和上级渔政监管部门双重领导。此后，根据国家制定的渔业法规，如国务院颁布的《水产资源繁殖保护条例》、《海南省水产资源繁殖保护实施细则暂行规定》等，划定禁渔区、捕捞区，禁止毒鱼、炸鱼，淘汰各种破坏鱼类资源的渔具。1994年，新港、海尾港分别设渔政分站。昌化渔政分站于1995年设立（县渔政管理站迁回水产局），配备中国渔政9069号船一艘，100瓦点频单边带电台1座。渔政船经常在昌江县海区内进行巡逻监督，维护渔区水域生态环境和维护渔业生产正常秩序。1986—1987年，广东省渔政处下拨2万元，购买苏式快艇1艘和航用雷达1部，使昌江县渔政工作条件得到改善。1988年，海南建省后，渔政船改用中国渔政1150号船，有船员8人、船长2人、轮机员3人，单边带电台1部。1988年5月，县政府颁布《关于保护水产资源管理条例》，对昌江县海陆水域渔政管理作了明确规定。1989年，设石碌水库渔政分站，负责保护石碌水库水产资源和生产者权益。渔政渔监管理站为股级机构，事业性质，经济来源以自筹为主。现有人员共65人，其中渔政43人、渔监19人、电信3人，实有编制数为31人，其中渔政23人、渔监6人、电信2人。

第五节 水 利

新中国成立后，各级政府对水利工程建设非常重视，不断加大投入，建成了以石碌水库为主，蓄、引、提水相结合的一大批水利工程。由于水利工程大部分是在20世纪六七十年代发动群众投工投劳兴建起来的，工程运行几十年，水利设施基本老化，工程效益下降。1990年以来，各级政府通过各种渠道筹措资金对各类水库、面上水利工程及灌区各级渠道进行防渗加固配套建设。主要以石碌水库除险加固及石碌水库主干渠硬化配套工程为主，抓好一批病险水库的除险加固、水毁工程的修复、人畜饮水、海尾防潮堤和新港防潮堤以及恢复电灌站等工程。

全县现有蓄水工程144宗。其中，大（二）型水库1宗，小（一）型水库10宗，小（二）型水库7宗、小（二）型以下水库126宗，小（二）型以上水库18宗，总库容17989万立方米，相应库容11534.9万立方米，设计灌溉面积167110亩，现达71694亩。完成石碌水库、大芬水库、塘兴水库、大章水库、南在水库、东边水库、新田坝水库7宗水库的加固配套。小（二）型以下水库126宗，设计有效库容11758.6万立方米，年供水量15763万立方米，设计灌溉面积19.44万亩，现达11.18万亩；引水工程15宗，引水总流量4.43立方米/秒，设计年供水量1472万立方米,设计灌溉面积1.52万亩;提水工程21宗,装机总容量532千瓦,设计灌溉面积1.36万亩;设计年提水量966万立方米;开挖排水沟7条,全长6.5千米,治涝面积800亩;建造防潮堤5条,全长3.53千米,保护农田650亩。

昌江县水利工程按水源情况主要分为两大块,一是石碌水库灌区,二是面上水利工程灌区。

石碌水库灌区设计共有主要灌溉渠道1961条,总长1352.1千米。其中主干渠1条,长46.5千米;分渠9条,总长146千米;斗渠508条,长343.87千米;农渠1075条,长607.73千米;排水沟368条,长208千米。完成硬化渠道519条,长389.1千米;未硬化渠道1441条,长852.2千米。9条分渠(146千米)中,除乌烈分渠已完成硬化外,其他8条的大部分渠道(头段)也完成硬化,共计完成硬化96.4千米,尾段尚未硬化段38.8千米。

面上工程灌区(含小型水库、水陂及提水工程)设计灌溉渠道2829条,总长1058.75千米,其中,干渠423条,长562.37千米;支渠294条,长205.39千米;斗渠1440条,长193.62千米;农渠672条,长97.37千米。完成硬化干渠15条,长55.95千米;支渠36条,长15.8千米;斗农渠75条,长188.7千米。

一、水能资源开发利用情况

昌江县水能资源蕴藏量丰富,现已建成水电站18宗,总装机容量17680千瓦,年设计发电量4910万度。1987年以前有12宗水电站,总装机容量1876千瓦,能正常发电的水电站有4宗(坝后电站、山竹沟电站、白石电站、七差电站),总装机容量1760千瓦。2005年开始建设南绕河水电站1宗,总装机容量

6000 千瓦，设计年发电量 0.1892 亿度。全县可开发水能源利用 34920 千瓦。

二、主要工程及业绩情况

1. 石碌水库除险加固工程

石碌水库是以灌溉为主，结合防洪、供水和发电为一体的大（二）型水利工程。总库容 1.42 亿立方米，正常库容 9888 万立方米，设计灌溉面积 15 万亩，年供工业和生活用水 1600 万立方米。石碌水库主干渠是昌江县农田灌溉的大动脉，担负着全县农田灌溉任务的 80% 以上。坝后电站装机 1000 千瓦，设计年发电量 320 万度。

石碌水库大坝始建于 1958 年 4 月，1966 年开始扩建，由于施工质量差，大坝虽经加固培厚，大坝质量和预定性有所提高，但坝基及坝高未作加固处理，三座副坝也存在隐患。石碌水库大坝存在安全隐患，工程未能正常蓄水，一直控制在限制水位下运行，工程未能充分发挥效益。1998 年 3 月，由海南省水利局主持，邀请水利部珠江水利委员会、水利部大坝安全管理中心等单位有关专家对大坝进行了安全鉴定，定为三类病险水库工程，并决定进行除险加固。1998 年 8 月，由海南省水利电力建筑设计院进行石碌水库除险加固工程设计，12 月，通过水利部珠江水利委员会审批。计划部门已于 1998 年陆续安排资金对其进行加固，该工程于 2005 年完成加固任务。批准的概算总投资为 5668.51 万元。石碌水库除险加固工程建设项目的主要内容为：主坝防渗墙、主坝及三个副坝下游坝坡排水、反滤及坡面整治，新、旧溢洪道扩（改）建，上坝公路修筑砼路面，水情、工情自动测报系统工程，输水涵进口及灌溉渠道加固，新、旧溢洪道底板、连接段和新涵坝灌浆，防洪调度的指挥楼，工程管理设施，库容库貌整治等工程。

该加固工程完成后，蓄水可达正常水位，与限制水位比较，可增加库容1548万立方米，增加灌溉面积7.5万亩，同时对保证水库下游人民群众的生命和财产安全都具有十分重要的作用和意义。

2. 石碌水库主干渠硬化配套工程

石碌水库是昌江县农业生产命脉，总库容1.42亿立方米，正常库容9888万立方米，主干渠全长46.5千米，设计流量11立方米/秒，设计灌溉面积15万亩，担负着全县农田灌溉任务的80%以上，主干渠下有9条分渠，共长145千米。由于主干渠放水渗漏严重，渠道利用率低，抗洪能力差，为保证石碌水库整体灌溉效益，从1990年起对主干渠进行防渗配套加固，截止到2000年完成主干渠全长46.5千米全部硬化配套工程。

3. 农村人畜饮水工程

2002—2004年是实施农村饮水解困工程的三年，在这三年期间，共完成投资939.1万元，其中中央及省下拨资金843万元，县财政配套45.6万元，受益群众自筹资金50.5万元。建成各类饮水工程89宗，解决89个自然村、60311人的饮水困难问题。其中：兴建自来水工程34宗，解决34个自然村、49732人的饮水困难；兴建分散式供水工程55宗，解决55个自然村、10579人的饮水困难。兴建的农村人畜饮水解困项目工程已通过了省、县的验收，合格率达到100%，优良率达85%以上。全面完成了农村人畜饮水解困任务，大大改善了这些地区人民群众的生活条件，提高了健康水平，促进了社会主义新农村建设。昌江农村饮水解困工作在2005年7月被省人民政府评为2002—2004年全省农村饮水解困工作先进单位。

4. 建立取水许可登记，加强水利执法及水资源管理

1993年10月，开始实行取水许可证登记工作。1995年，设立水政水资源股，用3个月时间进行全县水资源摸底调查工作，

用6个月时间对取水单位核实并登记发证。通过登记,摸清了用水底数,为水资源的统一管理奠定了基础。此后,不断加大水利执法力度,强化水资源管理,共处理各种水事案件4宗,挽回经济损失45万元,每年征收的水资源费在20万元左右。2005年,登记取水点有106户。在抓好执法的同时,进一步强化水资源管理,确保了昌江县主要江河的行洪安全以及人畜饮水水源不受污染。

5. 三防工作

昌江认真贯彻国家防总提出的"两个转变",即从控制洪水向管理洪水转变,从单一的抗旱向全面抗旱转变,结合昌江实际,落实好各项防汛、抗旱措施,确保人民群众生命、财产安全和农业生产灌溉用水。特别是1996年18号热带风暴及2005年18号"达维"强台风的影响,三防办加强值班,密切注意台风移动方向及强度,县委、县政府及时研究、部署防风抗洪工作。四套班子始终站在抗洪救灾第一线,紧急出动机关干部、三警部队和公检法干警营救被困群众,及时、安全转移受灾群众。受台风影响,水利工程及设施被毁严重。灾后,加紧对水毁工程的修复工作,确保晚造生产和各种瓜菜及经济作物用水。2004年底至2005年春发生的特大干旱,在做好对现有水资源管理的同时,发动群众挖塘打井,封江堵河,采取人工降雨等一系列措施,取得了抗旱斗争的全面胜利。

三、水务改革与管理进展情况

1. 水务改革不断深化,水利管理体制和机制逐步完善

水资源管理体制改革 2003年5月,省委省政府将省水利局改组为省水务局,使海南推进水务一体化管理成为现实。昌江县于2003年11月将县水利局改为县水务局。县机构编制委员会下文对辖区内供水、节水、污水处理等归县水务局管理。在水资

源管理上实行建设项目水资源论证制度、取水许可制度和水资源有偿使用制度，水资源管理得到了加强。

水管体制改革 为了贯彻执行国家投资体制改革与水利工程管理体制改革的有关规定，2004年3月，省政府批转了《海南省水利工程管理体制和投融资体制改革实施方案》，昌江根据实际情况，组织编制工程单位体制改革实施方案，努力推进水利工程管理体制的改革。同时，对小型农田水利工程进行承包、租赁等形式的产权改革。现已完成小型农田水利工程产权改革的有58宗，其中个体承包管理的小型农田水利工程35宗，租赁给农业开发公司和个体户的小型农田水利工程23宗。小型农田水利经产权制度改革后，工程有责任人管理、维护，工程效益明显提高。

水利投资体制改革 为建立适应市场经济要求的水务投融资机制，建立多元化的投资体系，鼓励社会投资，允许跨地区、跨行业对水利工程进行投资建设、经营管理。特别是昌江县小水电建设方面，小水电的开发已从以往国有投资为主转为非财政资金投资为主。现已建成18宗水电站，总装机容量17680千瓦。2005年，由海南润大水电开发有限责任公司兴建目前装机容量最大的1宗水电站，设计装机容量6000千瓦，工程总投资概算为3892万元，该电站设计年发电量为0.1892亿度。

农村水利改革 为深入灌区管理体制改革，推广农民用水户参与管理的灌区模式，已建成5个农民用水户协会。

2. 涉水事务的社会管理得到加强

规划管理得到加强。近几年，昌江编制完成了《昌江黎族自治县小型农田水利工程建设规划报告》、《昌江县"十五"期间及2010年小水电代燃料生态工程规划》、《昌江黎族自治县海堤工程项目规划报告书》、《昌江黎族自治县"十一五"农村饮水安全工程规划报告》、《昌江黎族自治县农村饮水安全工程总体规划报告》。

　　水利建设管理得到加强。全面推行项目法人制、招标投标制、工程监理制、合同管理制的建设管理"四项制度",严格执行《建设工程质量条例》和《水利工程质量管理规定》,保障工程建设质量。

　　应急管理机制不断建立。编制和完善《昌江黎族自治县石碌水利下游防洪预案》等18宗小（二）型以上水库防洪预案、《昌江黎族自治县抗旱预案》。

第五章 工 业

　　元末明初，昌江县开始出现家庭棉纺手工业。清至民国时期，手工业作坊遍及集镇和各村庄，以土布、铁器、木器家具为大宗。私营工业主要有酿造、食盐、石灰窑、砖瓦窑、土糖等，但均为小规模生产。日军侵琼后，私营企业遭到破坏。抗战胜利后，有所恢复。1947年，全县有私营工业（园、坊、店）20家，从业人员54人，产值为国币4880万元。

　　1950年，人民政府积极扶持私营工业和个体手工业的恢复与发展。1953年，实行第一个五年计划，逐步对私营工业和个体手工业进行社会主义改造，开始组织手工业社（组）。1956年，基本完成对私营工业、个体手工业的社会主义改造。1958年，县、乡（社）掀起工业热，先后办起了炼铁厂、肥料厂、砖瓦厂、农机厂等，全县办有全民所有制工厂21家，集体工业企业86家，但经济效益普遍较差。1960年，国民经济调整时大部分停办。1961年，新置昌江县时，仅有叉河砖瓦厂、昌化铅锌矿（1963年移交给海南区）、七差松香厂3家全民所有制工厂。1961年起，逐步建立起农械厂、农副产品加工厂、霸王岭家具厂、食品厂等一批全民工业企业。1966年，有全民工业企业21家，工业总产值3762.04万元，其中省、区属工厂6家，总产值3605.55万元，集体工业企业10家，工业总产值32.47

万元。20世纪70年代，集体工业发展较快。1976年，有集体工业企业17家，工业总产值107.31万元。

党的十一届三中全会后，贯彻执行党的"改革、开放、搞活经济"的方针政策，逐步改善经济体制，扩大企业自主权，并对企业进行整顿和改造、扩建及技术更新，同时采取措施，改善投资环境，发展横向经济，吸引投资，先后办起一批内联和合资联营工业企业，使全县工业有了新的突破，重工业、电力工业、机械工业、建材业都得到较快的发展。形成了以农业为基础、工业为主导、第三产业相配套的格局，既能服务大矿山，又能开拓重工业产品的优势。

1990年，全县工业企业128家，其中国有企业33家（含省属在内），工业总产值40500万元，盈利6404万元，其中省属工业企业5家，工业总产值31910万元，实现利润5905万元。2004年，全县工业企业25家，其中国有工业企业有海南钢铁公司、国投水泥厂等4家。全县工业总产值200968万元，其中省属工业企业4家，工业总产值128850万元，县属工业产值占县工农业总产值的38%。

第一节 能源工业

昌江县的能源工业主要是电力工业，分别有水电、火电和风能发电。

石碌水库灌区内共建5宗小水电站，其中4宗建在石碌水库干渠落差上，总装机7/1620台/千瓦，现达容量7/1620台/千瓦，年总发电量480万度。七叉镇南尧河水电站总装机容量8000千瓦/小时。投资总额为3000万元。1988年，海南叉河电厂发电量达9360万度。1990年起，叉河电厂停机备用。昌化风能发电厂一期工程投资5亿元人民币，装机容量5万千瓦/时。

石碌水库坝后电站 石碌水库坝后电站位于石碌水库放水涵洞出口处，水量是利用放出灌溉的流量，设计流量11立方米每秒，水头设计平均123米，厂房内安装单机500千瓦的机组2台。电站于1977年动工兴建，1979年12月竣工，完成土方1900立方，混凝土570立方米。电器设备和土建共投资55万元，贷款36万元，投产后年发电量300万度。电站配生产人员41名。

山竹沟电站 山竹沟电站是利用石碌水库干渠上落差所建设的电站。位于干渠的22千米处，水头12米，设计流量2.5立方米每秒。厂房内安装机组2台，共250千瓦，这两台机组原来是通什水电站的，春雷电站兴建投产后，通什水电站作废，州水电局将这两台机组拨给山竹沟电站。电站于1968年1月开工，1970年12月竣工。投资60万元，年发电量150万度。后因年久损坏，1983年，改装两台容量400千瓦的机组，设计流量4.8立方米每秒。

白石电站 白石电站是石碌水库干渠上的电站，位于干渠45千米处，因地处白石村而命名，落差14米，设计流量3.5立方米每秒，初装机容量320千瓦，因干渠放水到白石，保持不了设计流量，影响了发电。1983年，把白石电站的机组改为装机容量160千瓦。电站于1970年动工兴建，1973年竣工投产，国家投资30万元，年发电量50万度，并上网运行。

高石塘电站 高石塘电站是利用南罗水径流发电的电站，电站分拦河坝及电站两部分。

拦河坝于1966年动工兴建，当年竣工。坝体属浆砌石拱坝，共5跨，每跨直径13米，最大坝高6米，右挡土墙内设洪涵1条，进口用平板闸门控制。

电站于1977年动工兴建，水头9.8米，设计流量1立方米每秒，压力前池为浆砌片厂，压力水管为直径1米混凝土管，后改为直径 0.5 米的钢管。安装 55 千瓦发电机组 1 组，10 千伏输电线路 5 千米。电站于 1981 年竣工投产，投资 20 万元，其中国家投资 18 万元。

王下电站 王下电站位于七叉镇王下的南尧河下游，由湖南省金泉公司来县投资兴建，2003 年立项，2004 年开始兴建，总装机容量 8000 千瓦。

昌化风力发电站 昌化风力发电站位于昌化镇棋子湾附近，由中国国电龙源集团投资，2005 年 4 月开始测风了解有关数据，经过 1 年的测风，风力效果良好，适宜建设风力电厂，该公司分两期投资昌化风力发电，一期和二期建设均为装机容量 5 万千瓦，一期工程投资 5 亿元，二期工程在一期工程完成后进行。

海南叉河电厂 海南叉河电厂隶属海南电力工业公司，位于叉河镇西南处，1958 年创办，建厂初调度权属于海南铁矿，1984 年调度权归属海南电力公司中调所，并改名至今。

1958 年，筹建第一期工程。1960 年 3 月，完成并试机投产。1961 年，国家经济困难时期，电厂停机下马并交海南铁矿托管。1965 年，由中央冶金部提出申请，委托水电部提交广东省电业局兴建二期工程。1966 年重新上马并收回 #1 机组，同时着手扩建机组。1969 年，#2、#3 机组安装完成并运行投产。1972 年 5 月，南石 110 千伏线路建成联网，丰水期电力剩余，叉河电厂转为停机保养备用。1983 年恢复发电。1984 年 12 月，为缓和暂时缺电现象，开始第三期安装列电车的扩建工程。1985 年 3 月，完成 14 节车皮功力为 600 千瓦列电车安装。

1988 年末，厂区占地面积 0.65 平方千米，有干部职工 256 人，固定资产原值 1227.58 万元，净值 432.49 万元，流动资金 80.95 万元，有 4 台（列）发电机组，最大功力每小时 1.35 万千瓦，实际功力 1.3 万千瓦，年发电量 9360 万度。1990 年起，叉河电厂停机备用。

第二节 工业企业

昌江的工业企业依托矿产资源优势进行开采和深加工或凭借其优越的地理位置进行热带经济作物的种植、加工。主要工业企业如下：

昌江水泥厂 为地方国有企业。位于县城东5千米处，1970年1月创办，设计年生产能力2万吨，同年11月投产，建成初期设备简单，以煅烧石灰为主。1975年起，生产普通硅酸盐水泥，年生产能力5000吨，此后，进行改进和扩建，生产能力达到原设计2万吨水平。1983年，工艺生产流程基本完成，同时按照国家建材局规定标号生产和检验产品质量。1990年有 Φ2×2.6米机载立窑1座、Φ1.5×5.7米磨球机2台、Φ1.2×4.5米磨球机2台以及电子称一条龙配套设备等。厂区占地面积10.4万平方米，有职工182人，工业总产值56.2万元。固定资产原值250万元。

昌江海红糖业有限公司 原属地方国营企业，位于昌城大风村东侧。厂区占地面积17万平方米，1975年10月筹建，名为昌江县大风糖厂，设计日榨甘蔗能力500吨。1976年建成投产，采用亚硫酸制糖工艺，主要生产白砂糖和赤砂糖，兼产工业酒精和桔水酒。1985年11月，用甘蔗渣做燃料煮糖，一个榨季节省煤350吨。几经扩建和改良后，日榨甘蔗能力达到750吨。1990年，产白、赤砂糖7645.1吨，酒精355.87吨，固定资产原值1164万元，工业总产值2052.9万元，利润237万元，职工471人。1992年12月，投入3000万元进行扩建技术改造，生产能力由原日榨750吨提高到1000吨。

昌江南华糖业公司 原名山竹沟糖厂、昌江糖厂，原属地方国营企业，位于十月田镇山竹沟水库北面。1984年5月兴建，设计日榨甘蔗1000吨，附日产酒精8000升，1985年3月建成投产，采用亚硫酸制糖工艺，当年11月试用酒精替代汽油开汽车成功，节约经费5万余元。该厂几经扩建后，日榨甘蔗达2000吨，1990年产白、赤砂糖17520.15吨，酒精873.24吨，工业总产值4729万元，利润369.35万元，固定资产原值2760万元，现有职工720人。

国投海南水泥有限公司　国有大型企业，位于石霸公路7千米处。1993年9月25日动工兴建，总投资13亿元，设计年生产能力81.42万吨熟料。公司拥有一条日产2000吨熟料的窑外分解生产线，可年生产水泥100万吨。生产线核心主机设备、全部计量系统、控制技术均从丹麦、德国、瑞士等国家具有先进制造水平的公司引进。主要生产PC32.5、PO32.5、PO42.5、PO42.5R、PII42.5、低碱DO42.5六个品种水泥。2000年12月，通过ISO9002质量体系认证。2002年，通过换版认证。公司经扩建后，年产水泥达200万吨。2004年，销售收入达3.07亿元，名列海南企业22强。

华盛昌江水泥厂　华盛水泥厂位于昌江县石霸公路5千米处，2004年8月动工兴建，设计规模为日产5000吨新型干法熟料生产线1条，工厂采用现代新型干法水泥生产工艺进行生产，能耗低、污染少、资源利用率高，公司总投资4.8亿元，年产水泥200万吨，是目前海南省最大规模的水泥项目，2005年8月建成投产，项目年产值达6亿元。工厂建有专门为2000万吨水泥厂运输熟料散装的铁路专用线，并投资500万元兴建一条运输石灰石的矿山公路和长16千米、宽9米的水泥公路。

海南泰林食品有限公司　海南泰林食品有限公司是外商独资企业。2004年11月动工兴建，2005年6月建成投产，总投资1517万元人民币，主要是加工芒果出口境外，年销售收入达

3200万元，年上缴税金160万元。

海南钢铁公司 海南钢铁公司是全国铁矿石的重要生产供应基地之一，也是著名的平炉矿基地，是机械化开采的大型露天矿山。它不仅有丰富的铁、钴、铜资源，而且伴有镍、硫、金等多种矿产资源，尤其是铁矿与钴矿储量之富、质量之优著称亚洲，被誉为"宝岛明珠"。

矿区位于县城石碌镇境内，北起石碌河，南至羊角岭，西迄石碌岭，东至红头山，以北一主矿体为中心。地理坐标为东经109°33′、北纬19°14′。海南铁矿是一座老矿山，开采历史悠久。早在明末就发现铜矿，明清时期，曾进行多次私采，直至民国时期的1939年。日军侵琼后又进行掠夺性开采，但开采时间短，生产流程简单，加上其他原因，没有实现开采计划。1950年后，党和政府十分重视石碌铁矿的开采工作。朱德、董必武、叶剑英、胡耀邦、乔石、朱镕基、田纪云等国家领导人曾先后亲临海南铁矿视察，并做了重要指示。在中央的关怀和广东省委、冶金工业部、广东冶金厅的领导下，海南铁矿从国民党政府遗留下来的千疮百孔的烂摊子上，经过艰苦的修复、复勘、扩建、技术与设备的更新等一系列准备工作，1957年7月，海南铁矿正式恢复生产。五十多年来，先后经过了三期工程建设和扩建。尤其是党的十一届三中全会以后，海南铁矿的矿容矿貌发生了巨大的变化。1988年海南建省后，省委省政府对海南铁矿的建设非常重视，历届省委省政府领导都亲临海南铁矿视察。为了开展多种经营活动，海南省工业厅于1993年4月1日同意海南铁矿更名为海南钢铁公司。海南钢铁公司建成了年生产铁矿石460万吨的生产规模。截止到2003年，累计工业总产值达到804461万元（按1990年不变价格计算）。2003年，海南钢铁公司总人口达30761人，职工人数14285人（含离、退休人员 6285 人），成为一座规模庞大的现代化国家二级企业。目前，海南钢铁公司内设机构有：公司办公室、计划财务部、销售部、组织部（人事劳动部）、总调度室、安全环保处、机械动力处、地质测量处、物资供应公司、规划设计院、社会保障处、法制顾问办公室、培训中心、武装部、公司工会、党委工作部、纪检（监察审计室）。公司下属二级单位有：生活服务公司、街道办事处、职工医院、子弟学校。公司基层生产单位有：露天采矿部、选矿厂、设备检修厂、机修厂、动力厂、钴铜冶炼厂、建设公司、汽车大修厂、海口办事处（海口分公司）、多种经营处、集体企业公司、琼海金荔园农业科技开发有限公司、陵水和盛实业有限公司、昌江宝岛刚玉磨料有限公司。

第三节 民族传统工业

昌江县的手工业到近代尚处于发展的初步阶段，手工业还没有从农业劳动中分离出来，尚未形成一个独立的行业，没有出现专职的手工业匠人，多数还属于家庭手工业。手工业生产主要在农闲季节和空闲时间进行，生产规模小，工具简单，产品供自己使用，仅少数用于交换和出售。

1950 年前，个体手工业以农副产品加工和农具修理为主，从墟镇到农村均有土糖坊、榨油坊、缝纫、米粉加工、打铁铺、石灰窑、酿酒、单车修理、竹器加工、木屐制造、锯木等。

1950 年后，县政府积极扶持个体手工业。1954 年，个体手工业开始组织起来走合作化道路。1956 年，全县有打铁、木屐、木材加工、单车修理、缝纫、石灰窑等个体手工业 12 个，304 户，共 308 人。同年，昌感县人民政府制定《昌感县手工业社会主义改造初步规划（草案）》，同时设立手工业局和手工业联社。不久，有278人按照不同行业组成了生产合作社。参加合作社的个体手工业者占个体手工业从业人员的90.6%，合作社按照自愿互利的原则，生产资料折价入股（20世纪60年代初股金陆续归还社员），采取集体经营、自负盈亏的生产经营方式。1957年，成立了海尾五金社、服装社，昌化服装社，港门服装社，港门米粉社，新街服装社，昌化、感城、新街、港门木屐社等，入社社员258人，此后，手工业合作社随着生产规模的扩大、机械化程度的提高、生产产品种类的变化，逐步发展成为合作工厂，并于1960撤销手工业联社，个体手工业由手工业局管理。1961年分置昌江县后仍设手工业局，至1973年4月撤销，改设二轻局，手工业归于二轻局管理，1978年后，按照国家政策允许恢复和发展个体手工业。

县属集体工业是在手工业的基础上发展起来的，属县二轻局管理。1956年设立县手工业联社，领导和管理手工业联社。1957年，全县有手工业联社14个，职工258人。1958年，各基层手工业联社划归人民公社管理。截止到1961年，集体工业发展到77个，在此期间，在管理上由于无偿平调了手工业合作社的人、物、财务、生产，生产上瞎指挥，合作组织经济遭受损失，挫伤了社员的生产积极性，劳动生产率明显下降。

1962年，恢复手工业管理体制并进行了企业整顿，加强企业内部的经营管理，优先生产小农具、小商品，当年生产中小农具0.12万件，产值1万元，1964年小农具产量达1.31万件，年产值4.5万元。1965年，集体企业总产值39.04万元。截止到1978年，全县共有集体工业企业17个，工业总产值139.4万元。

1979年起，进一步调整集体工业布局，开发机械、农具、金属制品、石料行业和产品，发展服装、棉织、橡胶等劳动密集型行业。1982年，在集体工业企业中试行经济承包责任制，将产值、利润与奖金挂钩，同时扩大企业自主权。1983年后，推广、普及承包责任制。集体工业企业所涉及的行业有农具、机械、金属制品、食品加工、采矿、橡胶、建筑材料等。

第六章 交 通

　　昌江县古代交通主要以水路为主。宋开宝年间，开通古道，环岛驿道经昌江县境北部通达振州（今三亚市）。1931年，国民政府修通儋县（今儋州市）那大经海尾、南罗、昌城至东方县（今东方市）的北黎公路，昌江县始有公路。日军侵琼时期，先后修建了北黎经叉河至石碌的铁路和叉河经大风至昌化的简易公路，日军投降后废弃。新中国成立后，昌江县的交通事业发展较快，如今已拥有公路、水路、铁路等运输线。海榆西线公路穿过昌江境内与全省各地相通，县境内公路四通八达。截止到2005年底，全县公路总里程达912.15千米，其中高速公路36千米、国道22.1千米、省道58千米、县道112.3千米、乡村公路683.75千米。全县有4个渔港，均有运输船只通往沿海各地。目前，全县拥有铁路干线2条，全长32.6千米；专用线4条，全长6.133千米，基本能够适应地方经济的发展。

第一节 铁 路

　　昌江县境内有铁路38.733千米，其中干线32.6千米、专用线6.133千米。设有二等、四等火车站各1个，辅助所（对外称车站）1个。境内铁路及其运输是海南省较早的交通设施和运输形式之一。它和公路运输线相交织，构成昌江特有的以公路、铁路为主体骨架的交通网络。铁路担负着全国著名的海南铁矿矿石外运的全部任务、产品内输外送和旅客运输的主要任务。它将石碌镇和海南省深水港——八所港以及三亚市和粤海铁路联结在一起，对海南省西部工业走廊和昌江优质水泥生产基地的开发建设起到了积极的作用。

一、铁路干线

昌江县境内有铁路干线2条。从石碌至八所港的石八线的前半段，即石碌至叉河路段，长12千米和从西环铁路152千米600米至172千米000米段，长20.6千米，2条干线总长32.6千米。

1. 石碌至叉河路干线

石碌至叉河路段干线始建于1942年，渗透着中华民族受日本侵略者奴役、压迫、掠夺的耻辱。1942年，日军为掠夺海南铁矿石，填补战争需要，修通了东方县八所至昌江县石碌镇的矿石输送专用窄轨铁路。通过这条铁路，日本侵略者疯狂地抢夺稀有的富矿石。1945年8月，日本投降后，国民党政府腐败无能，不仅无力维持铁路的正常运转，而且利用铁路偷盗矿山设备、资源。1946年两次台风袭击，使八石线严重毁坏，交通中断。新中国成立后，人民政府接管伪海南铁矿局石碌铁矿保管处，并对铁矿及石八铁路进行保管。1956年1月，石八线修复工程列入海南铁矿第一期恢复工程，项目全面开工。1957年，修复工程竣工并正式通车。1959年6月1日，铁道部广州铁路局海南铁路办事处从海南铁矿接管该线，并于1971年6月开始进行扩轨工程，同年12月竣工。为了进一步提高线路的质量，从1986年开始，又对全线开展换轨大修工程，将原43千克/米重的钢轨换成50千克/米重的钢轨。截止到1988年，昌江境内换轨大修已全部完工。列车时速已从日伪时期的每小时 18 千米增至每小时 70 千米。

2. 叉河至太坡路段干线

叉河至太坡路段干线长 20.6 千米，于 2000 年兴建，2004 年 12 月竣工通车，与石昌线国道相交织，成为西环铁路的重要路段，使县城石碌镇成为西环铁路的起点站，并构成了昌江陆路运输网络。既给广大人民群众的生活提供了方便，又对昌江的地方经济发展起到举足轻重的作用。

二、铁路专用线

铁路专用线是指部分厂矿企业为了方便原材料或辅助材料及产品进出而自我投资兴建的专为本单位服务的铁路。它们都同运输干线相连，参与运输循环。昌江县境内的专用线有叉河水泥厂、叉河电厂、列车电站、叉河煤场 4 条专用线，共 6.136 千米，全为标准轨道。除了这几条专用线之外，海南钢铁公司的采矿场地上均有数条铁轨专供电机列车排土、采矿用。

1. 叉河水泥厂专用线

从叉河火车站至叉河水泥厂，全长 849 米。是用于叉河水泥厂外运水泥的专用线。1975 年初兴建，1975 年 5 月竣工。属叉河水泥厂。

2. 叉河电厂专用线

从叉河火车站至叉河水电厂，全长 1229 米，是用于输送电厂发电用煤的专用线。1966 年 1 月施工，7 月竣工，属叉河电厂。

3. 列电专用线

从石碌火车站至石碌钢铁厂发电列车停车处。全长 2900 米，是用于输送列电和钢铁厂运送煤炭的专用线。

4. 海南物资公司八所转运站叉河煤场专用线

从叉河火车站至叉河煤场，全长 1155 米，是用于输送煤炭的专用线。1984年兴建，1985年竣工。属海南物资公司、海南铁路总公司。

第二节 公 路

新中国成立后，昌江的交通事业发展较快，1953年，开通海榆西线公路，途经石碌、叉河、八所。1961年始，修建石（碌）——昌（化）公路。然后，逐年建设各条县道乡道公路。1990年，全县公路建设共有国道1条、省道6条、乡镇道21条，总里程达292千米。此外，昌江县境内还有多条专用道路，公路纵横密布，全县7个镇全部有沥青柏油路通过。截止到2005年12月底，昌江县已实现村村通汽车的目标。

一、国 道

有国道1条，即国道225线202千米000米至224千米100米段，全长22.1千米，自东北向偏西南横穿该县中部，沿途经过太坡、石碌、叉河3镇地域。该路有二级公路5千米、三级公路17.1千米。全路段同其他公路线的交汇点有4处，自东而西分别是：在205千米600米处同原太坡镇相交，在205千米800米处同省道石昌线相交，在214千米700米处同专用公路水叉线相交，在220千米100米处同叉河镇相交。

该路建于1953年，由交通部公路总局第二工程局第二工程队负责设计、施工。属海榆西线，1954年8月通车。公路设计始为三级砂土公路，1977年开始全面铺设沥青路面。1985年，乘新建叉河公路大桥需改变部分原公路线之机，原广东省交通厅投资72万元，由县公路工区负责设计、施工，该县国道进行全面加宽改造。改造后路基宽达12米，达到国家二级公路路基标准。路面为三级油面，路面厚度为3厘米，提高了通车能力。据1986年12月

4日观察结果,该线昼夜行车密度为3395辆次。路面时速达每小时80千米。1986年起,海榆西线改用全国统一编号,定为国道225线。1994年,为保障国道海橙西线的畅通,使公路状况适应日益增长的交通量的需要,海南省公路局投资20万元对211千米800米至219千米000米段进行水泥路面建设,消除了因地下水位高造成的路面损坏,确保行车安全。2000年,昌江县委、县政府投资1100万元修建了太坡高速公路的路基,路基宽度达24米,标准为一级路基。接着海南省交通厅又投资1300万元,修建了水泥路面,使通往昌江县的路面又增加了一段水泥路面,全长5.78千米。

二、省 道

昌江县省道建设始于20世纪30年代,在此之前,民国广东省琼崖公路分处曾规划感昌路(由感恩县至昌江县)和昌儋路(由昌江县达儋县)的环岛公路,但没修成。环岛公路西线只修了海口至儋县(今儋州市)那大镇。民国二十年(1931年),国民政府下令修建儋县至北黎公路,以达海口,沟通环岛公路。昌江县境内的路段称为北江路,即北黎至珠碧江南岸,与儋珠路衔接,全长92里。路面等级有四级,混凝土永久性国定桥梁10座(海尾1座、珠碧江1座、长田1座、里仁1座、白沙1座、道隆1座、峨港路口1座、乌烈叉路口2座、大风车1座),涵洞27个。时昌化江没有桥梁,只搭竹木便桥。民国二十八年(1939年)秋,日军在海南登陆,环岛公路遭到全面毁坏,昌江境内公路也不能幸免。据民国三十七年《运输周刊》第129期载:"本岛环岛公路……在抗日期间,怕给敌人利用,桥梁及主要的公路多予破坏,剩下的只有'肝肠寸断'。"又云:"日敌盘踞期间,征工修复,以供军运,但也多是临时性的路桥。胜利后限于财力,修复通车,亦只半数路程。"环岛公路昌江境内段,在日军侵占后曾稍加修复使用。抗战胜利后,该段公路逐渐被废弃。1939年，日军强迫农民修建从东方三家村经抱板水尾至石碌简易公路。其线路主要沿昌化江岸修建，在叉河镇东南面过江到石碌，当时昌江境内公路已达120华里。1942—1943年，日军又强迫民工修建从叉河镇经大风车至昌化公路，全长40千米，路段标准四级，建有桥梁10座，其中木桥7座（坎头、红薯地、纳凤、长塘、大风各1座，姜园2座），混凝土桥3座（光田1座、昌城2座），涵洞（临时性）160个。日军投降后，两条公路均废弃。1993年，昌江公路分局以征收交通运费为契机，集资38万元对省道石昌线乌烈镇路段予以改造，进行加宽、拓直。1995年，昌江县委、县政府为了改善省道石昌线（县城出口路）的交通环境，投资1700万元扩建了人民北路2.5千米。2002年，海南省交通厅又投资3600万元对省道石昌线3千米900米至7千米300米路段进行改造，全长3.62公路。该路段的完成，使昌江县城通往西线高速公路的出口全部达到一级路标准，从而大大地改变了昌江县城的交通条件。

石昌公路 即从石碌镇至昌化港的公路，此线为昌江县于1961年修建的省道，全长58千米，其中二级公路7千米，四级公路51千米，高级路面7.3千米，中级路面50.7千米，晴雨通车里程58千米。全线同其他公路的交汇点有9处，自石碌镇起在2千米处与乡道石保线相交，在7千米处与国道225线相交，在10千米200米处与乡道石香线相交，在12千米850米处与红田农场场部专用公路相交，在17千米处与十月田部队专用公路相交，在37千米处与乡道乌峨线相交，在40千米100米处与县道乌新线相交，在51千米处与乡道光浪线相交，在55千米处与昌化林场专用道相交。石昌线自中部向西北部贯穿大部分乡镇，沿途经过石碌、太坡、十月田、保平、乌烈、昌城、昌化7个乡镇。沿线有县办企业昌江糖厂、大风糖厂和海南农垦国营红田农场、海南昌化铅锌矿。该线起点石碌镇是县人民政府所在地，是昌江县政治、经济、文化、交通中心，是海南省重要的工业基地之一。经石昌线出国道225线，公路运输可通往岛内各县市。终点昌化镇，是原广东省四大渔港之一，昌化港有航线通往海口、北海、湛江、广州等地。该镇还有风景秀丽的棋子湾、天然胜景昌化岭等旅游点。该线经过三十多年的不断修建，拓宽路面，平整改造，取直降坡，加固路基，大部分路面达到二级标准，部分路段铺设沥青，路面普遍宽达12米，是昌江县主要交通要道。1999年，昌江县委、县政府为了改善石昌线出口处的公路状况，提高公路的通车能力，增强昌江的知名度，投资800万元对县民中至保梅桥路段按一级标准和城市绿化标准进行改造，称为生态街，全长880米。2002年，该县在国家计委、海军后勤部和省委、省政府的大力支持下，争取到国家建设资金3200万元，对石昌线进行第一期改造，全线铺设沥青柏油路面。2003年又争取省交通厅拨款2000多万元进行第二期改造，在上年的基础上，对路面进行加宽、加厚，公路两边修建起标准的排水沟，规划出绿化带。同年10月底，整个工程竣工通车。石昌线改造工程的完成，不仅实现了昌江人民多年来的愿望，也极大地带动了公路沿线各乡镇经济的快速发展，从根本上改变了昌江交通的落后状况。

昌江大道 昌江大道南起保梅，北迄太坡，全长3.7千米，是县城通往海榆西线高速公路的主要通道，是1999年昌江县委、县政府为群众办的十件实事之一。在省委、省政府领导的关怀下，在省交通厅的大力支持下，昌江大道于2002年4月全线动工，总投资3500万元，按城市主干道一级路面标准设计，双向六车道，当年建成通车，不仅极大地改善了县城的交通状况，而且对拉动沿线土地开发、扩大城镇规模、增加就业均产生了极大的推动作用。2005年，在完成昌江大道、环城路一期等工程的基础上，又投资1050多万元修建了环城路二期工程，总长2.9

千米,并美化、绿化、亮化环城路一期工程。筹措资金修建行政办公中心区道路和建设西路,石碌城区的道路骨架网基本形成。

三、县　道

全县共有县道6条,总长84.8千米。

石松线　起点为石碌镇,终点为水尾村,全长8千米。1957年2月,由广东省林业厅投资2万元,坝王岭林业局负责设计施工,兴建石碌镇至霸王岭的木材运输专用线。1958年底修至县松香厂,全长31千米。1961年,县公路工区接管石碌至水尾路段。1979年,该线路基拓宽至6.5米,为四级土路。1988年,0千米至240米改成混凝土路面,宽8米,3千米300米至8千米改成砂土改善路面。

石水线　起点为石碌镇,终点为石碌水库,全长6.3千米,是重点物资专用线路之一。1958年,因兴建石碌水库,由海南铁矿、叉河水泥厂马鞍山矿区共同投资修建便道。路基平均宽度为4米。1962年,由县公路工区进行全面改造。现有宽6米水泥路面1千米,宽6米沥青路面1千米,宽5.5米砂土改善路面0.5千米,有四等砂土路2.8千米。1971年,由海南黎族苗族自治州公路局投资万元,把石水线5.5米的路面扩宽到6.3~7.5米,并改直、降坡、整治不良路面,铺上沥青。石水线在石碌镇与石昌线相接,是昌江重点运输专用公路之一,主要输送木材、石灰石、水泥等物资。

石王线　起点为石碌镇,终点为王下村委会,全长51千米。1979年,在原广东省公路局的支持下,斥资开通了石碌至王下公路。至此,昌江县最边远、最贫困的王下乡(今已合并七叉镇)通了车。1993年,海南省扶贫办投资260万元,铺筑石碌至王下公路3千米长的爬山上岭水泥路。2005年,省交通厅又拨款4000多万元改造石王线0千米000米至26千米000米段公路，从而保证了贫困地区广大人民群众的乘车安全，并且提高了车辆的通行能力。石王线在石碌镇与石昌线、石水线相接，是昌江重点运输专用公路之一，主要运输木材、石灰石、水泥、铁矿石等物资。

石白线 起点在水尾村，终点在王下公路起点的2号桥，全长30.5千米，是重要的山区公路之一。1958年，由霸王岭林业局设计施工，将石碌至松香厂公路延修至白晶岭林业分场。1979年，该线有4级公路3千米，等外公路7.5千米，路基宽4.6～6.5米，路面宽3.5米。截止到1988年，有良好路面10千米。

霸七线 起点在石白线25千米处，终点在七叉镇政府，全长2千米。1958年，由东方县工交科负责设计，七叉镇政府发动群众义务修建，于年底建成通车。路基宽4～5.5米，为简易土路。1969年，七叉桥改建成永久性混凝土桥。1971年，霸七线全面改造后达到四级土路标准，路基宽6米。

乌新线 起点在石昌线40.1千米处乌烈交叉路口，终点在原南罗镇的新港，全长35千米。该线大部分路段为原民国时期的环岛西线北江路段。1962年，县交通运输委员会负责设计，海尾、南罗两公社发动群众参加义务修路，由国家负责修筑桥涵，群众负责修筑路面。1964年5月，修通乌烈叉路口至南罗公社所在地公路32千米。1966年6—12月，南罗公社新港大队按每户劳动力数分配路段，用船装运海石、海泥筑成南罗至新港的3千米路段。至此，乌新线全线贯通。当时，该线为无等级土路，路基宽3.5米。此后逐年对桥涵、路面进行整修、改造。1979年，全线路基宽度为5.5～8米。1984年，全线共铺设混凝土片石扩坡700米；铺设混凝土片石水沟5400米。截止到1988年，优良路面达32千米，良好路面3千米，路基宽7米。2005年，为了适应形势发展的需要，海南省交通厅投资2000多万元对乌新线进行全线改造，并对全线铺设了沥青柏油路面，公路两边修建了标准的排水系统，改造工程于同年 11 月底竣工通车，既改变了昌江的交通落后状况，又带动了沿线区域经济的发展。乌新线还是昌江县的重要公路之一，它与石昌线、国道、高速公路一起构筑昌江公路主网络，可通往全省各地。

海海线 海海线起点在乌新线 20 千米交叉路口处，止于海尾镇政府，全长 3 千米，是海尾镇陆路对外沟通的唯一公路线。1963 年，由县交通委员会负责设计施工，年底建成通车。路基面宽 7 米，为四级土路。

林海线 起点在乌新线 25 千米 000 米叉路口处，止于海尾镇政府，全长 3.5 千米，1963 年由原海尾公社发动群众义务修建，同年底通车，路面宽 4.5 米，为四级沙土路面。2005 年，海南省交通厅拨款改建乌新线时，又对林海线进行全线铺设沥青柏油路面。林海线是海尾镇陆路对外沟通的唯一公路线，它与乌新线相接，可通往全省各地。

十南线 起点于石昌线 14 千米 000 米处，止于南罗村委会，全长 14.6 千米。1990 年，在海南省公路局的支持下，投入 200 多万元，开通了十南线。2005 年，省交通厅又投资 2000 多万元对十南线全线进行改造，全线铺设沥青柏油路面，于同年 11 月竣工通车。它与石昌线、乌新线相接，构成了昌江四通八达的公路交通网络，既给人民群众的生活带来便利，又对昌江经济发展起到了重要的推动作用。

四、乡村公路

全县有乡村公路 149 条，总长 683.75 千米。乡村公路虽然等级较低，大多数属于简易和等外公路，但它是县道的延伸和补充，它和专用路一起丰富和增加了公路网络的密度，是人民群众使用最多、作用广泛的公路。

王下线 霸王岭公路 2 号桥至王下乡政府所在地三派村，全长 16.4 千米。1978 年 5 月，为贯彻执行党中央"山、田、水、路"综合治理的方针和社队通公路的要求,县交通局开始对该线进行地形测量。1979年3月,由广东省民委、交通厅陆续投资92.6万元,按四级公路下限标准兴建,由县交通局、海南黎族苗族自治州公路局联合设计施工。1983年12月建成通车。该线建有永久性石拱桥3座、涵洞85个。1985年12月,广东省民委和交通厅再次拨款20万元扩建。王下公路建成后,由于路线不符合标准,最小半径、最大纵坡、路基和路面宽度均达不到养护等级,因而广东省公路局没有把王下公路列入养护里程而由县人民政府每年拨款3万元、粮食3万斤,招聘当地村民设2个道班进行常年养护。1997年,海南省扶贫办投资32万元,改扩建王下乡至钱铁村乡村公路,新建了一座长24.8米、跨径8米3跨的钢筋混凝土板桥,沿线还建起了挡土墙。2000年,省交通厅拨款21万元,在王下乡至浪沦村公路新建一座长48.4米的漫木桥及漫水路堤,极大地改善了王下乡广大黎族同胞的生产生活条件。

叉砖线 叉河镇至县砖瓦厂,全长1.2千米,属等外路。1958年建成通车。路基宽6.5米。该公路在叉河镇与国道225线相通。

石保线 石昌线保梅路口至保梅采伐场。1960年建成通车。全长3.2千米,属等外土路,路基平均宽5.5米。

叉红线 叉河镇至红薯地村。1965年建成通车。全长8千米,属等外土路,路基平均宽4.5米。

石老线 石碌水库至老牙营村。1965年建成通车。全长8.8,四级土路,路基平均宽6米。

石香线 石昌线10千米200米处至香岭村。1966年建成通车。全长5.2千米,属等外土路,路基平均宽5.5米。

乌石线 乌新线4千米处至白石村。1967年建成通车。全长1.4千米,属等外土路,路基平均宽4.5米。

山青线 石昌线18千米处至青坎村。1968年建成通车。全长 1.4 千米，属等外土路，路基平均宽 5 米。

保干线 石昌线保梅村至青年农场。1968 年建成通车。全长 3.5 千米，属等外土路，路基平均宽 6 米。

石十线 石四线 3 千米处至红林农场 14 队。1969 年建成通车。全长 9.2 千米，属等外土路，路基平均宽 5 米。

石四线 石水线 4 千米处至红林农场 4 队。1969 年建成通车。全长 9.5 千米，属等外土路，路基平均宽 6 米。

光新线 石昌线 51 千米 600 米处至新城村。1968 年建成通车。全长 1.5 千米，属等外土路，路基平均宽 5.5 米。

白沙线 乌新线 10 千米处（白沙村）至沙地村。1968 年建成通车。全长 3 千米，属等外土路，路基平均宽 6 米。

光明线 石昌线 48 千米（光田村附近）至旧县村。1969 年建成通车。全长 2.8 千米，属等外土路，路基平均宽 5 米。

光浪线 光田村至浪炳村。1969 年建成通车。全长 2 千米，属等外土路，路基平均宽 6 米。

十军线 十月田镇至军营村。1972 年建成通车。全长 9.4 千米，属等外土路，路基平均宽 6.2 米。

红南线 七差乡至南隆水库。1972 年建成通车。全长 9 千米，属等外土路，路基平均宽 5.5 米。

万峨线 万善村至峨港农场。1973 年建成通车。全长 6.7 千米，属等外土路，路基平均宽 6.2 米。

峨铅线 乌新线 3 千米处（峨港岭附近）至昌化铅矿。1974 年建成通车。全长 6.7 千米，路基平均宽 5 米。

南大线 南罗镇至大安村。1972 年建成通车。全长 3 千米，属等外土路，永久性混凝土桥梁 1 座，路基平均宽 5 米。

此外，为了提高乡村公路的运输能力，在建好普通道路的同时，昌江县在海南省交通厅、省扶贫办的大力支持下，还大抓维修危桥、改变坡降、加宽路基、改善路面为主要内容的提高乡村公路质量的工作。1987年开始，对全县乡村公路进行技术改造。同年修建了白沙至进董公路，全长1.4千米，属等外公路。

1989年10月，修建石香线8千米000米至海榆西线198千米900米公路，全长6.7千米，属等外公路。

1989—1991年，新建十月田至南罗线公路，三级公路标准，全长14.6千米。

1990年4月，修建七叉至保由公路，全长3.1千米，属等外公路。

1990年，修建石王线19千米000米至宏泰芒果基地公路，全长3.1千米，属等外公路。

1991年，修建昌城至小寨公路，全长5.42千米，属等外公路。

1991年，修建叉河镇至老宏管区至老烈村公路，全长4.1千米，属等外公路。

1992年，修复石昌线28千米800米至塘坊公路，四级公路标准，全长3.9千米。

1992年，修建杨柳至咸田公路，全长2.77千米，属等外公路。

1994年，修建石坝线9千米300米至十七队公路，全长1.1千米，属等外公路。

1994年12月，修复坝王岭至洪水桐才村四级公路标准24千米，属等外公路，全长44.45千米。

1994年12月，修复乌烈至峨港公路，四级公路标准，全长3.45千米，与石昌线相接。

1992年，共投资95万元，新建石碌至王下公路24.1千米及5道涵洞和防护工程，对局部坡度大、路基窄小、弯道急的路段进行改建，提高该公路等级。

1993年，省交通厅投资78万元改建七差乡乙件村乡村公路，修建一座跨15米两跨南阳石拱桥，加宽3.5千米公路路基，沿线新建8道涵洞和防护工程。投资50多万元改建乌烈至峨港乡村公路4.5千米，沿线新建一座跨径12米两跨的空心板桥，两道涵洞，完成沿线防工程及4.5千米的路基工程。

1994年，投资以工代赈款240万元对石碌至王下公路县道进行改扩建，铺设水泥路面3千米，修建纵向排水沟，提高公路的抗灾能力。

1995年，省扶贫办投资70多万元改扩建王下至明望乡村公路，新建一座全长56.8米的漫水桥，修建漫水桥路堤150米。

1996年，积极发动各乡镇干部群众投工投劳30000多个工日，新建王下乡至钱铁、牙迫、洪水的乡村公路3.5千米，极大地改善了王下乡广大黎族同胞的生产生活条件。

1997年，省扶贫办投资32万元改扩建王下乡至钱铁村乡村公路，新建了一座长24.8米、跨径8米3跨的钢筋混凝土板桥，沿线建起挡土墙。

1998年，县政府投资300多万元新建石碌至西线高速公路太坡出口路5.7千米，完成一座跨径10米、宽34.1米的石拱桥，以及20多道涵洞、沿线防护工程3千多立方米的浆砌片石。省扶贫办投资35万元，在王下乡至洪水村公路新建一座钢筋混凝土板桥，长40.8米，桥头引道建起挡土墙，改变该路雨天洪水暴涨、不能通车的状况。

1999年，省民族宗教厅投资120万元新建石碌至水头村3.4千米的乡村四级公路，完成一座长32.8米的钢筋混凝土板桥，包扩2座跨径为10米的石拱桥、16道涵洞和沿线路基加固工程。

2000年，省交通厅拨款21万元在王下乡至浪伦乡村公路新建一座长48.4米的漫水桥及漫水桥路堤。

2001年，县经济贸易交通局多方筹措到建设资金70万元修建石碌水头公路石拱桥一座,修复七差乡被洪水冲毁的南阳桥、尼下漫水桥、大仍漫水桥。

2002年,在地方公路建设上,改变以往乡村公路建设单纯依靠交通部门的做法,采取各种措施,调动乡镇干部群众修路的积极性,共发动干部群众投工投劳3500多人次,改建海尾镇五联至三联塘兴、五联至马池、塘兴至鸡地3条乡村公路7.5千米,极大地改善了当地居民的生产生活条件。争取交通厅拨款68万元,新建叉河至红阳四级公路9.5千米,改造十南公路。

2003—2004年,省交通厅通达办拨款521万元,改建沙渔塘村公路、大章村公路、长塘村公路、老羊地村公路、杨柳村公路、先田村公路、沙田村公路7条乡村公路,共45.9千米。改善了昌江县乡村的交通状况,有力地推动了沿线农村经济的发展。

2005年,省交通厅通达办拨款58.9万元,改建太坡至尖岭村公路,全长10.5千米。

五、专用公路

境内驻有中央、省级企业,各大厂矿、农、林场及部队均根据生产或军事需要而自我筹资修建辅助专用路。此类公路除水叉专用公路使用范围较广外,其余的使用范围较窄。截止到1990年,昌江县境内的专用公路有海南铁矿矿区公路、保梅采伐场林区公路、霸王岭林区专用公路、十月田部队和昌化岭海军部队专用公路等。

第三节 水 路

新中国成立前,对外沟通主要靠海上交通,水路的沟通带来了水上运输的发展，这对增进同岛内各地及大陆的政治、经济、文化交流和社会发展起到了重要的作用。新中国成立后，随着公路、铁路事业的迅速发展，公路、铁路运输成为交通运输的主导，加上各港口条件的限制，水路运输不能适应社会经济发展的要求，故水路运输利用率较低。

现有昌化、海尾、新港、沙渔塘4个主要港口，但至今仍属为渔业生产服务或专泊渔船的渔港，人货运输能力率低。港口水路航线均可到祖国南方沿海各港口及周边国家。在岛内，该县水路可通往儋县（今儋州市）海头、白马井、新英、洋浦等港、临高县的新盈港，澄迈县的马村港，海口市的秀英、新港，东方县（今东方市）的墩头、北黎、北所、感城等港，乐东县的望楼等港，三亚市的三亚、榆林等港，陵水县的新村港，文昌县（今文昌市）的铺前、清澜港，以及万宁、琼海等市县各港口。岛外可通至海安港、乌石港、合浦港、沙田港、硇洲港、北海港、安铺港、湛江港、龙儿港、黄坡港、水车港、博贺港、闸坡港、江儿港、黄埔港、广州港、汕头港等。到国外可通至越南海防港以及周边国家各港口。但目前水上交通还不发达。

一、水路运输

水路运输指海上运输，是昌江县出现较早的主要运输形式。境内有昌化、海尾、新港等港口，这些港口历来均与省内外各港口通商。

1. 昌化港

昌化港位于昌江县西部，距县城石碌58千米，距西线高速公路38千米。该港口位于昌化江入海口处，是一个天然的渔港，昌化渔场曾是广东省四大渔场之一。其港口呈喇叭形，港门向西南敞开，湾内泥沙淤积较为严重，浅滩面积很宽，港池西北和东南狭长，长3500米，最宽处1000米，水域面积3.5平方千米，最高水位5米，最低水位3米，落潮时港池仅有一条500米长、80米宽的水域，港口航道狭窄。该港历史上曾是一个渔、商混合港口，可停泊300吨以上的客货船，从昌化港进出的货物主要有糖酒、酒精、鱼产品、日用品、砖瓦、木材等，年吞吐量在3万吨以上。主要航线和通商港口有：广州、北海、湛江、乌石、阳江、江门等地。20世纪90年代初期，由于港池、航道长期失修、变浅，航运业停办。

2. 海尾港

海尾港位于昌江县西部海岸，距县城石碌50千米，距西线高速公路37千米。该港为人造港，于1992年起修建，共投资约900多万元。其港口形状呈八字形，进口狭窄，港池面积24平方米，海岸线长30千米，港池最高水位3.5米，最低水位1.2米，港口码头长363米，离岸650米处有一航道，水深6米以上，海岸伸外海100~200米处为浅水珊瑚礁盘，涨潮时可泊120吨位船只。水陆交通方便，与海口、湛江、广州、广西等沿海各港口通航。

3. 新 港

新港，也称海头港，位于北部湾西部海面，昌江县西北部，珠碧江入海口处，距县城石碌40千米，西线高速公路25千米。港池长3000米，最宽处1500米，水域面积4.5平方千米，海岸线长23千米，港池最高水位5米，最低水位2.5米，港口航道狭长，进港航道约1千米，港向西北开口，口面宽150米，底部为泥沙，无暗礁，周围为白色沙滩，沿岸有珊瑚带，航道因受洪水及潮流和季风影响经常变化，泥沙淤积严重，涨潮时可泊200吨位船只。该港为天然避风良港，水陆交通方便，水路从新港可通达海口、湛江、广州、广西等沿海各港口。

二、渡口管理

昌江县水上运输主要由外县专业航运部门承担。水上渡运和渡口管理也随着社会的发展，从原来的手摆船发展到现在的机渡船，从而大大方便了港口和河岸之间人民群众的来往，到了2001年11月25日，昌江县才成立"航务管理所"，派出专职人员驻点，加强新港、大风2个渡口的管理。截止到2005年底，全县有机渡船只49艘，总吨位740吨。

1. 新港渡口

位于昌江县海尾镇新港社区居委会珠碧江入海口，距县城石碌40千米，距西线高速公路25千米，与儋州市的海头镇隔海相望，长期以来一直都是沟通昌江至儋州市的主要水路通道。民国时期，过渡均为民用小舢板将人、物送至儋县（今儋州市）海头镇的港口、南港、新市等码头。新中国成立后，由原来的新港大队统一管理。1983年以前均为手摇式的渡船，当时的年客运量为4.5万人（次）。1984年开始改为机动船。1991年，为了加强渡口管理，昌江县交通局对该渡口进行了简易的修建，并增加了一批渡口的辅助设施。1996年，18号台风把渡口及一批辅助设施冲毁后，该渡口又回到自然状态。2001年，渡船盲目发展到78艘。同年底，昌江县航务管理所成立，利用一年多的时间，会同八所海事局和当地镇政府对新港渡船进行整治，取缔了"三无"渡船42艘，并按规定办理了《船员使用证》、《船舶登记证》、《水路运输经营许可证》，持证上岗，从而彻底改变了渡口渡运秩序长期混乱的局面。

2. 大风渡口

位于昌江县昌化镇大风村南、昌化江北岸，距县城石碌41千米，距西线高速公路31千米，与东方市的三更村相望，是沟通昌江至东方市的主要水路通道。民国初，设渡船2艘，将人或货担送至对岸。1939年，日军在距大风渡口西约1千米处建造简易木桥后，曾一度停渡。新中国成立后，渡口设有小型木船2艘供过渡。1986年，船只增至16艘。1990年，昌江县交通局争取省交通厅资金支持修建了大风渡口,并增添了一批辅助设施,渡船也从原来的手摇式改为机动船。1996年,18号台风把该渡口的基础设施冲垮后,至今都没有任何设施。由于管理不善和盲目的发展,到了2001年渡船已发展到76艘,直到同年底成立昌江县航务管理所后,会同八所海事局对大风渡口渡船、渡工进行全面的整顿,经过培训和考试之后确定23艘渡船从事客运业务,然后又通过县交通部门和当地村委会筛选确定为13艘渡船,经过整治,该渡口客运秩序明显好转,受到了广大乘客的称赞。

第四节 公路运输

1931年,北黎至那大公路修通后,有外地运输汽车来往行驶。新中国成立后,公路运输事业逐年发展,尤其是我国由计划经济向市场经济管理机制转换后,实行"有路大家行、有车大家开"的全民大办交通政策,公路运输得到了迅速的发展,从而形成了国有、集体、个体多元化的运输局面。

一、国营客运

1954年8月,海榆西线公路那大至八所开通后,有昌江县和外县、市客货车通过。1961年,昌江县内开出的班次只有隔天1班次的石碌至海口、石碌至霸王岭2条路线。1964年初,石碌汽车站以货车代客车从石碌至乌烈、海尾、南罗、昌城、沿矿路段进行旅客运输。1970—1980年,基本实现客车运行,截止到1981年初,客运市场由昌江县汽车站独家经营,并形成了一套独立的运输系统,建立了严格的客运规章并拥有齐全的设备,当时客运车达15辆。1982年2月,昌江汽车站为适应激烈的客运竞争形势，进一步深化改革，转变经营机制，实行单车承包经营，打破了长期以来国营客运僵化的经营模式，形成了责、权、利的有机结合，激发了承包者的积极性和竞争的主动性。但由于承包定客额的测定缺乏科学手段和依据，截止到1989年，昌江汽车站仍亏损4.8万元。2001年8月，在省交通厅和县交通局的大力支持下，昌江汽车站推行了石碌至海口班线客车滚动发班管理，并在同年底，分别取缔了石碌至霸王、石碌至那大、石碌至八所、石碌至邦溪四个带有黑恶势力的私设停车站。2002年3月11日，该站又继续推行石碌至三亚班线滚动发班的新管理模式，从而给该站注入了新的生机和活力，仅一年就扭亏增盈25万元。2003年7月28日，乌烈交管分站和乌烈客运站成立，从根本上扭转了乡村道路的运输经营状况，效益也得到了明显的提高。

二、集体旅客运输

1981年3月，县二轻供销公司购回40座红卫牌大客车1辆，营运石碌至昌化、海尾、新港线，后因国家有关政策限制，于年底停业。1983年1月，为了发展地方交通运输事业，方便群众出行，经县人民政府批准，县交通局购进2部50座东风牌大客车，成立县汽车运输公司（属集体所有制企业），营运石碌至海口、石碌经海口至文昌线，同年7月，又购进2部同型号客车，增加运力，后因种种原因，经济效益降低，于1984年底停业。1995年10月，经县人民政府批准，成立昌江益昌公共汽车有限公司，负责经营市区公交客运，时有10辆中巴客车，7辆经营石碌至太坡线，3辆经营石碌至邦溪线，后因经营管理不善而停业。2001年5月21日，县人民政府批准成立六龙公共汽车有限公司，负责市区公交客运,时有14辆中巴客车,经营石碌至十月田、石碌至红田、石碌至叉河三条班线。

三、货物运输

1954年,那大至八所公路开通后,昌江县有货运车来往,从此开始了昌江县公路货运。1958年,八所中心站在叉河镇设立运输分队,为海南叉河水泥厂服务,此后,国营交通专业货运业逐渐发展,截止到1965年,昌江县石碌运输站货运达11.5万吨。1970年6月,海南汽车运输总公司704车队作为专用车队在叉河镇成立,次年,购进29辆大货车投入水泥专运。1978年,县汽车站货运开始出现亏损。1985年,货运市场开放,中央、省、地、县由取消货运转向专营货运,1987年,704车队改变经营体制,实行单车承包,1988年亏损5.5万元。

四、集体货运

1965年6月,为解决运力紧张问题,石碌搬运站成立了牛车运输队,同月,叉河搬运站亦成立牛车队,投入城镇内短途货物转运,主要转运百货、肥料、大米、水泥,各牛车队各有10部车,车工10名,实行一车一牛制,车工既驾驶牛车又当装卸工。1971年,石碌搬运站购置3部手扶拖拉机投入运输。1975年,牛车队被淘汰。1977年,又购进红卫牌3.5吨货车1辆参加营运。自20世纪70年代起,全集体运输企业逐步兴起。

五、个体(联户)运输

个体(联户)运输始于20世纪80年代初,1982年,因国家采取封车节油改革,个体运输受到限制。1983年初,改革放宽,国家采取全民大办政策,鼓励全民、集体、个人一齐上,发展多层次、多渠道、多结构的交通运输模式,个体运输才开始得到稳步的发展。1984年以后,在对外开放、对内搞活经济的改革浪潮下,尤其是在海南建省办经济大特区后,个体运输呈现出前所未有的局面。截止到2001年,个体户客运汽车就达93辆、三轮摩托车479辆、两轮摩托1107辆。2002年5月10日起,全县取缔两轮摩托营运,由李早平创办金龙运输公司负责投放城区三轮摩托车运力,2000—2003年共投放125辆,后因经济效益较低,于2004年停止营业。

1. 个体客运汽车业

截止到2001年,经营昌江县区间班线和跨市县班线路11条,年平均日发班车152辆次,个体客运补充了国营运输业的运力不足,为昌江县群众提供了极为方便的交通条件。

2. 个体货运

个体货运是个体运输中最早的运输形式,运输车辆主要有货运汽车、手扶拖拉机和农用车以及人力脚踏车,从20世纪80年代初购买旧车发展到单独投资或联户集资买新车,从人力脚踏车发展到5、8、10吨及以上的东风、日产三菱、五十铃、日野牌大货车,平板车,有的个体户已发展成为拥有数辆、十数辆货车的运输公司。比如,易海南创办的富强汽车贸易有限公司在1987年5月成立时,仅有5部4.5吨的翻斗车,截止到1990年就已拥有11部货车。1997年,因种种原因,公司停业,所有车辆转卖给个体经营者。2001年,个体货运汽车已达292辆,拖拉机及农用车506辆。华盛水泥厂的投产以及海钢公司矿产资源的大幅开采,促使个体大吨货车增多,2003—2005年,10吨以上的货运车辆就达36辆,吨位为538.22吨。

第七章 邮政电信

　　新中国成立初期,昌江县邮电设备极为简陋,通讯联系十分困难,在党和政府的直接领导下,经过对旧邮电机构的改造,对通信设备和通信生产进行恢复整治及技术革新等工作,邮政通信事业才得到发展。1961年,新置昌江县后,认真贯彻"调整、巩固、充实、提高"的方针,对全县邮政电信企业进行整顿,邮电事业有了新的发展。十一届三中全会以后,为适应改革开放和城乡经济发展的需要,邮电企业进行了内部改革,由生产服务型向生产经营型转变。截止到1990年底,县邮电局下属邮电支局已发展到6个、邮电所8个及邮电代办所等。县内农村邮路10条,单程长305千米;电报电路2条;长途业务电话19条,石碌至海口数字微波电路6条;市内电话交换机容量1000门;农话交换机容量1000门,市内电话用户716户,农村电话用户560户;通信综合大楼1幢,建筑面积3741平方米。1997年,邮政、电信分离,称邮政局,隶属省邮政管理。邮电分营以后,昌江县邮政局以市场为导向,以用户为中心,以服务为手段,深化改革,加强管理,完善机制,实现绿卡网、综合网、投递网的有效统一,全局各支局所邮政储蓄全部实现全国联网通存通兑,开通银联和"185"特服号,使科技含量得到较大的提高,网络支撑能力也显示出旺盛的生机,服务面积达1596平方千米,覆盖全县各乡镇。2000年5月17日，在剥离了无线寻呼、移动通信和卫星通信业务后，昌江县电信局更名为海南省电信公司昌江县电信局。2004年7月，中国电信集团公司上市后，更名为海南省电信有限公司昌江县分公司。目前，该公司主要经营范围包括：各类固定电信网络和设施，包含本地无线环路；电信网络的语音、数据、图像及多媒体通信与信息服务；同时还承担普遍服务和党政专网通信、抢险救灾、应急通信等重要任务。

第一节　邮电局

新中国成立前夕，昌江县设有北黎三等邮局1间，人口较密集的乡镇均设立邮政代办所，但大部分是委托私人经营，只卖印花（邮票）不办汇兑投递。1950年5月26日，广东省邮政管理局派出军事代表来海南接收邮政工作，该县北黎邮政局和新属邮政代办所皆被接收。1952年3月，昌感县邮政局和电信局合并，成立昌感县邮电局。1958年12月，行政区域合并，昌感、东方、白沙3个县合并成东方县（时称大县），东方县邮电局设在新街镇（今东方市辖），次年初迁到叉河镇，年底移至八所镇（今东方市辖）。

1961年5月，行政区划调整，东方县（大县）分置东方、白沙、昌江3个县，昌江县邮电局设在石碌镇。1969年11月，根据国务院、中央军委通知，县以上邮电体制进行改革，昌江县邮电机构分设，成立昌江县邮政局和昌江县电信局两个机构，邮政局由昌江县革命委员会和海南黎族苗族自治州邮政局双重领导；电信局由昌江县革命委员会和昌江县人民武装部双重领导，邮政局设正副局长，电信局设正副局长和正副指导员。邮政局下辖昌化、昌城、海尾、南罗、十月田、叉河、霸王岭、乌烈8个电信支局（或所）。年底，又根据国务院和中央军委指示，昌江县邮政局和电信局重新合并，恢复昌江县邮电局建制，局下设秘书股、邮政股、电信股、计财股、政工股、劳动人事股、机要股等，原县所属的公社邮政支局（所）和电信支局（所）归口县邮电局统一管辖。1981年，县邮电局职能股室有：办公室、政工室、业务室、计财室。1990年，全县共有邮电支局（所）12个，县邮电局下设办公室、政工股、电信股、邮政股、计财供应股5个股室。1997年9月，邮政、电信分营，分别成立昌江县邮政局、电信局，经营和管理昌江地区的邮电业务。2005年，昌江县邮政局管理机构设置二部一室，即办公室、邮政运营部、储汇经营部。管理岗位设置8个管理岗、5个辅助岗。基层单位设置17个支局（所）、5个生产班组。设置安保中心、投递中心、邮件处理中心、督检中心、信息设备维护中心。固定资产原值2661万元，服务面积1596平方千米，覆盖全县各乡镇。1997年9月，成立昌江县电信局后，内设8个职能股（室）、1个通信公司、14个生产班组、6个电信支局（所）。截止到2005年，全局内设职能管理机构3部1室，生产班组7个，社会代办点12个。全县电话网实现光缆通信。全县电话交换机总容量达3.9万门，主干电缆长度达6万线对千米，配线电缆长度达3.5万线对千米，ADSL宽带接入容量达5千门，建设小灵通基站120个，农话无线接入基站3个。

第二节　基层单位

石碌邮电支局　1938年设置，时为邮电代办处，属白沙县管辖。1953年东方县（小县）成立，划归东方县管辖。

1958年12月，昌感、东方、白沙3县合并成东方县，石碌邮电代办处升格为邮电支局。1961年复置昌江县，石碌镇为昌江县城，石碌邮电支局升格为昌江县邮电局至今。

霸王岭支局 1958年设置，时为东方县（大县）邮电局管辖。1961年复置昌江县，划归昌江县邮电局管辖至今。

叉河支局 1958年设置，时为东方县（大县）邮电局所在地，后东方县迁移到八所镇后，降为支局，后再降为自办邮电所。1961年复置昌江县，划归昌江县邮电局管辖，同时升格为支局至今。

海尾支局 1952年设置邮电代办所，为昌感县管辖，1956年改为营业所，1958年成立东方县（大县），海尾邮电营业所升格为支局，归东方县管辖。1961年复置昌江县，划归昌江县邮电局辖，1986年因业务收入锐减而降为所至今。

昌化支局 1956年设置邮电营业所，为昌感县管辖，1958年改为自办邮电所，为东方县（大县）管辖。1961年复置昌江县，划归昌江县邮电局管辖，1968年建立支局至今。

乌烈支局 1958年设置自办邮电所，为东方县（大县）管辖。1961年复置昌江县后升格为邮电支局，1964—1965年，曾一度在业务上兼管昌化、海尾2个支局（所）。

南罗支局 1961年8月由海尾公社划出南罗公社而设置南罗邮电所。1963年撤销（原因不明）。1966年重建南罗邮电所。1973年升格为支局（时称分局）。

十月田支局 1961年由叉河公社划出十月田公社而设置邮电所。1966年"场社合一"时升格为支局至今。

王下邮电所 1961年8月由七叉公社划出王下公社而设置邮电代办所，历年业务上划归霸王岭支局兼辖。1976年置王下邮电所至今。

第三节 邮 政

新中国成立后，邮电事业回到了人民的手中。1950年，成立昌感县邮电局，有邮员5人。设有石碌邮电所。1961年分置昌江县后，于5月15日成立昌江县邮电局。自此后，在全县各乡镇（公社）设立邮电支局（所），开办邮政业务。截止到1993年，全县年邮电服务网点17处。其中，县城服务网点3处、农村服务网点14处，服务网点比1988年建省前增长21.42%。新开办了邮政特快专递业务。县至支局（所）为委办汽车邮路，全长276千米。全县乡镇投递邮路10条，邮路总长305千米，城市投递段7条，信箱（筒）110个，零售报刊亭5个。1997年9月，邮电分营以后，以发展为第一要务，大力调整业务结构，邮政通讯生产机械化、自动化程度逐步提高。实现邮政储蓄事后监督、报刊发行处理微机化，邮政储蓄电脑计息，县局平信盖戳自动化、平信捆扎机械化，从而提高了工作效率和邮政通信质量，企业效益和社会效益全面提高。2005年，业务收入首次突破700万元大关，实现历史最高水平。

一、邮运邮路

新中国成立后，邮政网点增加。1950年，设有石碌至白沙县的通邮班次，3日一班进行交接。1951年，改变北黎至海口的邮路，邮件由北黎取道崖县（今三亚市）转递，所需时间14~15天。4月，增开北黎至儋县（今儋州市）3日步班邮路，邮员2人。1952—1954年，邮路以县城北黎为中心，分南北两个方向延伸至邻县交接。北线由北黎至海头，中间经大风车、海尾站。南线由北黎至佛罗，中间经感城、岭头站。1958年，全县邮路总长 1046 千米，其中农村邮路为 1023 千米，自行车邮路 648 千米，步班邮路 246 千米，同时辟有县城至海口的自办汽车邮路。1959 年，设有新街至大风、大风至海尾等邮路，民办邮路总长 645 千米，占全县邮路的 28.8%。1960 年，改设八所至大风、大风至海尾、叉河至石碌、八所至感城、叉河至霸王岭等 16 条邮路。

1962 年，有县城至各公社的逐日班邮路 8 条。当年全县设有邮路 23 条。后调整邮路，实行垂直线，合并为 16 条，使环形邮路达到 8 条，当年县城邮员和公社邮员行走的邮路全长 547 千米。1963 年，全县邮路总长度 819 千米，实现全县 11 个公社 76 个生产大队全部通邮。1975 年，全县邮路调整，邮路总长 1136.9 千米，其中农村邮路 1135 千米。1981 年，全县邮路单程总长 1161 千米。1986 年，设有石碌至霸王岭、石碌至王下、石碌至七叉、石碌至太坡、石碌至昌化、石碌至海尾、石碌至南罗、石碌至新港等邮路 9 条，单程总长 303 千米。到 1993 年以后，全县农村邮路 10 条，单程总长度 305 千米。其中，使用机动运输工具邮路 273 千米，委办汽车邮路 276 千米，摩托车邮路 2 千米，自行车邮路 2 千米，畜力车邮路 25 千米。

二、投递邮路

新中国成立后，昌感县邮局设有大风、海头、感城代办所，邮员各 1 人，投递邮路有北黎至海头，中间经大风车、海尾站，邮员 2 人，兼乡村投递，步行来回约 6 天时间；北黎至佛罗，中间经感城、岭头站，邮员 3 人，兼乡村投递，步行来回大约 6 天时间，邮件全靠邮员肩挑背负。1951 年，岛内陆地干线经过修整，主要有邮路有 11 条，本县至海口的邮件投递仍需经那大转车带运。1952 年，随着岛内公路干线的开通和交通运输业的发展，石碌至海口的邮件由定期客运班车运送。1956 年，设昌化、海尾、感城营业处。同时，设置县城至各营业处的早班邮路。每条邮路配邮员1人。1959年，增设了许多邮电支局（所），训练了大批邮递员，实行了逐日班。1960年11月，开通了昌感至海口的自办汽车邮路，有班车通的点（村落），由委办汽车运送邮件。没有通车的乡村，由乡邮员户肩挑、背负、步行或骑自行车运载投递。

1962年，由于汽油供应紧张，干线自办汽车邮路全部停办，邮件投递改为委办汽车运送。1964年后，大队通邮率达100%，479个生产队通邮的有419个，农村投递邮路单程总长638千米，全县邮路总长957千米。1966年，开始在投邮路中使用摩托车投递。

党的十一届三中全会以后，全岛的干线邮路和设备得到进一步发展，汽车投递邮路当日班有石碌至海口单程218千米、石碌至通什单程237千米、石碌至白沙单程69千米、石碌至八所单程58千米、石碌至儋县（今儋州市）单程70千米。此外，还设有石碌至琼山、琼海、三亚等县（市）城投递邮路。1985年，从县城直达各乡镇邮路8条，邮路单程302千米，全县农村投递邮路26条（从各支局到各管区）。1989年，由于委办汽车邮路停办，石碌至昌城、石碌至昌化的邮件投递调整出乌烈支局接送。1990年，全县农村投递邮路10条，其中摩托车邮路3条、机要混合邮路6条。有农村投递员19人、县城投递员13人。私人承包投递邮路计有16条（包括县城至乡镇及乡镇至管区），投递路线总长422千米，承包人数10人。1997年9月，邮电分营成立昌江县邮政局后，先后制定了窗口服务规范考核制度，推出服务承诺制，设立用户投诉和监督电话16个，公开聘请社会监督员10名。加强乡邮管理，实现了22条农村邮路摩托车投递化。1999年9月，将报刊发行班、投递班合并，成立报刊收投公司，实行"收投合一"，农村支局（所）实行"营投合一"。

2000年以后，全县投递服务能力不断增强，服务水平大幅度提高，快递包裹实现投递到户，投递作业全面实现摩托车投递，服务用户综合满意度连年保持在85分以上。

第四节　邮政业务

一、函　件

新中国成立后，随着经济、文化事业的发展，函件业务逐年增加。1958年，全县除邮电局、所办理函件收寄业务外，还在个别乡村设置信箱、信筒，方便群众邮寄函件。1958年，全县设置信箱、信筒48只，1960年增至156只。1961年新置昌江县后，全县设置信箱、信筒34只。1963年，由于工农业生产的发展，特别是外来人员的增多，促进了函件业务的迅速发展，当年函件业务量增达48.3万件。1982年，为方便群众邮寄函件，全县设置信箱、信筒77只，其中在农村设置59只，当年函件计费业务量达99.95万件。1990年，邮寄函件机构调整，全县办理邮票销售的支局（所）12处，信箱、信筒设置调整为52只，函件计费业务量73.12万件，全县函件业务收入89.82万元，为邮政收入的16.41%，占邮电总收入的7.2%。1996年，寄函件452.99万件，比上年增长68.84%；邮政快件16.63万件，比上年下降17.43%；特快专递2452件，比上年增长146.43%。1997年邮电分营后，邮政快件达13.57万件，比上年下降18.53%；特快专递业务达2649件，比上年增加8.17%。2002年，首次实现扭亏为盈。在县城所有网点开办"快递包裹"业务，特别发展账单类业务，收寄速递法律文书业务、速递高考录取通知书业务和速递邮寄特产——芒果业务。截止到2005年，函件业务总量达 143693 件，邮政快件 11434 件，特快专递 11434 件。

二、邮政储蓄

1992 年后，昌江县邮政局在巩固和发展传统邮政业务的同时，积极拓展邮政储蓄业务，当年，全县邮政储蓄服务网点有 7 处，年邮政储蓄余额 686.47 万元，是开办初期 1988 年的 27.7 倍。1993 年，开办乌烈、红田邮政储蓄网点，邮政储蓄余额突破 1000 万元。1995 年 4 月，在县城石碌增开红林所、矿区所和昌江宾馆所，同时还在全县新开邮政储蓄网点 4 处，至此，全县邮政储蓄网点已累计达到 14 处。当年，全县邮政储蓄余额达 3500 万元。邮政储蓄班分别被团省委、省邮电管理局和团县委授予"青年文明号"达标班组。1996 年，完成了邮政储蓄班、矿建支局、石碌支局三个邮政储蓄网点绿卡系统安装工程，实现了全国联网通存通兑。邮政储蓄余额突破 5000 万元。1999 年 9 月 10 日，成功接收县工商银行叉河办事处撤点储蓄余额，经过努力发展，全县邮政储蓄余额首次突破 1 亿元。在海南省邮政储蓄业务发展年终评比中荣获全省第一。2001 年，为加大邮政储蓄中间业务的开发力度，昌江邮政局开办代发各企事业单位从业人员工资，代收代缴"四项"保险金等业务，并与昌江糖业有限公司签订合作协议，在红田支局代发蔗农甘蔗款。6 月，制订《昌江县邮政局计件工资实施办法》，全面实行计件工资制。并分别将营业班、储蓄班更名为"东风路邮政所"和"东风路邮政储蓄所"。截止到 2005 年底，昌江邮政储蓄依托遍布全县各镇的邮政网点和安全快捷的全国联网的网络优势，不断发展壮大，成为服务"三农"、促进农村资金融通的好帮手。邮政储蓄翻了五番，市场占有率在全县 6 家金融机构中排行第二位。

三、报刊发行

新中国成立后,于 1950 年开办报刊发行业务,但发行数量甚少,速度慢。1963 年,扩大发行范围,除发行至大队、小队外,机关、厂矿、学校、企事业单位的工作人员均订有几份报纸,订阅数量大增,全年订阅报纸累计 81.08 万份,杂志累计 4.46 万份。1978 年后,报刊发行业务增加,报刊种类繁多。1981 年,报刊发行量达 386.25 万份,其中报纸份数 361.7 万份,发行种类 847 种。1982 年,为满足群众读报需要,在石碌镇及各邮电支局(所)相继开办报刊零售业务;报刊流转额达 5.1 万元,同时在县城石碌镇建立了 6 个报刊发行零售站。1984 年,全县平均每 3.26 人就订有 1 份报刊,报刊流转额 16.4 万元。1986 年,为了做好 1987 年报刊收订工作,县局抽调一批人员充实收订力量,营业组从 1 个台班增加到 3 个台班,中午增设 1 个台班,每天早上 7 点 30 分至晚上 8 点为全日收订时间,同时还组织了 1 个流动服务组,由局里派干部带队到各单位流动服务,方便了用户。截止到 12 月底,报刊期发数 57108 份。1989 年,由于委办汽车邮路减少,加之报费有所提高,订报对象逐渐减少。1990 年,全县有零售报亭 5 处,报刊品种有 1428 种,全年订销《人民日报》累计 196196 份、《海南日报》723852 份,报刊流转额 96 万元,报刊发行累计份数 312 万份,全县报刊发行密度为 4.7 人/份,报刊发行收入占邮政总收入的 68%。1995 年,实现报刊发行处理微机化后,当年订销报纸 1249 万份、杂志 40 万份,订销报刊流转额达 125.09 万元。1997 年,昌江县邮电分离,县邮政局以满足用户需求为主要目标,以网络优势为支撑,报刊发行工作明显提高。全年订销报纸、杂志流转额达 193 万元,高于全省平均每百人 18.18 份的水平。1998 年 10 月,昌江县邮政局被省委宣传部、组织部、省邮政局评为"1998 度省党报党刊发行一等奖"。报刊发行业务量随着经济建设的发展和人民文化生活的改善迅速扩大。到了 2005 年，全县订销报纸杂志就达 229 万份，订销报刊流转额达 15.9 万元。

四、集　邮

1989 年 4 月，昌江县邮电局在县城石碌开办集邮业务，办理新邮预订和门市部销售业务，当年集邮业务收入 2 万余元。1990 年，有新邮预订户 600 余户，集邮 13.24 万枚，年集邮收入 3.8 万元。1995 年，集邮业务完成 22 万枚，年集邮收入 18.1 万元。2002 年，该局突出"真诚服务，永不停步"的主题，开展邮票经营市场的检查，共取缔 3 间违规销售邮票的文具店。同年 12 月 7 日，《长臂猿》特种邮票首发式暨昌江优势资源推介会在昌江县城石碌隆重举行。首发式活动期间，与县教科局联合举办"真情无限"长臂猿知识有奖答卷活动，举办"昌邮杯"男子篮球邀请赛，开展邮票设计家签名活动、集邮知识讲座、《长臂猿》系列邮品展活动等，收到了良好的社会效果，深受社会各界的好评。2005 年，集邮业务完成 5.45 万枚，年集邮收入达 18 万元。

五、邮政建设

实现了绿卡网、综合网、投递网的有效统一，资金流、信息流、实物流的全面整合。1997 年，全年投资 56 万元高标准建置 3 个报刊零售亭，新建叉河、矿建、红林等支局所楼房，改造全局 8 个邮政储蓄网点的防范措施。1998 年，完成了红田支局、霸王支局营业厅、库房、储汇中心的改造工程。1999 年，完成县局储汇中心装修改造工程，装置东风路自动取款机（ATM 机）；建造海尾所、昌化所、十月田所、县局、红田支局 5 处邮购网点；投资 24 万元完成石碌支局、矿建支局网点改造工程，在矿建支局建立集邮、代办业务专营场所。2000年，完成保平所、十月田所、乌烈所、红田所等网点装修改造工程；完成红林所绿卡（全国联网）系统安装工程；实现昌化所、新港所安装邮储"中创"系统；完成昌江县邮政综合楼第一期征地工作。2001年，完成十月田所、乌烈所、海尾所、昌化所绿卡（全国联网）应用系统安装工程，实现该所邮储全国联网通存通兑；完成东风路邮政所电子汇兑应用系统安装工程；开通"11185"特快专线；昌江县邮政综合楼顺利开工。2002年，完成对红田支局、昌化所、保平所、矿山所、新港所、霸王支局、叉河支局、矿建支局、县局大院、宿舍区的改造和维修；完成新港、保平、霸王岭三个支局（所）绿卡应用系统安装工程，实现全部网点全国联网通存通兑；完成矿建支局、石碌支局电子汇兑应用系统安装工程，电子汇兑系统实现时汇兑；完成"11185"处理终端的安装工作；昌江县邮政综合楼建造工程验收竣工。2003年，完成矿建支局的自动取款机安装工程。2004年，装修改造了东风路邮政所、石碌支局、矿建支局等支局所，高标准改造乌烈、昌化两个农村支局所，安装了部分网点数字监控设备。成功将旧绿卡机房和综合网机房搬迁合并，整合了网点资源。邮储统一版本应用系统成功上线。同年4月23日，新的昌江县邮政综合楼落成开业。7月13日，保平邮政储蓄所搬迁到县邮政综合楼，生态街邮政储蓄所正式开业。2005年，完成了各储蓄网点110联网报警装置的安装和中心金库的配套建设。先后开通银联和"11185"特服号，电子汇兑系统、绿卡统一版本系统、支局电子化系统、报刊发行系统、代理保险系统、邮政短信系统等电子系统相继完成安装使用，业务操作全部实现电子化，全县各邮政储蓄网点全部实现全国联网通存通兑，科技含量得到了较大的提高，网络支撑能力也得到了较大的增强。

第五节 电 信

昌江电信的前身为昌江县邮电局，1997年9月，邮政、电信分营，成立昌江县电信局，经营和管理昌江地区电信业务。2000年5月17日，在剥离无线寻呼、移动通信和卫星通信业务后，更名为海南省电信公司昌江县电信局。2004年7月，中国电信集团公司上市后，更名为海南省电信有限公司昌江县分公司。

一、电 报

1950年，海南解放，人民政府派员整治恢复通信事业，在有线电路遭受战事破坏殆尽的情况下，先开通无线电路报话业务，当时仅有北黎至海口开通无线电报业务。1953年后，有线电路网迅速发展，报话通信逐渐以有线电路为主。1956年，无线电路除直达海口外，石碌至那大、澄迈、海口间也定时开放电报直达电路。5月，又开放通什到昌感的直达报路。当时县局有2马力柴油发电机1部，专供发电报用电。1958年，昌感县办理电报业务5处，其中农村4处，发出电报总计1.8万份，收到电报总计0.48万份，转出电报总计0.67万份。1963年，昌江县办理电报业务有6个局（所），其中农村5个，全年电报业务量共1.91万份，有电报电路2条，报机2部。随着电报通讯设备逐渐向载波化、自动化方向发展，电报业务量逐年增加。1974年，开放海口—昌江直达单路载波电报机，当年电报业务量3.61万份。1978年，全县有无线电发报机3部，电传打字机2部，当年电报业务量4.07万份。20世纪80年代，电报通信进入新的发展阶段，通信设备现代化、自动化程度不断提高，电报业务量也大大增加。1986年，县局建成一幢面积为3714平方米的7层通信微波大楼,安装了现代化通信设备,采用微型电脑技术处理邮电通信,当年,全县有电传打字机11部。1988年,电报业务量6.49万份,1990年达到4.93万份。1992年,昌江县邮电局开办无线传呼(BB机)业务,可与海口、那大、白沙、东方等地呼话。进入21世纪后,昌江县电信业务飞速发展,由单一、落后的电报、电话通信手段发展成固定电话、无线寻呼、无线接入、移动电话、数据通信、小灵通、卫星通信等各种先进手段融为一体的立体交叉式现代化通信网络。能够充分满足社会对话音通信、数据通信、图像通信和多媒体通信、远程教学、远程视频会议系统等方面的信息需求,有力地促进了昌江经济的发展和社会的进步。

二、电 话

1. 长途电话

新中国成立后,1953年,广东省邮电局拨款并派出技术员协助架设长途电话线路,北黎至海口架起长途线路。昌感县北黎电话所安装50门磁石式交换机1部,长途业务开始增加。1958年,大跃进时期,开展全民办邮电,长途电话又有了新的发展,县设长话机务站,并安装载波机,实现县与县之间直接通话。当年,昌感县办理长话业务有9个局(所)。1959年,东方县(大县)办理长话业务有28个局(所)。1960年,开设石碌—儋县(今儋州市)长话线路,来话15658人次。1961年后,贯彻调整方针,对长途电话进行整治,加强管理,提高通信质量。

党的十一届三中全会后,尤其是海南建省办特区以来,长话通讯引进数字微波、长途程控等先进技术设备,长话业务量大大增加。1980年,有载波长话通讯引进数字微波、长途程控等先进技术设备,长话业务量大大增加,1980年,有载波机5部,其中12路以上2部,长话业务量36800人次。1982年,长话线增到11路，载波机6部，其中12路以上3部，长话业务量37000人次。1986年，长话业务量5.64万人次。1988年，长话线13路，业务量77200人次。1990年，办理长途电话业务有12个局（所），其中农村10个，有长话线17路，长话业务总量106000人次。1993年开办移动电话（大哥大）业务，可直接与国内外各地呼话。同年2月28日，程控电话正式开通使用，电话号码由5位升到6位，并进入全国自动交换网，实现国际国内长途直拨。实装用户为1026户，全县长途电路达97条。1995年，不断增强通信能力，完成西线微波扩容工程，长途程控交换容量130路端。长途业务电路增加到164条，净增75条，打长途电话难的问题基本上得到解决。1997年，邮电分营后，长途电路增加162路，累计达391路，新开通高速率无线寻呼129台，从而又进一步提高了无线发射的覆盖面。截止到2000年底，全县长途业务电路达254路端，实现当年长途电话业务总量640.5万元。

2. 市内电话

1951年，北黎市电话所有50门磁石式交换机1部，当时市内架市内电话线路，党、政、军机关均设置电话机。1960年1月1日，海南行政工公署批准，将全区各县城电话改为市话（原县话）后，县局建立市话台。当年，东方县（时称大县）市话交换机总容量150门。1961年，昌江县石碌镇市话交换机总容量100门，市话电杆线路长2千米，市话用户45户。1962年，贯彻调整方针，对市话杆路进行整治，市话杆路长度增至8.1千米，市话用户65户，市话业务收入0.3万元。1963年，继续维修市话设施，抢修市话单机121部，换杆10根。1965年，市话杆路长度增到9千米，20世纪70年代，石碌市内安装电缆线路，逐步代替明载线路。20世纪80年代，县局更新设备，加强市话通信能力，市话业务量再度大增。1984年，新安装100门交换机1部，更新100门交换机1部，使市话交换机总容量达350门。当年，市话新放号23个，全县市话用户达211户，市话电缆5.2皮长千米。次年，市话又新放号32个。1987年，岛西960路数字微波开通，昌江县增加市话放号14个。同年12月5日，市话自动电话工程进场施工。次年，市话自动电话工程建成开通，自动电话交换总容量1000门，市话业务收入9.67万元。1990年，市话杆路长9.4杆千米，电缆长度8.8皮长千米，市话用户716户，市话业务收入18.55万元。1995年，市内电话将石碌市内电话用户电缆分别向海南钢铁公司东区、西区、矿建以及石碌水库等方向伸延，共伸延5.2千米，同时架起石碌—太坡电缆7千米，进一步扩大了石碌市内电话管线的覆盖面，为发展市内电话用户，占领市话通信市场打下了基础。完成美国5ESS程控交换机机房的装修，为扩容市话交换设备、安装美国5ESS程控交换机做好一切准备工作。现有芬兰集装箱程控交换机容量3630门。1997年，邮电分营后，投资673万元，重新铺设并扩容石碌市内通信管道50.76千米，将13.02条千米的邮局主杆电缆容量从原来的6800对扩容到1.31万对，并将用户配线布放到楼房，市内用户配线57.17条千米，楼房配线率达60%。2000年，全县市话装机容量11000门，实装电话7686户。2000年，全县市话装机容量22304门，实装电话17237户。截止到2005年，县城固定电话普及率已达30.2部/百人，小灵通普及率达5.9%，宽带用户普及率达1.5户/百人。政府上网、行业上网、企业上网、家庭上网不断推进。"互联星空"、"宽带极速之旅"等市场推广活动引人注目，从而促进了社会信息化的进程。

3. 农村电话

1952年开始置部分区、乡电话。1958年，昌感县农村交换机容量296门，电杆线路长722对千米，架空明线388千米，农话用户105户。1962年，更换明线43条千米，安装避雷针3条，架设线路59.1杆千米。1963年，全县农话交换点6处，电话交换机10部，交换机总容量390门，架空明线367千米。当年，县局还组织杆线检修员9人，对石碌—乌烈—海尾、石碌—昌化、石碌—叉河、石碌—坝王岭等5条杆线进行检修，共检修电杆133根，更换木杆163条。20世纪70年代，农话通讯走上正常、稳定、协调发展的轨道，农话业务量也开始稳定增加。1970年，全县农话交换点7处，电话交换机12部。交换机总容量393门，杆路长429千米。20世纪80年代，农村电话设备现代化、自动化程度有了较大的提高。同时，随着农业经济的发展，农话业务量也大有增加。1981年，农话机214部，其中接入交换机的149部。杆路总长170千米，农话电缆24.3皮长千米。1990年，农话交换机总容量560门，电话机总数545部，用户交换机总容量450门，其中实占360门，自动电话169门。杆路长143千米，农话电缆21.1皮长千米，农话用户213户。1995年，按照公用通信网统一性、完整性和先进性的要求，重点抓好本地通信网的建设工作。新建红田邮电所容量256门程控电话交换点，于同年2月正式开通。建成石碌至保梅岭240路微波、保梅岭至红田120芯光缆、石碌至叉河4芯光缆。同月又开通霸王岭256门程控电话。完成乌烈、叉河等乡镇用户线路的改造任务，使农话程控交换机容量达1024户。1997年邮电分营后，坚持以发展市话、农村电话为基础，带动其他电信业务发展的策略，努力抓好年度放号工作，使全县农村电话达到813户，比上年增加322户，增长65.58%。2000年，农村实装电话1960户。截止到2005年底，全县农话交换机总容量达到19232门，农村实装电话14469户。

4. 会议电话

新中国成立后，利用有线电路开办会议电话业务。1956年2

月,海口—昌感长话线路开办长途电话会议业务,时县城至区和部分乡也开办会议电话业务。1958年,东方县(时称大县)邮电部门开展技术革命运动,修复各种电信设备,机务站创造了会议电话机。1959年,东方县所有公社安装了会议电话机。1963年后,会议电话开始部分使用汇接汇合通信。20世纪80年代以后,会议电话部分使用汇合通信。

第六节 通信建设

海南解放初期,昌江县邮电设备极为简陋,通信联系十分困难。1988年,县城石碌开通国产纵横制自动电话,容量1350门,农村仅有9个乡镇开通磁石式"摇把子"电话,容量为560门,全县长途电路仅19条,通信十分落后。

为适应经济发展的需要,昌江邮电主管部门加大了基础设施建设的力度,并确定了逐步向自动化,农话、市话、长话联网的方向发展。1991—1992年,先后将海尾、昌化、新港(原为南罗)3个磁石交换机改造为各64门小程控交换点。至此,1992年总容量为785门,其中小程控192门。同时,在县城石碌、海尾等3个交换点间采用特高频传输,使农村电话通信手段逐步走向现代化的轨道。1993年,投资900多万元从芬兰引进3630门集装箱数字程控电话交换设备,同时重新规划建设石碌市内电话电缆管线。同年9月,开通全省联网无线寻呼系统,用户发展到2000多户。1998年初,昌江县电信局积极自筹资金,配合市政建设,做好伸延东风路通信管道工程改造5.03孔千米,主杆电缆0.8千米,增设和伸延各路段用户配线电缆68.18千米,出局主杆电缆13400对。同时,还抓紧农村支局(所)出局电缆改造工程,完成乡镇通信管道2.97孔千米。乡镇配线电缆25.23

千米。其中，新港至南罗改为 50 对，新架乌烈至保平 4 芯光缆 12 千米，全县农话通信光缆达 82 千米。有 80% 的乡镇实现了光缆通信。农村支局（所）出局电缆达到 5120 对，大大地增强了农村电话的放号能力。2002 年，为加快农村通信建设，在全县 12 个乡镇中的 25 个村自建机房，建筑面积达 1500 平方米，并在 6 个较大的自然村自建 6 间接入网点，从而为发展农村通信打下了良好的基础。太坡维护站 ETS 无线接入设备 2 套、46 个信道、250 门装机容量，均可为边远山区提供装机条件。新建主干及配线工程主干 5 项，新增主干 16158.64 对千米，配线 31 项，新增配线 4661.82 对千米，总投资 754.47 万元。新建通信管道工程 6 项，新增管道 67.58 孔千米，投资 290.56 万元。新增交换能力 13184 门，投资 435.85 万元。小灵通基站建设 500MW 基站 43 个、10MW 基站 6 个，总投资 606 万元。电源设备改造投资 97.2 万元。截止到 2005 年底，全县主干电缆长度达到 6 万线对千米，配线电缆长度达 3.5 万线对千米，其通信能力明显增强，既提高了通讯水平，又增强了联系手段。

第八章　财税工商金融

　　1998年以后,随着海南建省办特区的深入,昌江县财政工作取得了很大的成绩,并通过大力投资经济建设,扶持企业发展生产,扩大财税收入来源,使昌江县的财政收入逐年增长,从而促进了昌江社会各项事业的发展。1991—2005年,仅县财政投入农业、文化、教育和市政建设等项目的资金就达14811.67万元。这对促进昌江农业生产的发展和繁荣昌江文化、教育及市政建设都起到了积极的推动作用。随着商品经济的发展和"对外开放、对内搞活"政策的实施,昌江县的经济管理从计划经济向市场经济转变,工商行政管理机构也不断深化改革,以适应经济形势的新变化,使昌江县的经济效益不断提高。随着经济的发展,昌江县的金融网点不断增加,金融业日益兴旺。截止到2005年底,全县共有金融机构网点40个。当年,全县存款余额197454万元。其中,储蓄存款余额128837万元,贷款57123万元。保险收入2594万元,理赔支出551万元。同时,银行还不断扩大固定资产贷款,积极为国家统筹资金,从而有力地支持了企业的生产建设,发挥了经济杠杆的作用。

第一节 财 政

一、财政机构

1961年6月，昌江县从原东方县（时称大县）中分立新置，县财政局同时成立。1969年1月，财政、税务、人民银行合并为县财税金融服务站革委会。1971年1月，县财税与金融（银行）分设，成立县财税办公室。1973年1月，撤销财税办公室，成立财税局。1980年11月，县财税局又独立分设财政局和税务局。1995年，又并称县财税局。1998年后，恢复单独设立县财政局至今。

目前，县财政局内设机构有：办公室、预算股、国库股、行财股、综合股、社会保障股、农业股、会计财政监督检查股、企业股、经济建设股10个内设机构。县财政局下属事业单位有：海南省采票管理中心昌江彩票部、政府采购办公室、票据监管中心、建账监管中心和电脑培训中心。县财政局挂靠单位有：县会计事务管理服务中心（2004年4月由县设立县国有资产管理局，其后更名为县国有资产管理委员会办公室，挂靠于县财政局，2004年12月撤销）。县财政局基层所有：石碌、十月田、叉河、昌化、七叉等7个财政所。全县财政部门共有122人。

二、财政体制改革

1987年，财政实行"划分税种、核定收支、基数包干、超收分成、定额补贴、固定递增"的管理办法。同时，建立了乡镇一级财政，对乡镇实行"定收定支、收入上交、超收分成、支出下拨、超支不补、节余留用、一年一定或一定几年"的管理体制。乡镇财政负责乡镇政府各项预算外资金和国家规定的自筹资金的筹集、分配与使用。

1991年,继续深化财政体制改革,理顺财政分配关系,采取"核定基数、超收分成"办法,对乡镇一级财政实行"收入包干、超收发成、支出定额、超支不补、节余留用"的管理体制,提高乡镇当家理财的积极性。有10个乡镇实现了财政超收,超收额达109万元。

1993年,进一步建立健全乡镇财政体制。在全县11个财政所中全面实行"收支包干、超收分成、节余留用"的预算管理体制,建立乡镇总预算会计,监督乡镇财政收支执行情况,还在海尾镇建立了乡镇一级金库。在完善乡镇财政体制,强化财政职能建设等方面做了有益的尝试。

1994年是我国财税体制进行重大改革的一年,"分税制"的财政管理体制与新的税制全面运行。对乡镇财政管理推行了分税制条件下的乡镇财政包干体制,采取定性和定量相结合的分析测算方法,划分收支范围,分系统、分层次、分部门核定各乡镇行政事业单位的各项经费开支,进一步明确县乡镇两级政府的财权和事权,理顺关系,以适应国家分税改革的需要。

2004年,对县乡镇财政管理体制全面实行"镇财县管"改革举措。在保持镇级财政管理体制和资金所有权、使用权、债权债务关系不变等原则下实行"镇财县管"改革,加强对镇级财政预算执行过程中的项目指标和拨付进度的核对和监控,进一步规范和优化镇级财政支出结构,从而杜绝了拖欠乡镇干部职工工资和社保的现象。

2005年,结合"镇财县管"改革镇级财政收入的实际情况,进一步加大对镇级财政的转移支付力度,理顺乡镇一级事权与财权的关系,保证镇级政权运转和各项事业发展的资金需求。

三、财政收支

昌江县财政局自 1961 年建立以来,财政事业逐年发展,并取得了很大的成绩。1987 年,县级财政直接组织收入 1404.7 万元,比上年增长 3%,其中,工商各税收入 1511.8 万元、预算外收入 8.4 万元。全县财政总支出 2248.5 万元,比上年下降 6.02%。1990 年,县级财政直接组织的收入 1473.7 万元,比上年增长 16.03%,其中,工商各税收入 1296.4 万元。全县财政总支出 2919.4 万元,比上年下降 9.93%。1995 年,为深化财税体制改革,切实抓好财源基础建设,狠抓增收节支工作,较好地完成了当年各项任务目标。地方财政收入首次突破 5000 万元大关。全县财政总收入完成 10647 万元,其中,县级财政收入 5222 万元,为年度预算的 129.97%,同比增长 43.03%,其中工商税收完成 4091 万元。财政总支出 6091 万元。2000 年,以建设社会主义公共财政体制为目标,不断加强财源建设,规范财政管理,继续坚持适度从严的财政政策,深化"收支两条线"管理,从源头上预防违反财经纪律现象的出现。全县总收入 14157 万元,其中地方财政收入 9790 万元,同比增长 13.01%。税收收入完成 6228 万元,农业四税收入完成 1048 万元,行政性收费、罚没收入 1952 万元,国有资产收益 374 万元。全县财政总支出 14797 万元,同比下降 1.86%。收支相抵后,净结余 40 万元,实现了收支平衡,略有结余。截止到 2005 年底,全县财政总收入达 44622 万元,其中,地方财政收入 18246 万元,比上年增收 1154 万元,增长 6.75%。全县财政总支出 38224 万元,其中,地方财政支出 37884 万元,比上年增支 5826 万元,增长 18.17%。

四、财政事业的发展

海南建省办特区后,昌江县始终坚持以提高经济效益为中心,深化企业改革,努力开辟税源,使全县财政事业有了新的发展,财政收入逐年增加,从而促进了昌江县基本建设和文化、教育、卫生、科技等事业的发展。

1991年,昌江县财政工作坚持以"打基础、用政策、抓落实、求效益"为原则,认真贯彻落实"三至五年内实现市县财政收支平衡"的指示方针,积极支持发展经济,开拓财源,大力组织财政收入,努力控制支出,实现了当年财政收支平衡,较好地保障了该县各项工作的正常运转,促进了各项事业的发展。

①深化财政体制改革,理顺财政分配关系,促进增收节支。采取"核定基数、超收分成"办法,对乡镇政府实行"收入包干、超收分成、支出定额、超支不补、节余留用"的管理体制,提高了乡镇政府当家理财的积极性。有10个乡镇实现了财政超收,超收额达109万元。积极实施粮食购销体制改革。

②积极筹措资金,支持工农业生产和各项事业发展。先后投入216万元用于水利设施和农业生产基地建设;利用财政周转金211万元建造渔船3艘;争取技改资金96.8万元,支持昌江、大风糖厂及农机厂的设备更新改造;筹措资金121万元,增建干部职工宿舍4100平方米。

③加强预算管理,确保收支平衡。明确职责,层层落实财政收支包干办法。加强欠税清缴工作,清理入库历欠的农业税69万元。强化预算约束,坚持一支笔审批制度,提高财政预算管理透明度,严格控制财政支出。1991年剔除不可比因素,全县经常性开支比上年下降0.34%。

④深入开展财务税收大检查,查出违纪金额141.8万元。

1995年,认真贯彻党的十四届五中全会精神,加快深化财税体制改革，切实抓好财源基础建设，狠抓增收节支，较好地完成了全年任务目标，地方财政收入首次突破 5000 万元大关。①大力组织财政收入，努力保证财政收入任务完成。广泛开展税源调查，摸清税源分布情况。强化税收征管，公平、合理地对纳税户进行税收的评税、管理、稽查。层层分解任务，对征管人员制定了明确的奖惩制度。调动乡镇政府抓收入的积极性，10 个乡镇财政收入超额完成年初预算任务。②加强预算管理和资金调度，及时为县领导决策反馈信息。③增加农业生产投入，支持带税农业生产，促进农村经济的发展。全年投入支援农业发展生产资金 842 万元，其中，冬修水利 200 万元，发展芒果生产 220 万元。当年农业四税收入 710 万元，创历史最好成绩。④通过争取贷款和财政投入等方法，共投入资金 54 万元，扶持工业企业农业生产发展，提高企业的经营效益和竞争能力。全县企业净盈利 181.9 万元。⑤对全县 40 家企业开展国有资产清查活动，全面摸清家底，并进一步建立起完善的国有资产管理体系。

2000 年，财政工作以经济建设为中心，大力支持该县农业产业结构调整，继续坚持适度从严的财政政策，加快财政改革发展，有力地促进各项任务的圆满完成。①紧紧围绕昌江县调整农业产业结构中心工作，加大对农业基础设施建设资金的投入，成功创建了万亩香蕉种植基地和万亩瓜菜种植基地，促进了农业生产发展。②深化"收支两条线"管理，制定票据管理制度，做到领、缴、销各个环节的规范管理，从源头上预防违反财经纪律现象的出现。③实行会计人员管理改革，推行会计委派制度，成立了昌江县会计事务管理服务中心，通过公开招录，委派 59 名专业人员到各行政事业单位担任会计职务，使会计事务管理逐步走向制度化、规范化。④推行工资管理制度改革，从 7 月 1 日起正式实行全县工资统发，工资由代发银行转入个人工资账户而直接领取，从管理上有效地保障了干部职工工资的按时足额发放。

2004年,昌江县财政工作紧密结合全县经济形势的发展变化,及时调整工作重心,狠抓增收节支工作,财政收支预算管理有了质的飞跃。全县地方一般预算在2003年的基础上再创新高,达到1.6亿元,增长62.5%。同时,财政收入结构明显优化,税收占一般预算收入的比例比上年提高了4个百分点,达到79%。

2005年是实施"十五"计划的最后一年,昌江县财政工作重点是支持解决该县"三农"、社会事业发展和弱势群体等方面存在的突出矛盾和问题,努力做大财政经济"蛋糕",各项财政改革发展和监督管理举措持续得到深化落实,从而有力地促进了该县经济社会的协调发展。①不断完善内部建设,财政管理逐步规范。改善了资金安排规程,缩短资金审批和拨付的途中滞留时间,确保资金及时拨付。正式实行预算执行系统,各项经费全部按照指标和进度及时由电脑打单拨付,在有效杜绝无指标和超指标拨款现象的同时,还实现了电脑同步记账,提高了工作效益。继续抓好支农和扶贫专项资金报账制管理,发挥资金使用效益。支农和扶贫专项资金支出3357.4万元,比上年增加732.5万元,增长30%。财政采购范围进一步延伸到工程项目。共办理政府采购业务104宗,资金864万元,采购资金比上年增加474.3万元,节资率6%。继续加大财政监督检查工作力度,规范财经秩序。配合省调查组对昌江县落实义务教育阶段"两免一补"政策情况进行了专项检查。全面开展行政事业单位银行结算账户清理,共撤销账户79个,统一批复建档账户344个。认真做好票据存根的核销工作,共核销票据9374本。对6家县属企业单位会计信息质量进行了检查,纠正了企业财务管理中存在的问题。②持续深化"乡财县管"改革。进一步加大对镇级财政的转移支付力度,理顺乡镇一级事权与财权的关系,保证镇级政权运转和各项事业发展的资金需求。③加强政府债务管理,建立诚信政府。共筹措资金1209.97万元，偿还了包括水利、教育和市政建设等项目的工程欠款。由于2005年各项财政工作的有效落实，促进了全县"十五"规划目标的全面实现，财政收支规模急剧扩大，财政收入结构也明显优化。"十五"规划期间，地方财政收入增长120.42%，年均增长21.85%。全县地方财政支出增长152.29%，年均增长26.03%。财政收入结构明显优化，税收占一般预算收入的比例达到78.7%，比2001年提高了13.4个百分点，超过全省平均水平。

第二节 税 收

一、地税机构

1961的7月，财、税机构分设，昌江县基层税务所有石碌、乌烈、海尾3个，同年增设叉河、七叉两个基层所。1968年12月，财政、税务、银行合并为财税金融服务站。1971年底，财税金融机构分设，财税机构称为昌江县财税办公室。1980年11月，财政、税务分设，恢复昌江县税务局，内设秘书股、税政股、计会股、利润监交股、基层税务所8个。1994年11月，税务机构分设，分别成立昌江县地税局、国税局，内设办公室、计财股、征管股、税政股、法律服务股、所得税股、稽查队，负责全县地税税收稽查、管理、监督工作。县征税中心及各征税站负责地税的税收征收工作。1995年8月，成立财政税务检察室，负责查处财政农税、国税、地税的涉税案件。1997年3月，县征税中心合并地税局，实行垂直省地税局领导的管理体制，内设办公室、计财股、人教监察股、征管股、税政股、所得税股、稽查大队、办税服务厅，下设14个征收单位。1998年3月，撤销财政税务检察室，成立县公安局经侦中队。同年7月，撤销稽查大队，成立稽查局。同年12月，成立地税局农税分局。1999年12月，撤销农税分局，划转出农税分局归县政府直属部门。2000年11月，成立地税局社会保险费征稽局。2002年3月，划转出社会保险费征稽局为县政府直属部门。

1. 税收入库

1995年，认真贯彻实施新税制，理顺机构分设后部门之间的业务工作关系，团结奋战抓收入，当年超额完成县级收入4377万元、省级585万元的税收任务。1998年，按照"带好队、收好税"的要求，大力组织税收收入，完成县级收入6025万元、省级451万元。2000年，加强征管，挖掘清欠替力，完成县级收入6229万元、省级858万元、农业四税750万元。2002年，发扬"捡芝麻不怕多弯腰"的海南地税精神，加大征管和稽查力度，完成县级收入4651万元、省级822万元、中央级268万元。2005年，以创新发展为动力，以深化征管改革为主线，以组织收入为中心，继续加强重点税源的监控力度，进一步整顿和规范税收秩序，完成县级收入9248万元、省级1438万元、中央级4667万元。县本级收入（含教育费附加）10026万元，完成县委、县政府下达的年度任务10000万元的100.3%，超收26万元，县本级收入首次突破亿元大关。

2. 征管改革

1987年初，根据国务院发布的《税收征管条例》，昌江县税务局统一换发税务登记证（卡），规定每年验证一次、每五年换证一次，并设立了征管资料档案和制定纳税检查制度，以便掌握税源、征管对象等情况。每年由税务机关负责的税收大检查已成经常化、制度化。1990年，县税务局在三大检查中，对石碌地区700多户个体商贩进行了税额整顿，重新定税，从而扭转了过去税额偏低的现象。通过此次重新定税，提高了年税额15万元。

同时，查处全县国有企业偷、漏工商各税和越权减免税71.36万元，已入库62.2万元；偷、漏国家能源交通重点建设基金和国家预算调节基金2004万元，已入库1016万元。

1994年12月，地税机构正式分设运行，地税税收由县征税中心下属各征税站负责征收。1995年，为加快建立地税征管机制，探索具有地方税特色的征管路子，深入进行税源调查研究，针对不同税种，分别采取了切实可行的办法。加强征管基础建设，印制各种征管表格、书、册等15种，建立税务登记底册和征管资料档案。健全发票管理制度，以同年5月1日起使用新版发票为契机，重新核定发票，指定发票印制点，印制饮食、建安、旅业、劳务、通用等9种新版发票，清理废止旧票，严格发票领、销、存制度。规范定期定额纳税户的税收征管，实行业户自报、征税站调查意见。地税局还邀请征税中心、征税站领导共同评审定税，由征税站执行征收的程序。开展税收大检查，清缴旧欠资源税590万元，查补税款1.7万元。1997年，征税中心合并地税局，实行省地税局垂直领导的管理体制。深化税收征管改革，落实"两个转移"工作，加强稽查队伍组织建设，稽查人员从原来的3人充实到61人。投入资金改造办税服务厅，除车辆、建安、市场临时摆摊纳税户外，其他固定业户规定每月1—10日到办税服务厅进行申报纳税，实现了以电子计算机为依托，集中征收。建立了纳税资料管理，印制纳税户档案袋1200个，做到一户一袋。严格发票管理，实行发票"限量领发、核税续购、验旧换新、旧票归存"的管理制度。

2000年，设立办税厅税务登记办理窗口和发票发售窗口，集中办理县城地区纳税户开业登记或领购发票相关事宜，向社会公开承诺：办理税务登记证和领购发票一般为1个工作日完成，最慢不超过5个工作日。2001年，投入资金为14个基层税务所配备电脑，实行电脑开票征税，运用计算机软件进行会计核算，全面推行税收征管电算化。严格建筑安装业税收征管，建筑安装万元以上发票的开具，集中由局征管股审核代开。加强"以票控税"管理，为年营业额 30 万元以上的餐饮、娱乐、旅游业 24 户纳税户安装、使用税控收款机，建立起对"双定"纳税户核票超额补税制度。积极做好委托代扣代缴税款工作，委托代扣代缴单位 16 个，扣缴税款 324 万元。实行缴纳社会保险费申报，提高缴费人参保缴费意识，缴费率达 100%，推行社会保险费征收目标责任制，把征收任务按照缴费单位性质分片包干到组，落实到人。2005 年，加强对漏征漏管户的监控，堵塞各种漏洞。成立 2 个税收清理小组，分别对房产税、城镇土地使用税、车船使用税、建筑安装营业税进行清理，强化税务登记证亮证经营检查，通过对各税源的强化、细化征管，不断挖掘税收潜力。全年共实施检查 11 户，查补税款 254.27 万元，已入库 21.92 万元，组织纳税户自查自报入库税款 16.08 万元。

二、国税机构

1994 年，昌江县税务局分设国家税务局、地方税务局（征税中心）。9 月 1 日，昌江县国家税务局正式挂牌办公。1995 年 7 月 1 日，昌江县国家税务局直属国税所正式挂牌成立。目前，该局内设机构有：办公室、人事教育股、监察室、税政审理股、计划财务股、信息中心（事业编制）、稽查局、管理服务分局、征收分局、红田税务所、乌烈税务所、海尾税务所、叉河税务所、霸王岭税务所。主要负责全县范围国税任务的税款征收管理工作。"九五"期间，县国税局国内税收年均增长率为 14.7%，"两税"年平均增长率为 14%。

1. 税收入库

1995 年是昌江县税务局分设后的第一年，县国税局坚持以组织收入为中心，全面推广税收征管中计算机的应用，强化增值税的征管和增值税专用发票管理，全年完成税收收入任务4132万元。1997年，根据税收征管改革需要，经内设机构进行调整后，县国税局认真贯彻"法治、公平、文明、效率"的治税思想，加快征管和机构改革，转变工作作风，提高工作效率，积极清缴欠税833万元。全年完成税收收入任务3250.1万元。1999年初，根据中央人事制度改革精神，结合县国税系统的实际，率先在全省国税系统推行"全员下岗、考试选拔、竞争上岗"的改革，为全省国税系统人事制度改革开了先河。县国税局坚持贯彻执行"十六字"工作方针，完善办税服务厅功能，积极推行政务（税务）公开，有效地推动税收各项工作的开展，全年完成税收收入任务4440万元。2000年，县国税局坚持依法治税，从严治队，加强征收管理，大力整顿税收秩序，加大稽查力度，狠抓硬件和软件建设，全年清理欠税705万元，查补税款49.79万元，查补罚款金额6.19万元，全年完成税收收入任务5400万元。2005年，县国税局坚持以组织收入为中心，积极推行税收电算化管理，全年完成税收任务24509万元，完成年度任务的134.35%。

2. 征管改革

1996年起，以省国税局《深化税收征管改革方案》为依据，积极探索、开拓创新，大胆进行税收征管改革，建立以纳税申报和优化服务为基础，以计算机网络为依托，集中征收、重点稽查的新的征管模式。在县城建立起办税服务厅集中征收，在农村以所为单位集中征收，实行一条龙服务。在征管上实行业务分工，每月1—10日（休息日顺延）征收期内集中申报纳税，征收期过后整体转入催报和稽查。经过近几年来的实践证明，新的征管模式有效地遏制了税款流失，也完全符合少数民族地区的税收工作实际需要。

第三节 工商行政管理

一、管理机构

1963年11月，成立昌江县工商行政管理局。1968年，县革委会成立后撤销工商局，并入财金站，同时成立打击投机倒把办公室。1972年，成立市场管理委员会，行使工商行政管理的职能。1973年，成立昌江县革命委员会工商行政管理局。1974年2月5日，撤销昌江县市场管理委员会，同时成立各公社工商行政管理所。1975年6月，撤销昌江县革委会工商行政管理局，同年11月，恢复成立"昌江县工商行政管理局"，下设7个墟镇市场管理所，有干部职工24人。1981年，县工商行政管理局下设6个工商行政管理所，共有干部职工35名。1990年，县工商行政管理局内设7个股和1个协会，即行政秘书股、企业登记股、个体管理股、市场管理股、经济检查股、合同管理股、商标广告和个体劳动者协会。下属基层所包括石碌镇河南、石碌镇河北、第三所、叉河、十月田、保平、乌烈、昌化、海尾、南罗10个工商管理所，共有工作人员106人。1996年，县工商局下设12个工商所、6个股室、2个协会。1999年11月，撤销昌江县工商行政管理局，成立海南省昌江工商行政管理局，实行省局垂直管理。截止到2005年，昌江工商行政管理局在职人员116人，下设9个工商所、5个股室、2个协会。

二、市场管理

1961年，昌江县复置后，市场管理贯彻"管而不死，活而不乱"的方针，上市农副产品逐渐增多，成交额上升，物价趋向稳定。"文化大革命"期间，不准农民经商，限制农民集市，市场十分萧条。1979年后，随着对外开放、对内搞活方针的贯彻落实，市场管理逐渐放宽，取消地区封锁，允许长途贩运，鼓励多种渠道进行商品流通，集市贸易空前繁荣，贸易成交额激增。

工商部门在搞活经济的同时，经常对全县集贸市场进行整顿，对扰乱市场的投机商进行打击。1988—1990年，先后取缔无证经营387户，查处掺杂使假、短斤少两等不法行为819起，查处投机倒把案件504宗，查获黄色书刊450册、非法出版物1280册。1995年，县工商局积极开展查假打假活动，维护正常经济秩序。共查获和销毁假冒伪劣烟、酒、饮料、食品、日用品等13250件，价值3.5万元；共查处违法违章案件77起，罚款1.7万元。1998年，为加大市场监督与管理的力度，县工商局狠抓市场环境整治，对扰乱市场秩序予以制止。一年来，查处各类经济违法违章案件125起，罚款3.2万元，查获各类假冒伪劣商品50多种，走私香烟98条，价值8.52万元。强化企业年检，查处违法违章企业27户，注销企业3户，罚款16000元。受理消费者投诉46起，解决率99%，为消费者挽回经济损失2.47万元。1999年，国家对现行工商行政管理体制改革后，昌江工商局注重工作实效，积极开展市场专项整治工作。当年共查处违法违章案件131起，罚没款6万元，没收烟、酒、饮料、食品、日用品等6449件，查获假冒化肥、伪劣种子7220千克，非碘盐2600千克，假药品362盒，不符合卫生标准卫生巾3箱，劣质化妆品300瓶，总价值19.5万元。

2000年，昌江工商局紧紧围绕改革、发展、稳定的大局，积极开展整顿市场秩序工作。查处违法违章案件162起，罚款7.34万元，查获"三无"商品，饮料5035件、酒163瓶、香烟110条、假农药78瓶、高剧毒农药67瓶、假种子4.9吨，大米

2361千克、非碘盐55.7千克、洗发液28瓶，色情刊物9本、盗版录像带、光盘1316张，总价值21.5万元。2001年，昌江工商局以"两整顿"工作和"联合打假"行动为主线，扎实开展市场专项整治工作。查处违法违章案件145起，罚款6.45万元，查获假饮料6005瓶，食品767千克，酒73瓶，香烟957条，药品325盒，成品油20吨，注水肉类45千克，粗盐25千克，摩托车配件180件，润滑油2025千克，色情刊物69本，盗版录像带、光盘1636张，化妆品63瓶，假冒"鹿回头"香皂122箱，总价值38.3万元。受理消费者投诉案件40起，结案率为100%，为消费者挽回经济损失5.01万元。2002年，昌江工商局坚持一手抓工商体制改革工作，一手抓好整顿规范市场经济秩序，使体改和监管两不误，取得了显著的成绩。当年共查处违法违章案件175起，罚款8.51万元。查获各类假冒伪劣商品4882件，价值31万元。受理消费者投诉145件，结案136件，移交有关部门处理11件，为消费者挽回经济损失19.5万元。

三、工商企业登记

1963年11月，昌江县工商行政管理局成立后，对全县工商企业进行登记，全县共有工商企业（包括个体业户）212家，登记211家、699人。"文化大革命"期间，工商企业登记基本停止。1976年5月恢复，当年国营企业登记发证67家，集体企业登记发证141家，个体工商业登记25家、25人。

1980年4—7月，全县开展了一次全面普查登记工作。普查结果，全县有全民所有制和集体所有制企业共38家，职工14712人，企业总产值3133万元；商业企业64家、106人，资金额31545元。其中，集体企业14家、56人，个体50户、50人。1984年，县工商行政管理局加强监督管理力度，对全县147个工商户全部登记，并进行复查验证。此外，还主动与有关部门联系，帮助乡镇企业解决资金借贷、原料供应和产品供销等方面的难题，有力地促进乡镇企业的发展。当年，全县乡镇企业发展到92家，个体工商户发展到1500户、23610人，与1983年相比较，户数增长了60%，从业人员增长了70%。合作联营从原来的5家、29人增至9家、46人。1987年，昌江成立自治县以后，县工商局在换照工作中，深入企业了解场地、资金、人员、设备等情况，做到心中有数，符合一个，登记一个，发照一个。小型企业实行申请登记时，在政策允许的条件下，适当给予放宽、扶持，使昌江县工商企业新发展了43家，分机构44个，从业人员共1320人。此外，还建立工商企业户口档案，按照十三门类分类，分行业和经济性质建档，做到一户一档。截止到1987年底，新登记工商企业户211个，全县个体工商户发展到2636户、4409人。1988年，开始对全县各种企业办理企业法人登记，凡经审核，准予登记注册的，发给《企业法人营业执照》。当年共登记国营、集体工商企业达705户。

1990年，全县核准登记的工商企业502家，从业人员21064人，注册资金19773万元。其中国有企业234家，从业人员12323人；集体企业252家，从业人员7989人；联营企业16家，从业人员752人，注册资金1523万元。收取企业登记费、单项工程管理费97043元。核发个体工商户1983户，从业人员2801人，资金额1105.8万元。1995年，县工商局积极深化和完善企业法人直接登记制度，加强对企业的监督与管理，从而促进了企业的稳定发展。当年，全县企业总数728户，注册资本22268万元，有限公司15户，联营企业30户。全县个体户发展到2018户，私营企业发展到28户，个体户和私营企业每年向国家纳税586万元。1999年，昌江工商局实行省垂直管理后，加强日常监管力度，大力扶持个体私营经济。年底全县个体工商户达2448户，注册资金3250万元，私营企业55户，注册资本6393万元。

2001年，昌江工商局加强企业登记管理，采取监管与扶持发展并重，促进个体私营经济的健康发展。当年，全县个体工商户发展到2666户，注册资金993万元，私营企业发展到127户，注册资本11976.9万元。2002年，昌江工商局在企业经营登记中，认真贯彻《公司法》和《海南经济特区企业法人登记管理办法》等法律法规的规定，实行"三制"，简化手续，严格把关，杜绝"三无"企业入场。是年，全县登记注册企业有902家，注册资本55179万元，办理企业变更登记78家。全县个体户发展到2716户，从业人员4320人，私营企业发展到154户，从业人员4035人，为下岗工人再就业办理注册登记36户，免收工商管理费12.9万元。

四、商标广告管理

1978年前，昌江县无商标注册登记，工商行政管理部门未行使管理商标、广告的职能。

1980—1985年，县工商局贯彻执行国家工商总局的有关规定，加强对商标、装潢印刷工作的管理，规定县境内的各企业单位需要印刷装潢、商标的，应持商标注册证、企业介绍信和商标、装潢图样，到县工商局办理申请印刷手续，方可凭印制证明到指定印刷厂印制。1987年2月10日，海南农垦石碌水泥厂的"石鹿牌"水泥商标获准注册，取得了商标专用权。1990年10月，县工商局增设了商标、广告管理股，配备工作人员3名。当年，查获1宗侵犯他人注册商标权商品（金标、银标酱油）案件，收缴商标标识2500套，罚款255元。1996年，县工商局充分发挥商标、广告的管理职能，规范户外广告牌。当年，全县注册登记广告1户；共销毁户外广告25块，罚款8500元。

1999年，昌江工商局实行省垂直管理后，强化商标、广告监管力度，年底全县共办理广告业务1户，户外广告登记18户，查处违法广告10户，罚款1000元，没收、销毁违法广告2000张。2001年，全县办理广告经营许可证2户，查处商标侵权案件3宗，查处违法广告经营户35户，罚款2000元，没收违法广告印刷品1000份，销毁侵权商标标识208张。2002年，为了规范市场经济秩序，昌江工商局继续加大商标、广告的监管力度，全年共受理户外广告注册登记210户，审批发布户外广告宣传横幅226条，办理印刷品广告136户、14000份，没收违法制作广告1600张，查处违法制作户外广告牌15户。

第四节 金 融

一、金融机构

1979年始，昌江县先后恢复和建立了人民银行、农业银行、工商银行、建设银行、中国银行、农业发展银行、信用合作联社和保险公司等金融机构，并在各镇建立了信用社。现在，金融部门的基层组织机构已经比较健全和完善。

1. 中国人民银行昌江县支行

1986年6月，恢复成立中国人民银行昌江县支行。下设办公室、综合股、会计股、发行股等，工作人员8名，从工商行和农行调入。1987年始，县人行先后增设国库、稽检、保卫等股，人员增至35人。1989年11月，成立国家外汇管理局昌江分局，系人民银行直属机构。1990年，全行内设机构共有人秘、监察、国库、发行、保卫、外管、计划、金管稽检等股室。1998年5月，成立农金股。1999年，深化金融体制改革，设立大区分行，垂直管理。2003年，人民银行分离出银行业监督管理委员会。同年底，县人民银行在编干部职工31人。2004年，从县人民银行分出银行业监督管理委员会昌江办事处,职能从微观监管转向宏观调控。

2. 中国农业银行昌江县支行

1979年3月,恢复农业银行昌江县支行,专业办理全县农村金融业务。1982年,全县共有12个信用社和7个分社。1984年9月,成立昌江县信用联合社。同年10月,成立中国农业银行昌江县支行信托部。1986年,全行共有12个农村营业所、41个信用社(分社)。1987年11月,成立中国农业银行昌江县支行第二营业部。同时,撤销中国农业银行昌江县支行河北储蓄所,增设保梅储蓄所。1989年,农业银行昌江县支行共有10个营业所、13个信用社、25个下属单位。截止到2005年底,昌江农行有员工91人,设有办公室、计财部、科技部、资产经营部、信贷部、客户部、监察保卫部及支行营业部、昌府分理处、山城分理处、铁城分理处、石碌营业所、农垦储蓄所6个营业网点,营业网点全部实现全国联网,还设立了3个24小时金融服务自助区,为广大客户开展各类金融服务。

3. 中国工商银行昌江县支行

1984年2月,中国工商银行昌江县支行成立,时设人事、信贷、计划、储蓄、会计、出纳、办公室7个股室和河北分理处,霸王岭、叉河2个办事处以及石碌、河北、子中、铁矿、矿建5个储蓄所,全支行共有人员107人。1987年,先后增设更新储蓄代办所,增设稽核股、东风储蓄代办所和大风分理处。1988年3月,设监察股。同年7月,设立昌江县工商银行经济信息咨询公司。2005年下半年,成立中国工商银行股份有限公司昌江县支行。下辖河南支行、河北支行、铁矿支行3个营业网点和办公室、工会、管理部、营销部等5个管理机构部门。截止到2005年底,经过一系列的金融改革,中国工商银行昌江县支行从国有商业银行过度到股份制银行,全行从业人员为71人。

4. 中国人民建设银行昌江县支行

1979年7月,建立中国人民建设银行昌江县支行。1983年4月,改为独立经营、独立核算的国家专业银行,支行时有人员13人。1988年11月,增设海南铁矿办事处。建行内部机构有建经股、信贷股、人秘股、会计股、出纳股、铁矿办事处、河南储蓄所、石碌第三市场储蓄所以及建设财务公司等,工作人员增至31人。1990年,增设储蓄出纳股和保卫股。全支行人员共42人。2004年,完成股份制改造,更名为"中国建设银行股份有限公司昌江县支行"。2005年,完成股份制改造后的中国建设银行股份有限公司昌江支行内设机构精简至两个部门,即客户部和营业部(营业网点),在职人员19人(含行级领导和省行委派会计),主要从事存贷款业务、票据业务和各项代理业务等。

5. 中国银行昌江县支行

1989年6月,成立中国银行昌江县支行,人员编制22人,隶属海口支行。1990年3月,支行内部机构有:人秘股、计划信贷股、财会股、存汇股、出纳股和电脑股6个股。同年6月,增设人民北路分理处,全行时有人员36人。1992年,全行员工49人,增设稽核、监察2个部门。2002年,全行员工增至52人。截止到2005年底,全行员工43人,内设综合管理部、业务发展部、营业部,下辖2个分理处。

6. 中国农业发展银行昌江县支行

1996年12月,成立中国农业发展银行昌江县支行。1997年1月,正式挂牌营业至今,干部职工编制15人,机构设置两部一室,即会计出纳部、计划信贷部和办公室。1999年1月,中国农业发展银行白沙支行撤销,白沙县域贷款业务由昌江支行办理。

7. 昌江县农村信用合作联社

昌江县农村信用合作联社,是海南历史最悠久的金融机构之一。1984年10月,成立昌江县信用合作联社。银行营业所与信用社由原来的联营合署办公改为分账分设、独立核算、独立经营,成为自负盈亏的经济实体。1990年,信用合作联社内部机构有石碌、太坡、十月田、保平、乌烈、海尾、南罗、昌城、昌化、叉河、王下、七叉12个信用社。1996年与中国农业银行脱离行政隶属关系,成为自律的农村合作金融体系。同年底,全县共有18个营业机构,拥有员工96人。截止到2005年底,昌江县农村信用合作联社共辖7个营业机构,储蓄网点遍及城乡各地,拥有员工75人。

8. 昌江县保险公司

1982年,昌江县恢复保险业务,由工商银行昌江县支行信贷股代办,隶属中国人民保险公司海口市支公司代理点,1984年隶属海南行政区保险公司代理处。1985年1月,成立中国人民保险公司昌江县支公司,下设经理室、行政管理股(办公室)、计划财会股、财产业务股、人身业务股5个股室,人员编制7人。1986年4月,支公司在昌化镇设立第一个保险站。同年5月,增设海尾镇保险站,共有人员9人。1987年5月,海尾保险站停办。同年,增设红田、红林农场和霸王岭林业局3个保险代理点,同时在叉河水泥厂设点代办水泥物资运输保险业务,时有人员11人。1990年,支公司内部机构设有人身保险股、财产业务股、计财股、行政股、经理室5个股室以及昌化保险站和红林、红田、霸王岭保险代理点。1996年4月,随着保险业务工作的扩大和发展,中国人寿保险公司昌江县支公司分设(原为昌江县人民保险公司属下的一个业务部门),成为国有独资商业性保险机构,员工38人。同年4月,中国人民财产保险公司昌江支公司分设（原为昌江县人民保险公司属下的一个业务部门），成为国有独资商业性保险机构，属于海南分公司的派出机构，直属中国人民财产保险股份有限公司。

二、存　款

1. 单位存款

1987年，调整企业单位的定期存款利率，现行一年、二年、三年期的企业单位定期存款利率，分别由月息3.6%、4.2%、4.8%调整为4.2%、4.8%、5.4%。同时增设半年期档次，利率为月息3.6%。当年，全县企业性存款余额4023.7万元。1998年，对企事业单位存款增设了3个月定期存款档次，利率最高限为月息6.3%，利率不得超过月息5.4%。全年企业性存款3616万元，财政性存款462万元。1990年，在银行开户存款的国有企业、大、小集体企业、私营企业、外商独资企业和联合体企业及机关、事业单位、乡镇企业等企业性存款4551.5万元。2000年，全面落实广州分行和海口中心支行的各项工作部署，改进金融服务，工商银行被抽调人员组成发动存款小组，深入厂矿企业单位发动存款，全年对公存款5617万元。截止到2005年底，全县金融机构对公存款就达6178万元。

2. 居民存款

1987年，深化金融体制改革，建立"以市场为导向、以客户为中心、以效益为原则"的经营管理体系，完成上级下达的各项任务，实现利润21万元。全县城乡储蓄7732.1万元，其中城镇储蓄6776.4万元、农村储蓄955.7万元。1988年，工商银行开始办理外汇储蓄存款业务，开展全省通存通取的定活两便储蓄业务，并对4家储蓄所实行承包责任制，开展万元吸储竞赛和最佳储蓄员的评比活动。当年，全县银行储蓄存款9581.1万元，其中城镇储蓄8436.6万元、农村储蓄1144.5万元。1990年2

月，昌江县银行与海口、临高、万宁等市县储蓄所电脑联网。全县储蓄存款13578.8万元，其中城镇储蓄存款12297.2万元、农村储蓄存款1281.6万元。1995年，《中国人民银行法》颁布实施，步入依法金融监管轨道。执行适度从紧的货币政策，不断改善金融服务，促进金融机构规范经营，从而支持了地方经济的发展。截止到当年底，全县储蓄存款40294万元，其中城镇储蓄39815万元、农村储蓄存款479万元。2000年，全面落实广州分行和海口中心支行各项工作部署，严格执行货币政策，加大对农村信用社的监管力度，改进金融服务，防化风险，全年储蓄存款77428万元，其中城镇储蓄存款70903万元、农村储蓄存款6525万元。2005年，昌江县金融部门经过一系列的金融改革，从国有商业银行过渡到股份制银行，业务领域不断拓宽，服务意识、服务手段和经营理念大大提高，为昌江地方经济建设提供了大量的资金，取得了良好的社会和经济效益。当年，全县银行储蓄存款128837万元，其中城镇储蓄118489万元、农村储蓄10348万元，全县外币存款余额153万美元。

三、贷　款

1. 工商贷款

1987年，昌江县银行积极参与商业系统的经济分析，提出建议，并在贷款上给予大力支持，使该县商业系统的经济效益显著增长。当年，全县共有投资网点1354处，其中个体商业1048户。全年商业贷款6836.6万元。1988年，国营商业贷款7778.3万元，全年工商业贷款增加额173.8万元，收回1986年以前老贷款291.2万元，其中呆账收回185万元，当年累计收大于放117.4万元。

1989年，国家继续采取紧缩银根政策，昌江县银行下大力量治理经济秩序。截止到当年3月，购买商品现金支出占城乡个体工商经营支出总额的42.8%。1989年,全县商业贷款8131.6万元。1990年,调整信贷结构,搞活信贷资金,全年商业贷款9690万元。1995年,以支持地方经济的发展为宗旨,充分把握信贷投向,不断扩大资金来源,全年商业贷款9780万元。

2000年,在资产质量下降、贷款风险加大的严峻形势下,昌江县银行不断加强信贷基础工作的管理,完善信贷管理机制,严格控制和压缩不良贷款,不断提高资产质量。全年商业贷款6471万元。2005年,以"只要有利于搞活贷款、有利于搞活企业、有利于社会稳定、有利于银行资产不受损失"就积极给予盘活,全年商业贷款6178万元。

2. 农业贷款

1979年12月,农业银行恢复,农业贷款归农业银行统一管理。当年,全县农业贷款207.8万元,其中粮食贷款177.4万元。

1987年,全年农业贷款累计3724万元,其中农村集体贷款415.4万元、农户贷款1001.1万元、扶贫贴息贷款120万元、信用社贷款453.6万元。1988年,全年发放各项农业贷款3202万元,其中,国营农业贷款298.5万元、农村集体贷款2903.5万元、农户贷款1012万元。当年收回农贷累计1216.2万元。截止到1988年,全县农业逾期贷款中集体农业贷款234万元、农户贷款899万元,1987年以前农村贷款中呆滞贷款144万元。

1989年,县农业银行贷款累计3579万元,其中国营农业贷款430万元、农村集体贷款3149万元。支持信用社8万元,支持粮食作物商品经济生产及开发性生产贷款260.9万元,支持糖蔗贷款205.9万元。当年,省行及扶贫公司联合4次下达6个扶贫项目贷款指标,共100万元,扶贫项目主要有养蟹、养羊、育芒果苗、松香种植、养熊取胆等。此外,先后共办理贷款6笔,共90万元,其中县饮料厂建厂及设备贷款67.4万元、养蟹专业户10万元、养羊6户2.6万元、育水果苗圃10万元。1990年,全县农业贷款3931.6万元，其中国营农业贷款645万元、农村集体贷款3286.6万元。1997年，昌江县农业发展银行加强库贷挂钩比率管理、强化收贷收息力度，支持农业发展。全年累计放贷1477万元，其中粮油收购贷款857万元、调销贷款30万元、扶贫贷款40万元、林业贷款550万元。截止到2005年，全县农业各项贷款余额12747万元。

3. 工业贷款

1988年，执行"区别对待、扶优限劣"的信贷原则，开始实行企业评估制度，对13家有贷款关系、上报报表正常的工业企业首次进行评估。其中，评出一类企业4户，占31%；二类企业4户，占31%；三类企业5户，占38%。当年，工业信贷流动资金贷款重点支持海南铁矿、海南钢铁厂、县石油公司、县物资局等一、二类企业，发放贷款1785万元。发放技术改造贷款195万元，支持大风糖厂锅炉改造项目，发放国营企业贷款240万元、乡镇企业贷款403万元。国营工业逾期贷款30万元。全年工业贷款总额5340.3万元。

1989年，采取"分类排队、择优扶植、倾斜供应"，重点扶持一、二类企业。向海南铁矿、海南钢铁厂等一类企业发放贷款6819万元，占全年累计数的92%；向昌江、大风两家糖厂发放贷款415万元。工业贷款量比往年增加，当年6月，海南铁矿贷款金额2600万元。1989年的全年总贷款量比1988年增加600万元，比1988年同期增加2200万元。1990年，全年工业贷款11922.3万元。当年，中行发放企业贷款37笔，共706万元，其中，进出口贷款20万元、三资企业贷款10万元、其他企业贷款676万元。县工行企业贷款10715.3万元，其中海南铁矿贷款6300万元、集体企业贷款88.1万元、农村企业贷款105万元。2000年—2005年，全县累计发放工业贷款100797万元。

四、保 险

1987年，先后在国营红林农场、红田农场、霸王岭林业局（公司）设立了3个保险代理点，同时，在海南叉河水泥厂设代办水泥货物运输保险业务。当年，保险项目增加到6种，全年承保资产金额3306万元，年收入保险费176万元，支付理赔金额28万元。1988年，开办承保机器损坏险和寿寝保险。当年寿寝险承保430人，保额25.8万元。同年，将公路乘客意外伤害保险列入机动车辆综合保险。同时，县保险公司还试办旅客住宿平安特约保险。同年，在承保业务中，企业财产承保17户，财产保额11484万元；家庭财产承保76户，保额16万元；机动车辆承保957辆，占应保1257辆的76%，保额4897.4万元；货物运输承保8笔，保额17010.1万元。人身意外伤害承保（包括附加医疗险）2259人，保额5860万元。全年累计保险收入265万元。

1989年，开办承保红田农场和红林农场橡胶1000亩。同时，增设子女婚嫁金保险，当年承保海南铁矿独生子女920人、养老金保险315人。共开办保险种类14个，保险总额17972万元，其中企业财产险1374万元、家庭财产险50.4万元、车辆险13569.5万元、货物运输险500万元。收入保险费132万元，支付理赔款316万元。

1990年，全县共有企业财产险、家庭财产险、货物运输险、机动车辆险、船舶险、简易人身险、意外伤害险、学生平安险、寿寝险、养老金险等24种。同年，增加海南叉河水泥厂、海南铁矿橡胶衬板厂、海南石碌钢铁厂办理产品出厂销售运输特约保险，年收入保险费5万元。当年，支付理赔各种保险款72万元。1996年5月，人寿保险和财产保险从县保险公司分营以后，昌江人寿保险公司坚持"忠诚服务、笃守信誉"的职业道德，把最大限度满足昌江地区广大客户的需求作为落脚点，为全县近5万人提供了各种人身保险保障，为4015人次送去各类保险赔款和退保、满期生存金468.5万元。1997—2002年，全县人寿保险保费收入4108万元，支付理赔款96.26万元。全县财产保险保费收入4602万元，理赔总支出费用3000万元。

第九章 贸 易

　　新中国成立后,昌江县商业贸易逐步发展壮大,已基本形成了以国营商业和供销合作商业为主体,集体、个体并存的多成分、多渠道、少环节、开放型的流通体制。特别是党的十一届三中全会以后,商业体制和流通体制进行了一系列的重大改革,改变了国有商业独家经营的局面。各种物资供应不受指令性计划控制,相继自由进入市场。对外贸易、经济合作机构也相继成立,出口、进口商业有了较大的增长,使昌江县的商品贸易渐趋活跃,出现前所未有的兴旺景象。1995年底,随着我国经济体制改革的不断深入,县商业局从行政单位转轨为经济实体成立县商业总公司,并在巩固和发展原有产业的基础上,开拓新的产业领域,构建新的多元产业体系,使昌江国有商业贸易在市场竞争中,各项改革稳步发展,经济和社会效益逐年提高。截止到2005年底,全县商贸机构10个,在册职工764名,离退休人员358名。全县基层供销社10个,设立市场营销机构102个,县社属公司6个,民间运销协会2个,会员210人,全县供销系统在册干部职工429人、离退休干部职工251人。2004年,社会商品零售总额达到24584万元,这支国营商业、供销商业和私营商业队伍积极扩大经营,为市场提供了比较充裕的商品,在沟通城乡物资交流、满足广大群众的生活需求等方面,发挥了重要的作用。

第一节　国内贸易

随着社会主义建设事业的发展，昌江县不断加强对商业工作的领导，使全县的商业机构逐步得到完善和健全，县下属成立了商业局，并先后设立了百货、五交化、糖烟酒、食品、石油、饮食服务、特供、商业贸易、民族贸易、集体、矿区等公司（商店）。在商业机构增多的同时，商业网点也大量增加，经营业务不断扩大，对促进商品生产、搞活经济、活跃城乡物资交流、繁荣市场、方便群众生活，均起到了积极的作用。

一、国营商业的发展

党的十一届三中全会后，在进一步发展国营商业的同时，重视集体、个体商业的发展，国营商业商品零售额占全县商业商品零售额的比例逐年递减。1980年，全县国营商业企业机构184个，其中经营机构152个，人员1399人，商品零售额2766万元，占全县商业总零售额的98.9%。1983年，供销社恢复集体所有制经济性质。当年，全县国营商业机构99个，其中经营机构78个，从业人员967人，社会商品零售额3426万元，占全县商业商品零售额的70.7%。1990年，国营商业网点有65个，从业人员965人，商品零售额3382万元，占全县商业商品零售额的37.9%。

1991年，商品流通领域形成了多渠道的竞争格局，国有商业的经营效益每况愈下，批发业和零售业的市场份额逐步被个体工商户挤占，处境困难。因此，为了摆脱困难、提高效益，县商业局一方面抓好货源的组织工作，另一方面抓紧商品的推销。主动深入厂矿企业及各行政事业单位联系单位用户。年内，全系统共组织精干采购队伍483人次、筹措外来资金4665万元,实现商品销售额5091万元。同时,收购县内地方工业品2424.7万元、农副产品10万元,上缴利税73.4万元。通过购销活动的深入开展,有效地促进了国有商业经营情况的好转。1992年,县商业局提出"改网点、占市场、扩销售、增后劲"的工作方案,并经双方筹措资金40万元,对不适应市场需要、销售量下降的六个经营网点(面积4518平方米)进行修缮、改造。经过修缮、改造后的网点焕发出新的生机,市场竞争力明显提高。年内,全系统商品购进2747.3万元,销售3253.2万元,上缴利税70.9万元。1993年,为了进一步巩固市场、扩大销售,商业局从整顿柜组纪律作风和优化营业人员专业技能入手,强化售前、售中、售后等各环节的服务质量,以文明高效、优质便利的服务作为争夺市场的战略王牌。年内,全系统商品购进4188万元,销售4984万元,上缴利税61万元。1994年,以原商业部、国务院经贸办、国有体改委联合颁发的《全民所有制商业企业转换经营机制实施办法》为指导,重点抓好企业内部管理和经营机制的改革工作,进一步调整和完善承包经营责任制。经过一年的实践、探索,各企业承包柜组逐步呈现出销售增长、费用减少、利润提高的良好势头。年内,全系统商品购进3477.3万元,销售3988.00万元,上缴利税70.3万元。

1995年,通过推动国有民营体制改革,抽回企业流动资金和柜组所占用的商品资金,使国有商业企业的产权结构发生变化,形成以国有固定资产和承包者集体流动资金相结合的新型产权结构,有效地推动了国有商业体制改革的进一步发展。年内,全系统商品购进2235.4万元,销售1677.5万元,上缴利税40.3万元。同年,随着经济体制改革的深入和客观形势的需要,县商业局从行政单位直接转轨为经济实体——商业总公司,四股一室随之并为三部。1996年,对亏损面较大的石油公司和饮食商贸部实行风险抵押承包经营改革。同年，为了稳定肉类市场，创办了昌江生猪交易所，当年生猪交易量为 32922 头，新增效益近 2 万元，并安置了 12 名待岗职工复岗。1999 年，根据昌江县的贸易状况和经济运作趋势，县商业总公司充分利用商业网点的区位优势，开展招商引资工作。当年，糖酒公司成功引入资金 120 万元，开发置荒多年的空地，建成商用铺面 21 间、糖酒公司 9 间，总公司和百货公司购入 3 间，此项每年新增效益 10 多万元。同年，食品公司河南、河北 2 家生猪定点屠宰厂成立，并先后自筹资金 7 万多元，建起十月田、海尾、霸王岭 3 个镇（地区）屠宰点。年内，全系统商品购进 810.5 万元，销售 358.5 万元，上缴各项税费 24.1 万元。

2000 年，在巩固和发展商业、物业这一原有产业的基础上，进一步加快企业经营机制创新和产业调整步伐，创办种养实体，开拓新的产业领域。当年，由县商业总公司牵头，县百货公司、县民贸公司、县商贸公司、县饮食公司、县霸王商业公司、县食品公司 6 家企业参股，投资 60 多万元，征地 115 亩，开发种植香蕉 110 亩，香蕉基地的成功开发，标志着昌江县国有商业系统商业、物业和农业"三位一体"的新型产业体系初步形成。2001 年，是"十五"计划的开局之年，也是我国加入世贸组织的历史时刻，为了全面贯彻中央的战略部署，提高国有商业的竞争力，促进国内贸易工作的发展，县商业总公司重点抓好体制改革和产业调整这两个方面大做文章。一是通过"走出去"的战略继续主动深入厂矿各单位联系用户，推销商品，提高市场占有率。年内，全系统商品购进 275.7 万元，销售 211.7 万元，上缴各项税费 18.3 万元。二是开拓国内市场，构建农产品销售网络。2001 年，共采运进入广州、武汉、南昌等城市的香蕉达 22.5 万斤，并于年底继续投资 19 万元种植香蕉 100 亩，坚持把热带高效农业这个新兴特色产业巩固好、发展好。三是继续推进资产经营，盘活利用抛荒、闲置多年的土地和老旧资产。年内，糖酒公司引入资金 140 万元开发惠民路铺面 13 间，食品公司引入资金 59 万元建设半自动机械化屠宰场，霸王商业公司引入资金 35 万元建设和改造沿街铺面 12 间，商业企业招商引资和物业开发工作又走上一个新台阶。2002 年，结合国有商业现有条件和实际调整，完善企业的经营方针，同时按照"巩固优化、稳步推进、开拓创新、快步发展"的发展规划要求，进一步解决在体制改革和产业调整中一些亟待解决的问题，逐步把商业、物业和农业这一新的产业体系调优、调精。年内，商业共采运进入内地市场的香蕉 45 万元。食品公司于 1 月投产的机械化屠宰场以 45000 头的生猪屠宰量创下历史新高，比上年同期增加 6000 头，新增屠宰费 8.1 万元。全系统商品购进 226.2 万元，销售 146.3 万元，上缴各项税费 14.3 万元。据统计，在"十五"规划期间，昌江县国有商业企业商品购进额达到 569.3 万元，销售额达到 648.2 万元，已缴各项税费 68.9 万元。同时，全面整体打包收购华融公司在昌江县的全部债权（4484 万元，含利息），从而为昌江国有企业的发展奠定了良好的基础。

二、供销商业的发展

党的十一届三中全以后，1983 年，供销社实行经济体制改革，恢复集体经济性质，进行清股扩股工作。全县供销社共有股份 20237 股，股金 6.48 万元。同时，各基层社还陆续召开社员代表大会，选举产生理、监事会。1985 年全县供销系统除 3 个企业单位实行联销计酬制外，其余均实行经营承包责任制。1988 年，全县供销系统有 6 个直属公司、10 个基层社、154 个购销店，从业人员 685 人，固定资产 369 万元，流动资金 110 万元，商品零售额 941 万元。1990 年，供销合作社系统社会商品零售总额 680 万元。1991 年，县联社贯彻省社商业部供销社主任会议精神，进行体制改革，实行三种承包形式，先后制定了《主任（经理）任期目标责任制方案》、《门店经营承包责任制方案》。企业对门店全面试行商业部的"三包一挂制"。年内国内总购进960.3万元，国内纯购进209.1万元，总销售116.5万元，国内纯销售852.2万元。销售化肥9723吨、农药16969千克，化肥供应超过历史最高年份，创历史新高。

1993年，县联社为扩大购销、开拓农村市场、搞活流通，一方面，抓农村市场生产生活资料的组织供应，积极做好农副产品收购，恢复废旧物资收购站。另一方面，对经营困难的贸易公司、果菜公司、副食公司、南罗供销社等单位，实行包干上缴的方式。年内商品总购进840万元，国内纯购进297万元，总销售950万元，国内纯销售680万元，其中农业生产资料390万元、生活资料300万元。化肥总销售3000吨、农药3342吨。1994年，县联社为贯彻省供销合作社关于转换企业经营机制和换血经营精神，外贸公司、基层社等12个单位全面实行门店招标和抵押的定额上缴和经营承包责任制，把经营权、分配权下放，由门店自己出资金，自主经营、自负盈亏、自行分配，充分调动了广大干部职工的积极性。同时整顿基层企业领导班子，把公司经理由任命制改为公开招聘制，招聘任职期限为3年，坚持"能者上、庸者下"的原则，解聘企业领导5人，在很大程度上增强了企业领导班子的力量。利用土地转让金20万元兴建昌化农贸市场，总面积500平方米。年内商品总购进705.4万元，国内购进124.6万元；商品总销售920万元，其中生活资料260.6万元、生产资料471.6万元。销售化肥604.6吨、农药3500千克。全系统比上年年减亏4.7万元。1995年，产品总购进801.1万元，商品总销售971.7万元。为了贯彻国务院《关于改革化肥等农业生产资料流通体制的通知》和海南省《关于做好化肥和农药流通工作有关问题的通知》精神，县政府召开整顿化肥、农药联席会议并成立领导机构。以县供销社、工商局联合签发了"加强个体户经营化肥的五条规定"，在全县范围内开展化肥、农药供应市场整顿，取缔违法经营，没收假冒伪劣商品，维护了生产和消费者的利益。全县年内销售各种化肥 5487 吨。加强烟花爆竹归口经营、安全管理，没收伪劣爆竹 40 多箱，年内销售各种爆竹 3500 箱，销售额达 130 万元。全县供销系统推行"社有民营"的改革，兴办商办工业，建起一座日产 1 吨多的小型胶丝加工厂和剑麻基地 1100 亩。1999 年，认真组织干部职工学习国务院国发〔1999〕5 号文《关于解决当前供销合社几个突出问题的通知》精神和省供销合作社《关于印发扭亏增盈的实施意见通知》要求，成立了县社扭亏增盈工作领导小组，并组成 4 个工作组深入到基层开展扭亏增盈工作。此外，在化肥市场放开、多家竞争的局面下，对县农资公司进行经营机制改革，实行联合经营和联销经营的模式，建立"上联工厂保货源、中联系统成网络、下联农户占市场"的新经营服务体系。年内商品总购进 2208.7 万元，商品总销售 2000 万元。销售化肥 5493 吨、农药 17874 千克。全系统减亏 28.5 万元。

2000 年，为壮大供销实力，盘活资产，挖掘潜力，扩大供销社网点建设，先后在乌烈、十月田和果菜公司兴建 5 幢营业楼，面积约 1000 平方米。在农资化肥进口配额取消，农资市场放开，出现多家经营、百家竞争的情况下，县社转变经营方式，实行对农资公司内部承包责任制，增加销售网点，占领市场份额。同时，与省生产资料公司配合，大胆担负昌江地区化肥购销总代理，进行联销经营，在全县各乡镇共设联销网点 30 个，成功地推行化肥联销创业一条可行的新路。全年共销售化肥 8700 吨。加大烟花爆竹管理和检查，共派出 166 人次检查和整顿市场，没收非法经营烟花爆竹 0.5 万元，全年售烟花爆竹 102 万元,实现了"归口经营、安全管理"的目的。年内商品总购进2528.9万元,比上年增长41.8%;商品销售2539.4万元,比上年增长30.1%,实现了扭亏为盈。2002年,供销联社把工作重心移到为"三农"服务中,转变联社职能,发挥组织和统领农村合作经营组织发展经济的职能,派出专人到省外找市场、设点销售。在农村做好产前、产中、产后服务,组织职工采取联营、合股、中介、自运的办法合力做好瓜菜运销。同时解决土产、日杂公司职工住房,兴建职工集资楼2栋,面积1760平方米。10月23日,成立香蕉、瓜菜运销协会各一个。年内商品总购进2406万元,总销售3144万元。销售化肥4020吨、农药8.13吨。2005年,为了寻找新的经济增长点,县供销社提出"转变思想观念、不断延伸服务、拓宽经营业务、创新经营方式"的工作方案,加强本行业的龙头商品(即化肥、烟花爆竹、加碘盐)的经营、购销业务。积极主动地开展瓜菜、香蕉的运销工作,从而促进了全县供销社经济的稳定发展。年内商品总购进额3082万元,商品总销售额3448万元,销售化肥6012吨、农药14吨。

三、城乡商业网点和集市贸易的发展

党的十一届三中全会以后,政府放宽政策,开放了农贸市场,不仅沿海乡镇集市迅速发展,山地乡镇也办起了农贸市场,城乡经济出现了空前活跃的新景象。1987年全县零售贸易网点392个,1990年增加到402个。截止到2005年底,全县城乡社会批发零售贸易业和餐饮业的商业网点已发展到1541个,其中批发业1363个、住宿餐饮业178个,从业人员总数达到2691人。

集市贸易作为一种历史悠久的商业活动,随着对外开放、对内搞活方针的贯彻落实,昌江县在构建市场经济体制过程中,十分重视集贸市场的建设。1993年,新建了海尾、七叉集贸市场。

同年，全县13个主要集贸市场成交活跃，商品丰富，成交额达1.45亿元，突破年初确定的1亿元目标。1995年，通过招商引资，海南财泉物业发展有限公司于年初投资建设石碌第二市场；昌化供销社投资30万元，建设昌化市场；县政府同意解决建海尾市场的用地，投资5万元扩建维修保平、叉河、南罗集贸市场的排水、摊位等设施。1998年，为培育、发展市场体系，活跃商品流通，昌江县投资37.5万元，新建、扩建、修缮乌烈、峨港、南罗、七叉、石南、叉河农贸市场，招商引资兴建太坡冬季瓜菜批发市场、芒果批发市场和石碌镇农副产品批发市场，建筑总面积达3290平方米。

随着商品流通体制和交易机制的不断完善，综合市场和专业市场的建设得到了加强，县城石碌建立了石碌中心商场、昌盛电器商场、鸿昌商场、东风路和万家惠自选商场等一批商场。乡镇集贸市场的建设进一步加快，新的商业组织形式如仓储式、商店、联销经营店等在改革和实践中应运而生。一些乡镇农产品批发市场已形成。农村集市贸易市场由1992年的13个增加到2002年的18个；城镇集市贸易成交额由1992年的11532万元增加到2002年的23651万元，增长了1倍。集市贸易网络的形成，对昌江城乡经济的发展、社会进步起到了重要的作用。

第二节　民族贸易

新中国成立后，党和国家对民族贸易实行了自有流动资金、利润提成、价格补贴"三项照顾"政策，对昌江民族贸易工作的发展起到了很大的作用。截止到1979年，国家通过对收购主要农副产品实行最低保护价、对销售主要工业产品实行最高限价、对政策性亏损给予补贴等办法，缩小了工农业产品价格的剪刀差，减轻了农民的负担，增加了群众的收入。

随着社会、民办商业的迅速发展，对促进商品生产、搞活经济、活跃城乡物资交流、繁荣市场、方便群众生活、安置城镇待业青年就业、解决农村剩余劳动力就业，均起到了积极的作用。1986年3月，成立昌江县民族贸易中心，时有人员104人，设有商场、餐厅、旅店等服务部。商品经营以零售为主，兼营批发业务，零售商品有百货、五金、土产、药材4个品种。1988年4月，改称国营民族贸易公司，当时从业人员为115人，固定资产142万元，库存商品146万元，全部流动资金占用额166万元，全年商品销售总额439万元，商品销售毛利75万元，实现利润15万元，上缴税金15万元。后公司实行承包经营责任制。1990年，国营民族贸易公司有从业人员146人，商品销售总额396万元，销售毛利69.5万元，利润0.48万元，上缴税金13.5万元。进入2000年后，昌江的商业得到了进一步的发展，市场经营主体多元化日趋明显，各种经济类型商业的商品零售额均有了较快的增长，农副产品进一步放开，基本做到随行就市，生活资料价格完全由市场调节，生产价格实行并轨。截止到2005年底，昌江县的民族贸易工作有了较大的发展，全县共有25个商业网点，总面积达到9726.5平方米。

第三节　对外贸易

新中国成立后，昌江县的外贸业务由内贸承担。1981年7月，县外经贸易公司成立，其主要任务是组织乡镇企业出口商品的加工和收购。昌江县外贸公司业务归口省外贸公司管理，1983年前，不直接组织经营。

一、出　口

民国时期，环岛公路尚未开通，昌江县出口商品一般由本县私商或外商用帆船经琼海关或北黎（八所）、昌化、墩头、海尾、新港等港口运往大陆各通商口岸或直接运往外国（如越南海防等地）销售。据1927年7月—1928年儋州口岸及北黎、海头、海昌等卡缴报琼海关监督公署出入口货物税单统计，昌江县所出口的大宗土货主要为农产品和畜产品两种，咸鱼、鱿鱼、瓜子、红白藤、赤糖、良姜、芒果干、兽皮、木材等大宗出口货物皆逾万斤，仅墩头港输出的鱼盐、木材，一年就达100万元以上。

新中国成立初期，昌江县的出口商品主要有牛皮、花梨格、益智、良姜、木棉、红白藤等，全县出口总额累计仅10万元左右。"文化大革命"期间，外贸工作受到影响，出口商品总额徘徊不前，党的十一届三中全会后，昌江县逐步建立和发展"种植、养殖、加工相结合，农工商为一体"的出口商品生产基地。联合投资建立承接外贸出口产品加工任务的工厂有5家，从事专业外贸产品生产的劳动力1000余人。出口额逐年增长，出口商品种类逐年增多。按1980年不变价格计算，1980—1989年期间，完成出口商品收购总值784.83万元，平均每年78.483万元，其中1986年105.33万元。出口的主要产品有二香茅油、良姜、胡椒、瓜子、蓖麻、腰果、芒果、羽毛、各类兽皮、活牛、西瓜、鱼等十多种。其中，香茅油远销美国以及东欧、西欧等国家和地区，牛皮、羽毛远销美国、日本、苏联等国家和地区，腰果、芒果、活牛、鱼远销香港、澳门。

1984年起，县外贸公司在完成省、区出口公司统一组织出口商品收购任务的同时，还直接组织商品出口。当年直接出口玉米1000吨，创汇27万美元。1985年，直接组织红白藤编织品、菜牛、珍贵南药等商品出口达 28 万美元。1986 年，直接出口剑麻 27 吨，创汇 1 万美元。1987 年，自治县成立后，县政府号召和引导农民大面积种植芒果或创办芒果基地，昌江县的秋芒、白象牙、吕宋、白玉、鸡蛋、青皮、留香等优良芒果品种，颜色金黄美观、香甜可口，不仅远销海口、广州、深圳、北京，还出口香港等地。1988—1990 年，昌江县先后组织剑麻绳、松香、松节油等商品 100 多吨远销苏联、日本、新加坡、香港等国家和地区，金额达 42.46 万人民币。

1991 年起，昌江县出口产品结构发生显著变化，在农、副、土、畜产品的基础上增加了工业品。直接出口的工业品有航空巾、毛织品、服装、玉镯等，创汇 59 万美元。1989 年 5 月—1992 年 7 月，出口石英玻璃表镜面 540 万余片，创汇 240 多万港元。1990—1992 年，海江石料厂出口花岗岩方料，创汇 11 万美元。1991 年，海南叉河水泥厂生产的 525 标号硅酸盐水泥 1 万多吨出口韩国，填补省内空白。

随着市场经济体系的逐步建立，昌江本县出口产品的渠道增多，有政府引导和组织经销的，有台商等公司直销的，也有个体户自主经销的。出口的产品种类繁多，台商等公司直接销售出口的产品有芒果、香水菠萝、油柑、西瓜、小南瓜、小葫芦瓜等。昌化、海尾、新港等地的渔民个体户还自主经营和联营。如加工晒制的海产品干货和养殖鲜活的海产品等都直接销往香港、澳门。为了打造"昌香牌"芒果这一品牌，用优质的产品占领市场，昌江县积极引进外资企业规模化、基地化地种植农副产品，使该县的农副产品出口种类不断增多。其中，海南跃农农业有限公司投资 150 万美元在十月田镇兴办香蕉生产基地，其产品全部销往台湾地区和日本。截止到 2005 年底，昌江县主要出口的产品有芒果、香水菠萝、香蕉，主要销往台湾、香港、澳门，剑麻、油柑等远销俄罗斯和西欧一些国家及地区。

二、进　口

民国时期，洋纱、洋色帽、毡帽、洋布、毡、铁钉、火柴等货物经昌感县的北黎、墩头、乌泥（今昌化）等港口由国外直接进口。

新中国成立后，昌江县的货物进口由对外经济发展公司组织进行。1984年9月，本县对外经济发展公司与粤海有限公司（驻香港）签订进口日本小汽车合同，共进口小汽车90辆，其中，丰田小轿车50辆，丰田越野、丰田小货车40辆。同年11月，县对外经济发展公司与香港恒发有限公司签订进口日本小汽车合同，进口小汽车200辆，其中，蓝鸟牌小轿车100辆，德胜牌12座面包车100辆。两次进口小汽车金额达1420万美元，销售盈利200万元人民币，其中上缴地方财政人民币160万元。1985年，共进口电视机400部，金额达90万元人民币。1987年以后，随着国家开放政策的深入，外贸进口商品品种逐年增多，1990年，外贸进口品种有电视机、音响设备、家用电器、空调机、电脑打字机、复印机、铝合金材料、摩托车、尼龙布、涤纶丝、卷烟等十多种，外贸进口总额达138万元人民币。

1991年以后，昌江县的商品进口逐年增多，市场繁荣活跃，流通领域呈现多种经济成分共同发展的新格局。非国有经济发展迅速，比重不断上升，商品流通体制和交易机制不断完善，综合市场和专业市场的建设得到加强，进口不再由县外贸部门独家组织。特别是近十年来，随着不断改善投资环境、完善各项优惠政策，外商投资贸易额逐年增长，十年来外商直接投资2000多万美元，来昌江投资的国家和地区不断增多，由1992年的2个增加到2002年的5个。全县进出口总额由1992年的151.8万元，增加到2002年的196.8万元，增长0.3倍。

第十章　旅　游

昌江县地处海南省西北偏西部，地势东南高西北低，形成西北平原、中部台地、东南山地的背山面海的地理环境。县境内地势复杂，分为海岸、陆地、岩溶、水面等四种地貌。在山区和沿海地区，天然的旅游资源尤为丰富，有古岩洞、温泉、瀑布、海湾、怪石等有待于近一步开发与利用。2001年12月，昌江棋子湾旅游开发区被海南省政府纳入《海南省旅游发展总体规划》中，棋子湾旅游开发区成为海南八大旅游优先发展区域，同时被划入西部旅游的重点旅游圈，棋子湾成为昌江县旅游品牌和亮点。为使丰富的旅游资源走出去，昌江县委、县政府不断加大开发力度，改善旅游区道路建设。为做好昌江的旅游开发建设，2002年6月4日，昌江县外事侨务旅游局正式挂牌成立。

第一节　旅游资源

昌江是山区风貌有：皇帝洞、霸王岭热带林莽、七叉温泉、黑冠长臂猿自然保护区、雅加大岭瀑布、燕窝岭以及石碌水库等。沿海胜景有：昌化大岭、棋子湾等，均为旅游胜地。1995年7月，七叉镇王下至皇帝洞公路竣工通车。2002年7月，棋子湾公路竣工通车。两条公路的建成为昌江今后开发旅游奠定了良好的基础。十年来，随着旅游资源开发力度的不断加大、旅游基础设施的不断改善，该县旅游部门围绕着"创知名度、抓管理、上水平"的工作方针，加大力度，拓宽国内外客源市场，开展大规模的旅游市场整治工作，加强对行业员工的业务培训，提高旅游业的整体水平，使旅游业出现了良好的发展势头。全县旅游定点饭店由 1992 年的 4 家增加到 2002 年的 8 家。截止到 2002 年底，已评定星级的有 2 家。2002 年，共接待旅游过夜人数 14272 人（次），其中定级饭店接待旅游过夜人数 1.1 万人（次），比 1992 年的 0.5 万人（次）增长 1.2 倍，旅游收入逐年倍增。

第二节　名胜古迹

昌江具有独特的海岸、熔岩、热带原始林莽群落、动物区以及天然的待开发旅游自然景点二十多处，有国家级自然保护单位一处。按特色和区域划分为两大区域，即西北部沿海区、东南部山区。

1. 棋子湾风景

棋子湾位于本县昌化镇北面 3 千米处。海湾平静，水清见底，沙细质软，清白如银。海湾四周绿草如茵，花繁蝶舞，四季如春，构成一幅瑰丽诱人的山水画卷，令人心醉。棋子湾有天然十景。

船帆石　因形状似船帆而得名，位于深海与浅海交接处。船帆高出海面，在此可看到湾外波浪起伏、湾内水平如镜的奇观。因而，古人有"一掌划开二重天"之赞。

海湾大角　俗称昌化大角，位于南侧，是湾内海岸线的制高点。大角沿岸古铜色和深褐色的石林连成一片，恰似少女的裙幅。石窝中各色各样的热带鱼成群嬉游，海鸟飞翔，盘旋其间，别具一番美妙的海湾特色。

海湾小角 位于海岸南端，小角布满层层叠叠的风化石，井然有序而又姿态各异。南面有一石壁，高达6米，装似帐蓬，激起海浪撞击石壁，发出闷雷般的巨响。海水咆哮，浪花飞溅，其情其景，令人心旷神怡。

治癣沟 位于湾内腹内，沟中泉水长流不息，泉水中含有丰富的硫磺矿物质，皮肤病患者常到这里洗澡，不医自愈，故名"治癣沟"。

祭海石 位于西侧海中，退潮时隐约可见。石长10米、宽2米，石面生有石槽、石牙、石杯，状似香案。历来渔船进出昌化港经过此处时，渔民总要到石前朝拜一番，以求人平安、鱼满舱。

观鱼石 位于西南侧，横卧湾中。石下有一石槽，长10余米，槽内水色清澈。四周石壁上丛生瑰丽的各色珊瑚花，水中各种游鱼，令人目不暇给。

盼郎滩 又名观音滩，位于大角和小角之间。沙滩平坦、洁白，四周长满山花。人们可以在这里游泳，进行阳光浴和沙疗。据说古时这一带的渔家女每天夕阳西斜时，便成群结队来到此处，各采一束山花，拿在手中，面向大海祈祷，盼望出海捕鱼的丈夫平安归来，故此得名。

仙浪洞 位于峨岭南悬崖临海处。涨潮时，海水滚滚而进；退潮时，海水缓缓而出。洞中可行船，旁边有路可通。古代传说为仙人所造，故名。

怪石群 位于海湾内，在烟波中隐约可见，海水昼夜撞击，浪花四溅，远眺似江中的一群铁牛抵挡滚滚而来的海潮，溅起满天飞沫。若驾轻舟一叶，临近石群，则涛声灌耳，使人胸襟豁然。

棋子篮 在海湾沿岸约 50000 平方米的圆形沙滩上，铺满红、蓝、绿、黑、白等各种颜色的卵石，光艳净洁，好像棋子，故得名。

2. 昌化岭胜景

昌化岭，位于昌江县昌城乡东北 2 千米处，距石碌镇 56 千米。昌化岭原名落脯岗、大陈山，宋改封峻灵山，又称神山。海拔 400 多米，上有石池、石峰、石船。昌化岭以林秀、石奇、泉甘、花香而闻名。十里九峰，风光瑰丽，气派雄伟。

昌化岭的峻灵王，坐落在半山腰 300 多米高处，巍峨伫立在一块 30 多平方米的平石上。古籍记载："有一巨石，似人矗立，坐镇神山"，又载："后汉改封镇海广德王，宋元丰五年又改封峻灵王"。石高 10 米，上部围长 12 米，下部围长 16 米余，顶端盖着一块薄石，宛如皇冠，形态庄严，气魄雄伟，标奇览胜，璀璨夺目。在峻灵王的坐殿前面有 3 个如碗大的石臼，盛满清水，常年不涸，人们称之为"酒盅"。左侧有石池，内产紫鳞。距离东面 6 米处，又站立着另一块似人的石头，如同神将。因而，时人又称之为兄弟石。苏东坡《记载灵王庙碑》云："此山之上，上帝赐宝以奠南极"。昌化知事张三光云："为帝守宝"。宋代苏东坡较为信奉峻灵王，他在元符三年敕令渡海北归时，被风雨阻止，面对西南，他祈祷默念峻灵王。自南汉以来，人们为纪念峻灵王，在古昌化城西修建"峻灵王庙"。这座庙宇历代均属"村艺"文物，受人敬仰。1952 年，庙宇被毁坏。1984 年，临高、儋县等地渔民又出于"结草含环"之意，在原址上重建峻灵王庙，恢复旧观，以供游人览胜抒怀。

洞天仙境坐落在岭上巅，由六块石岩垒叠而成，自底层拔地而起，直指苍穹，周长 140 米、高 12 米，溶洞直径 6.3 米，底层有 2 块厚 1 米、长 6 米、宽 5.6 米的长形岩石横卧其间，平整光滑，如同巨床。洞内异草悬生，绿茵倒映，四季常青。洞底有一圆形井洞,深4米,直径5.6米,终年湿润。一条长20米、直径1~1.8米的间道,直通井洞。洞内一块巨石从中一分为二,中间形成一道相距仅40厘米的裂缝,人们称之为"一线天"。洞外西南角,还有一座"蓬莱亭",高3米、宽5.6米、长11.5米,内置一块石桌,可供游人避雨和闲憩。

在岭的西北部200米高处,怪石成群,形态各异,较独特的有夫妻石、宫廷金鼓石、和尚念经石、雄狮石、香炉鼎石、摩天金龟石、蜈蚣化树、南彝石船和恶龙石。昌化岭不但风景奇特,而且山间盛产荔枝、黄柑,野生动物有猴子、山鸡、飞鸟等,景观尚未开发,但游人络驿不绝。

3. 皇帝洞

皇帝洞坐落在王下乡牙迫村东南的岭脚下,洞穴由西向东延伸,长122.5米、宽47米、高15米,总面积5657.5平方米,可容万人。洞外群山环抱,层峦叠嶂,流水潺潺。洞内钟乳石成群,形如柱、笋、钟、观音、菩萨、猴子、和尚、仙女……组成千奇百怪、妙趣横生的自然景观。洞顶栖息着成群的蝙蝠和飞燕。洞内东西方向有一自然通天口,阳光直照洞底,被称为"一洞天"。由一洞天往上爬,右拐是此洞的"王洞",洞口朝东北。洞厅宽敞平坦,沿石阶拾级而上,仿佛是皇宫宝殿。上下洞口前有一道石墙,高约3米,为古代防御工事,在洞内曾发现石斧、石网堕以及汉代印纹硬陶残片等器物。1985年7月,在洞内挖掘出一副完整的少年骨架。据考查断定,很早以前就曾有人在该洞中栖息。此洞景色旖旎,气候宜人,犹如仙境,曾吸引了各地专家、学者亲临考察,许多骚人墨客和港澳同胞也纷纷前来游览观赏。

1986年,昌江县人民政府把该洞列为重点保护区。

4. 黑冠长臂猿自然保护区

位于霸王岭林区东部的斧头岭境内,保护区跨越昌江、白沙两县,面积3.2万亩。1980年1月19日,经广东省人民政府批准建立省级自然保护区。1988年7月,国务院批准为国家级自然保护区。

黑冠长臂猿属于猿科较高等的灵长类,是世界四大类人猿中我国唯一的种类,是我国生物资源中的无价之宝。1983—1984年,中山大学、广东省昆虫研究所和霸王岭林业局对保护区的长臂猿进行了联合调查,确定长臂猿的数量有8群14只,但常见到的只有1群8只。该区建立以来,为黑冠长臂猿创造了繁衍栖息的天然条件,又为我国科学工作者研究人类的进化提供了理想的实验场所。日本、美国、瑞士等国家的有关组织和学者也前来考察研究,中外摄影师多次亲临现场拍摄纪录片。20世纪90年代,该区建立、健全了自然保护区的管理条例和各种规章制度,除保护一切自然生物物种资源之外,还开展了对长臂猿的生态观察和驯化、科研工作。2003年10月中旬,在香港嘉道理农场暨植物园的资助下,省野生动物自然保护中心、霸王岭林业公司等单位发起并主办的"霸王岭海南长臂猿保护行动"正式启动。该区是热带山地雨林保存较完整的一块天然绿洲,四季常青,山清水秀,空气新鲜,生物繁多,花葩幽香,游人除了观览黑冠长臂猿这一珍稀动物之外,还可以欣赏热带森林的原始景观。

5. 地下宫

位于霸王岭东岭,地下宫洞长约1000米,高约600米,洞身斜入地下,进入洞内,犹如进入地下迷宫。

地下宫是一个岩溶山洞,据史料记载,1932年德国人类学家史图博到海南岛考察黎族人类史时,就曾到过这里。地下宫是一个山洞,洞内潮湿阴凉,深青色、褐红色的石灰组成各种斑纹,洞的四周是参差不齐的石壁,岩洞里有洁白漂亮的钟乳石,形状各异,引人遐想,有的钟乳石酷似恐龙,有的像是公主,有的像是观音坐蓬。在洞里还有一个傲然挺立的水晶柱。

6. 雅加大岭瀑布

位于霸王岭林区东面,直悬于雅加大岭西侧。落差110米,平均流量0.3立方米/秒。雨季最大流量1.5立方米/秒,旱季最小流量0.1立方米/秒。四周峰峦叠翠,云雾缭绕,景色迷人。远眺瀑布,犹如飞流自天上飘洒而下,十分壮观。

7. 风流山瀑布

风流山瀑布,又称马岭瀑布,位于昌江县石碌镇8千米,昌江县与白沙县交界处(马岭西南侧)。源于保梅山脉高岭东南山麓,流经马岭西南山坡,汇入石碌水库。落差605米,最大流量2立方米/秒,最小流量0.4立方米/秒。周围群山环抱,怪石嶙峋,古木葱郁,风景宜人,到此游览,如临仙境。

8. 七叉温泉

位于七叉镇政府驻地东北方向百米处,长10米、宽7米、深0.6米,总面积70平方米。早年建有简易沐浴池,日可沐浴约400人次。七叉温泉中含有硫磺物质,平常水温30℃~40℃,可建温泉疗养所。

9. 燕窝岭

位于七叉镇境内昌化江东岸,主峰高487米。终年有成千上万的金丝燕在该岭悬空洞穴缝隙吐沫造窝,因产燕窝得名。此岭山峦奇异,峭石险峻,在逶迤清静的昌化江水映衬下,景色十分壮观。

10. 玉石谷

王下地区明望河谷阶地中分布大量玉石、彩石堆积体。有些块体巨大,达到一人高,重千余千克,堪称玉石王。如此巨大块体玉石在国内十分罕见,可作为园林观赏石。在玉石上刻字,将玉石与书法艺术相结合,相得益彰。硬度石主要为蜜黄蜡石、黄蜡石、羊脂石,表皮莹润,丝绢光泽,似涂有黄色或白色蜡质,成分主要为二氧化硅,致密坚硬,不易风化。另有彩石、奇石

（纹理石、类画石、文字石、寓理石）及黑色玉髓石等，是十分珍稀的旅游资源，应妥善就地保护。

11. 昌化江峡谷

昌化江是海南第二大河，发源于琼中县空禾岭，全长232千米，流域面积5150平方千米，向西流入北部湾。昌化江中游流经东方、昌江两市县，江滩险礁横立，两岸陡峭，植被丰富，水量丰富，水流湍急，是继万泉河漂流、五指山狭谷漂流的后备漂流河段，是开展探险、健体、科普的专项旅游资源。可漂时间长（大于3小时），参与性、动感性强，可培育成旅游精品。

12. 石碌铁矿

昌江具有丰富的矿产资源，是海南重工业区，昌江矿藏质优量丰为海南之冠，主要有铁、铜、锰、铅、锌、钴、金、水晶石、石灰石、熔石、石英砂、花岗石等，目前大量矿产资源有待开采。铁矿储量大，其平炉富矿可直接炼钢，一般矿石也无需选矿，可直接入炉炼铁。二战时日本为维持战争机器运转，对铁矿进行掠夺性开采，建铁路运回日本炼铁炼钢。石碌铁矿矿床成因复杂，地质界颇多争议，长期对其进行研究。开采半个世纪以来形成深露天采场，规模宏大，并有井下铜钴采区，是海南省十分难得的矿山工业旅游资源。

第三节　旅游服务与设施

长期以来，昌江县委、县政府十分重视昌江的旅游开发事业，充分利用报纸、杂志、广播、电视等新闻媒体大力对外宣传昌江的旅游资源，制定昌江旅游开发总体规划和开发昌江旅游资源的优惠政策，不断改善旅游行业服务与基础设施建设，使昌江的旅游事业势头看好。

1. 昌江迎宾馆

位于昌江县石碌镇东风路，建有服务楼3栋，房间有100间，床位187个，大小会议室2个，集会议、接待、饮食、住宿于一体。

2. 鸿俊宾馆

位于县城石碌镇人民北路，石碌中心市场斜对面，建有服务楼2栋，地下停车场1个，房间有81间，床位146个，大小会议室2个，宾馆还建有室内多功能娱乐厅，集接待、饮食、住宿于一体，设施齐全。

3. 海钢迎宾馆

位于县城石碌镇海钢路，建有服务楼3栋，房间42间，床位70个，大小会议室2间，宾馆内有歌舞厅，是昌江县目前唯一的星级宾馆。

4. 旅游线路

①石碌——昌化岭胜景——棋子湾风景区

②石碌——七叉温泉——霸王岭黑冠长臂猿保护区——雅加大岭瀑布——地下宫——皇帝洞

③石碌——石碌水库——风流山瀑布

第四节　旅游经济

昌江是一片充满生机与活力的土地。近年来，特别是2002年6月4日县外事侨务旅游局正式挂牌成立后，按照旅游发展规划的要求，在开发过程中，突出生态旅游特色，充分考虑旅游项目开发的特殊性和生态保护、土地利用、政府管理、企业运作等多方面的因素，努力实现旅游开发与环境保护同步。大胆实施品牌战略，着手实施棋子湾夏日海滩、霸王岭热带雨林生态游、雅加瀑布度假寨和王下攀岩探险项目，全力打造昌江生态旅游品牌。进一步加强配套设施建设，致力于做好各家宾馆、酒店的服务指导工作，提高服务行业水平，为外来旅客提供优质服务，为昌江旅游开发提供后勤保障，从而加快昌江旅游业的发展步伐。据统计，仅2002年全县旅游收入就达189万元，同比增长21%。

此外，昌江县还加大旅游宣传促销力度，扩大知名度，拓宽昌江旅游客源市场，加大招商引资工作力度，与河北省三河市缔结友好市县，并于2003年成功地举办了《长臂猿》特种邮票首发式暨昌江优势资源推介会，向四海宾客推介昌江资源优势，进一步提高了昌江的知名度，提高了招商引资的能力和水平。几年来共引进项目36个，总投资8.7亿元，既增加了旅游经济的收入，又增强了全县经济发展的后劲。

第十一章　对外开放

随着改革开放的继续深入，昌江县与外界的交流活动日渐增多，有经贸洽谈、考察互访、学习培训、定期举办推介会和促销活动、组织参与冬交会、建立友好市县等，还利用互联网与外界进行广泛交流。通过交流，不断吸引更多外资投入，捕捉市场信息，拓宽发展思路，从而促进昌江县政治、经济、文化、卫生、教育、科技等各项社会事业的发展。

第一节　招商引资

党的十一届三中全会后，我国实行"对外开放、对内搞活"的经济政策，特别是1983年中央提出加快建设海南后，昌江县外引内联、招商引资工作逐渐推进。截止到1988年，引进外资193万美元、97万港元，与香港、内地创办海江花岗岩石料厂、金洲钟表元件厂等外引内联企业5家。

1988年，海南建省办经济特区后，昌江县积极引进资金和技术，开发本县资源。1988—1990年，昌江县先后与意大利、日本、香港、广东、四川、湖南等国内外企业、客商洽谈引进资金1538万元，实际利用599万元，开发农业项目9个，兴办芒果、腰果、香料、烟、油甘子、木薯等商品基地12个,生产的部分产品销往香港。

1990年8月,昌江县成立经济合作局,为了积极开展外引内联工作,昌江县先后与国内外客商洽谈项目25个,合同协议投资折合人民币93260万元,实际投资4340万元人民币、48万美元,这些项目涉及工业、农业、房地产业、旅游业等,遍布城乡各地。1992年,全县三资企业增至10家,内联企业14家,三资企业累计投资额333万美元,外引内联企业工业总产值296.2万元,占全县工业总产值的0.7%。1994年,随着海南产业结构的调整和"一省两地"经济发展战略的确立,吸引了更多的投资者到昌江县进行农业投资与开发建设。当年共签订外引内联项目12个,其中外商投资企业2家、国内投资企业10家,意向投资总额分别达12638万元和190万美元,实现了当年实际投入资金6136万元和164万美元。1996年,昌江县继续完善软硬件环境,为外来投资者提供优质服务。当年外商实际投资220万美元,占省下达任务的110%,外省实际投资1970万元,引入资金主要导向热带高效农业的开发。1996年9月8日,昌江县成功举办首届"海南昌江芒果节",以芒果引路,文化搭台,经贸唱戏,达成一批招商项目,引进资金560万元。

2002年,为了吸引外资,昌江县组团参加北京2002年外商投资暨农副产品深加工合作洽谈会,与外商签订12个项目合作协议,项目协议投资总额达13.38亿元。同年12月,在县城石碌举办《长臂猿》特种邮票首发式暨昌江优势资源推介会,与客商签订钢铁冶炼、铜钴冶炼、石英砂开采、万亩养虾基地等10个项目意向书,协议投资总额为7.69亿元。截止到2004年底,已在昌江县投资兴建的项目有5个,即钢铁冶炼、铁矿石加工、铜钴冶炼、锂电池生产、石英砂开采,实际投资4.7亿元,引进项目23个,总金额92565.73万元。

第二节　对外交流

　　随着改革开放的不断深入，特别是海南建省办特区后，昌江县以经济建设为中心，坚持"发展才是硬道路"的战略，积极深化改革和扩大对外开放，进一步完善各项优惠政策，使全县对外交流工作呈现出良好的发展势头。1995年3月15日，以宽树企业股份有限公司董事长曾青泉为团长的台湾农业考察团一行16人，首次考察昌江农业生产和开发建设。同年6月8日，为了打造昌江热带水果品牌，首次在海口举办优质芒果品尝会，分别展出了鸡蛋、青皮等十多个新品种。同年9月13日，昌江县还专门组团五十多人赴广西田阳县考察芒果种植，从而提高了昌江芒果种植的科技含量。1996年5月8日，昌江县技术信息服务中心开业，同北京CCTDD经济信息系统实现联网，每天接收1000条共30万字的信息，信息内容有外商求购产品信息、国内国际商情、国内外经济政策法规、国内国际产品价格、国内各主要城市农副产品供求及价格信息等。该中心为全省各市县第一家信息服务机构。1996年6月8—9日，昌江县举办首届海南昌江芒果节。通过举办这次芒果节，加强昌江与外界的经济、文化交流与合作。同年11月25日，全县经济信息中心互联网开通，为昌江县进入互联网，全方位实现信息资源共享打下了良好的基础。1999年4月20日，昌江县组织农业、供销和芒果公司等部门组成的促销队伍，先后前往武汉、杭州、上海等地举行新闻发布会和昌江芒果品尝活动，加强与外界的沟通和交流，极力推介昌江的芒果资源。

　　2000年5月12日，昌江县在海口黄金大酒店举行芒果品尝会，展出实物与图片，与外界交流，推介芒果品牌。同年5月30日，组成3个工作组，分别在北京人民大会堂浙江厅、北京王府井百货大楼、西单商场和崇文门菜市场举行昌江热带农业发布会暨农业产品促销活动，共与客商签订4亿元的农产品订单。同年11月4日，又在海口举行热带高效农业产品推介会，来自北京、上海、广州、天津、包头等地30多位瓜菜销售商应邀参加，通过推介会达到了相互沟通了解的目的，对发展昌江订单农业、提高热带农业产品在国内、国际市场的竞争力起到了重要的推动作用。推介会上共签订瓜菜合同、协议15份。2001年11月14日，昌江县与河北省三河市缔结友好市县，双方在经济、文化等方面进行交流与合作。2002年5月10日，昌江县在北京、上海分别举办了热带水果推介、促销活动，与北京水果批发商和上海果菜商先后签订了购销芒果、香蕉、菠萝等名优热带水果8.2万吨的合同。同年11月，昌江县还充分利用《长臂猿》特种邮票首发式的有利时机，举办了昌江优势资源推介和招商引资系列活动，全方位地宣传和推介昌江，进一步提高了昌江的知名度。昌江县还大力加强对外交流、宣传的力度，先后有广东阳江宏大钢铁有限公司、海南莺歌海洋科技生物有限公司、山东好当家集团等36家企业在昌江落户，并投资8.7亿元参加开发建设，为昌江的经济发展注入了新的活力。

第三节　对外经济技术协作

昌江县对外经济技术协作始于1982年初期，其主要工作是内联工业和合资企业，在互利互惠的原则下，采取双方投资、利润分成的方法，共同创办工业企业。

一、联　营

　　昌江县较早的联营企业是 1982 年石碌镇农民与广西个体户联营创办的东海水果场，此后联营企业相继兴起。1986 年，全县有联营企业 25 家，从业人数 129 人，联合体企业主要从事种养、产品加工、建材建筑、机械修理、造纸、制盐、运输、采矿、食品加工、酿酒、纺织等行业。1988 年，海南建省办经济大特区后，县政府重视对外经济技术协作，积极发展内联外引企业，从外地前来昌江县投资合作创办联营企业的逐渐增多，从而促进了昌江联营企业的发展。截止到 1990 年，全县有联营企业 48 个，从业人数 250 人，总收入 97.6 万元。

　　青坎农场麻纺厂　1985 年，由十月田镇农工商公司与广东徐闻县个体户黄成迪联营兴办，1986 年 5 月建成投产。工厂总投资 230 万元人民币，以黄麻为原料，生产麻袋，从广西南宁麻纺厂聘请技术员 3 名，负责指导和机械维修，麻袋产品主要在国内销售。1987 年，产品销售收入 373 万元，纯利润 4.3 万元。1990 年，转产麻绳和麻绒，产品销往俄罗斯等国，但因销路不够顺畅，亏损 18 万元。该厂年均有职工 257 人。

　　昌江金洲钟表元件厂　1988 年 7 月，由县经委与原航天工业部三院第 31 研究所合作兴办，厂址设在县城石碌，为全民所有制工业。工厂总投资 84 万元人民币，建成后年生产石英表镜面 300 万片，计划年产值 90 万元，实际年产值 75 万元。合同期限 15 年，1988—2003 年，利润按双方投资比例分成。自合同签订时起成立董事会，董事长由县主管工业的副县长兼任，副董事长由第 31 研究所副所长兼任，董事由双方人员组成。对方派驻人员 2 人，其中总工程师 1 人、厂长 1 人，职工 34 人，产品全部销往香港。

二、合　资

1985—1990 年，昌江县共有 2 家合资企业相继建成，总投资 231 万元，其中美元 220 万元、港币 11 万元。

海江花岗岩石料厂　1985 年 5 月，以昌江县对外经济发展公司、海南开发建设总公司为一方，香港新景迈有限公司、香港吉时发展有限公司为另一方，签订协议，拟定联合兴办。厂址设在太坡镇（今石碌镇），占地面积 51 亩，设计年产能力为 11.8 万平方米。工厂总投资 220 万美元，其中海南开发建设总公司占 40%，计 88 万美元；昌江对外经济发展公司占 35%，计 77 万美元；香港新景迈有限公司占 15%，计 33 万元美元；香港吉时发展有限公司占 10%，计 22 万美元。土建工程和购置辅助设备两项总投资折合人民币 1300 万元，由海南开发建设总公司、县对外经济发展公司各投资一半。1986 年动工，1987 年 7 月建成投产，投产后年产值 300 万元。合同期限暂定 10 年，利润按各方投资比例分成。1985 年组成董事会，海南开发建设总公司副经理兼任董事长，副董事长均由各投资方负责人担任。合同期满后，财产归海南开发建设总公司和昌江县对外经济发展公司。

海矿时新服装厂　1987 年 4 月，以海南铁矿集体企业公司为一方，香港九龙华泰贸易公司为一方，协议合资兴办。厂址设在铁矿东区桥头处，注册资金 25 万元人民币，合资方投资港币 11 万元。经营项目为从香港来料样加工童装，产品返销香港。首期合同为半年，投产后改为一年，第二次合同期满后根据来料情况重订合同，期限不定。

三、劳务输出

2000 年以后，对外经济技术协作工作内容有了新的变化。昌江县除了寻找机会，发展联营和合资外，还积极走出去为富余劳动力寻找就业的门路,全方位发展地方经济。2004年,县人事、劳动部门采取"走出去、请进来"的办法,组织业务人员前往广东经济发达地区的一些工厂、企业考察劳务用工情况,并与当地企业签订劳务用工合同,当年共输出劳动力1002人,分赴深圳、中山、东莞等各大服装厂就业。2005年11月,昌江县组织有关部门到广州、深圳、中山等地考察劳务用工情况,与当地企业签订了一批劳务用工合同,顺利输出劳务合同工400多人。同年,还向海口、屯昌、临高等地输出劳动力3841人。通过多种渠道和途径,让昌江的富余劳力走出去,把资金和技术带回来,从而促进昌江城乡经济的发展。

第十二章　教育与科技

昌江县是海南建置较早的县份，文化教育事业源远流长。早在唐贞观二十三年（649年），王义方被贬为吉安县（今昌江县）丞时，就创办学校，教礼乐，讲经学，敷扬文教。到了宋代，符确、赵荆等人考中进士，标树琼州。宋代后，不少文人学士都为古昌化的文化教育事业做出了积极的贡献。

新中国成立后，全县普通教育事业迅速发展。截止到1965年，全县共有小学82间、普通中学3间、农职中学4间（初中班）。1978年后，重新调整了学校设点布局，增设了县民族中学，在民族地区重点中小学内分别增设了少数民族三包班。1984年，昌江县加大开展普及初等教育工作的力度，当年全县学龄儿童入学率达98.6%，小学在校生年巩固率达96%。1985年，经原广东省和海南黎族苗族自治州检查验收，确认昌江基本普及了初等教育。1987年，昌江县被评为原广东省普及初等教育先进县。

1991—2002年，昌江县的办学规模逐渐扩大，全县在校小学生从22784人增加到28639人，入学率从98.9%提高到99.8%；初中在校生从4215人增长到8186人，入学率从80%提高到93%；高中在校生从698人增加到1391人。全县高考录取率从1991年的37.1%提高到2005年的77.7%。随着社会主义市场经济建设的发展，昌江县科技事业也取得了较大的成绩。各类科研机构相继成立，科技队伍逐步壮大，科研成果不断增加，并被广泛地推广和应用。截止到 2002 年底，全县科技成果转化率达到 2.5%，贡献率达到 45%。

第一节 教 育

一、县级机构

民国十四年（1925 年），昌江县始设教育局，管理教育工作。1939 年，日军侵琼后，日伪公署内设教育股。1940 年，改为教育科。

1957 年，县文教科改为教育局。1958—1960 年，教育局与文化局合并，称文教局，内设人事股、教育股、文化股、工农业余教育股等。1966 年，与文化局分开，单独成立教育局，内设人事秘书股、教育股、工农教育股、教研室等股室。1969 年 12 月，改为文教办公室，下设文化、教育、卫生 3 个组。1971 年，改为文卫局，内设教育、文化、卫生、人事秘书、工农教育、教研、财会 7 个股室。1973 年 10 月，改为文教局。1975 年，文教与卫生分设，仍称文教局，下设文化教育、人事秘书、工农教育、教研室 4 个股室。1979 年，文化与教育分开，恢复教育局，内部机构有人事、教育、工农教育、教研、财会 5 个股室。1984 年，增设体卫、行政、仪器、勤工俭学等股室。

1990 年，机构不变，干部职工共 43 人。1995 年 1 月，县机构改革，精简机构，县科学技术委员会（简称科委）合并到教育局，成立县教育与科学技术局，内设机构有科技管理工作室、行政股、人事股、普教股、成教股、高招办、教研室、督导室、勤工办、电教站10个股室。截止到2005年机构不变，干部职工共42人。

二、基层机构

1950年开始，本县各区均配备专职文教助理，乡委会设文教委员1名。此后，为适应教育事业的发展，各区、乡成立文教办公室，配有专人管理基层教育。1958年，成立人民公社时由公社1名副社长管理教育，后各公社设立学区，由学区直接管理基层教育、教学工作。同时，全县各公社均配有协理员兼管教育工作。

1980年后，各乡镇仍指派1名副乡长或副镇长兼管教育，乡镇学区设有教研组、财会组等。学校领导人数视规模大小而定，初级小学指定1名负责人或校长主管学校全面工作，完全小学配有正副校长和教导主任，初级中学配有1名校长或副校长和教导主任，完全中学配有校长、副校长和教导处、政教处、总务处主任，形成学校领导机构新格局。此外，全县基层各学校均设有党支部、团支部、学生会等组织。1990年，全县共有12个学区，主任共12人。2002年7月，全县乡镇机构改革，12个乡镇撤并为7个镇后，全县12个学区精简为7个，把原来的学区改称为中心校，学区主任改称为中心校长。简精后的全县7个中心校分别是：石碌镇中心校、十月田镇中心校、七叉镇中心校、叉河镇中心校、乌烈镇中心校、昌化镇中心校、海尾镇中心校。

三、幼儿教育

1. 幼儿园

1958年人民公社成立后，全县幼儿园有166间，入园儿童2389人，幼师190人。1959年，全县共有托儿所622间，入托幼儿12472人，占幼儿总数的93.3%；幼儿园218所，入园幼儿15960人，占幼儿人数的92%。1960—1961年，国民经济困难时期，全县幼儿园、托儿所相继停办。1963年，在县城石碌镇恢复兴办县机关幼儿园1所，设2个混合班，入园儿童50名，有保育员4人、幼师2人、炊事员1人、园长1人。1975年起，分别在大风糖厂、昌化铅锌矿、乌烈区（今乌烈镇）、红林农场等开办幼儿园5间，入园幼儿286人，幼师23人。1983年，县政府投资9.6万元兴建县直机关幼儿园教学楼，面积730平方米，并增置一批教学设备。1990年，全县有幼儿园5所，其中县直1所，厂矿、农场4所，共设41个班，在园幼儿1278人，有教职工41人、教养员57人、保育员56人。建有2幢二层教学楼，建筑面积1293平方米，设教室、午休室、洗手间等。并建有水泥活动场，园内有爬梯、秋千等活动设施。教学器材有手风琴、脚踏风琴、录音机、幻灯机等。1995年后，县城石碌的各幼儿园除了开设小、中、大班外，还增加了学前班。截止到2004年，全县幼儿园已发展到9所，幼儿教师117人，在园幼儿1826人。其中，公办幼儿园1所，教师45人，在园幼儿401人；民办幼儿园8所，教师62人，在园幼儿1425人。

2. 幼 教

1963年，昌江县幼儿园实行全托，并按《幼儿教育大纲》要求，开设识字、计算、音乐、体育、美工等课程。"文化大革命"期间，原教材被废止，设毛泽东思想教育课、计算课、文体课，幼儿以背毛主席语录、唱语录歌为主。

1978年后，昌江县为了实行《幼儿教育大纲要》，把语言、体育、计算、常识、音乐、美工等内容列为主课程。并根据幼儿年龄特点，适当安排游戏、舞蹈、写字等补助课程，做到每周安排12节课，每节课15～30分钟，保证每天有2小时以上的课外活动时间。1984年，县机关幼儿园开设大、中班，将4～6岁的幼儿分成大、中两班，进行文化教育。1990年，各幼儿园都建有水泥场地，购置和自制儿童玩具，丰富幼儿娱乐活动，还重视儿童的身体健康，每学期开学时，都普遍对幼儿进行一次肝功能检查，从而保证了幼儿的身心健康。1995年，各幼儿园还订有专门的幼儿课本教材，有语言、拼音、数学、英语、音乐、美术、社会、科学、自然等。1998年，幼儿园教师参与全县教育系统竞争上岗。2000年，全县各幼儿园教师队伍基本实现专业化，90%以上教师都正规毕业于幼师专业，并参加了全县的教师基本功培训，获得幼儿教师专业技术资格。截止到2003年，昌江县实施《幼儿教育指导纲要（试行）》，深化办学体制改革，鼓励社会力量办学，加强整顿和规范幼儿园办学行为，促进了幼儿教育的发展，当年，县机关幼儿园被评为海南省一级幼儿园。

四、中小学教育

1. 小　学

1950年5月，海南岛解放后，人民政府接管学校。全县有小学校26所，在校学生1842人，学龄儿童入学率为29.3%。1958年，县政府为了扫除文盲、普及小学教育，实行小学免费招收学生的政策，学生人数不断增加，学校发展到53所，小学生7307人，学龄儿童入学率提高到70%。1962年，县内各少数民族大队都办起了小学，公社驻地开设完全小学。1964年，针对入学率偏低的现象，昌江县着重发展普通小学和耕读小学，各大队小学都附设耕读班，儿童入学率得到回升。

1978年后，党的十一届三中全会后，拨乱反正，调整学校布局，颁布小学生守则，恢复教学秩序。特别是到了1984年以后，昌江县大抓初等教育普及工作，先后建立普及小学教学的档案，使全县适龄儿童上学率达到96.3%，巩固率达到98%。1985年，昌江县为贯彻、落实党的少数民族教育政策，在叉河中心小学开办了少数民族"三包班"(包食、包宿、包教),接着又在县第三小学开设民族班,每学期招收民族班学生60人,除免收学费、书费外,每人每月还可领到助学金30~60元左右,并且在升学考试时降低录取分数线。1990年,全县少数民族地区小学(教学点)发展到64间,其中完小27间、初小28间、教学点19个,共有教学班102个,在校小学生13482人,入学率达到96%。1993年,为了改善办学条件,县政府通过"三个一点"集资办学,3年中共投入526.8万元,新建、改造教学大楼共18600平方米,基本实现教学楼房化。为了增强师资力量,县教师进修学校每年培训40名中师生充实小学教师队伍。县教育部门配合县委坚持实施"希望工程",使教育面貌大为改观。全县适龄儿童入学率为97.6%,年巩固率为99.3%,毕业率为99.8%。

1998年,为了加快实施普及九年义务教育的步伐,县委、县政府对全县较早实现"普九"的一类地区从通过验收时起,把重点转到提高教育教学质量上,对二类地区按中小学办学条件基本标准的主要指标,加强软硬件建设,制定了实施细则和分类要求,并更新、健全义务教育档案资料,使全县的"普九"、"普实"工作通过了省政府的评估验收。

2001年,昌江县继续加大推进九年义务教育的力度,把控制中小学生流失当作实施九年制义务教育的重要内容来抓。县委、县政府根据中小学生流失的状态及原因,于同年8月17日召开全县教育工作会议,并发出了《关于做好普及九年义务教育巩固提高工作的若干意见》等法规性文件,使全县"普九"各项指标回落现象得到了有效控制。2002年,根据国务院纠风办、教育部《关于进一步做好治理教育乱收费工作的意见》的规定,当年8月,县政府和县教科局分别与县直属各校校长和各乡镇学区主任、农村中学校长签订《治理中小学乱收费责任书》，使全县各中小学实行统一收费许可证制度。同时，增加透明度，接受社会监督。当年，适龄儿童入学人数达28639人，入学率为99.8%。截止到2004年底，全县有小学91间，在校生27931人，小学生入学率为99.9%，小学毕业率为98.2%。

昌江县重点小学简介：

县一小 创办于1950年9月，1961年新置昌江县时，校名改为昌江县石碌一小。有一至五年级学生200余人，教师10人。1985年，该教学设施不断完善，建有一幢三层2400平方米的教学楼和5000平方米的运动场。学校设有电教器材室、体育用具室等。1990年，共有一至六年级教学班24个，在校学生1442人，其中少数民族学生288人，教职工58人，专职教师51人。1998年，县一小实验了全国重点课题——"情境教学推广实验"、"任务型英语教学实验"和省级重点课题——"新课程背景下主体性教学对学生教学能力的培养实验"，都通过了省级专家的鉴定。截止到2005年，学校有教学班38个，学生2399人，教职工88人。学校占地总面积16488平方米，校舍面积为8306平方米，其中标准教室38室，教职工宿舍49套，还建设一间配有62部计算机设备的电教室和一间拥有30部标准键电子琴的教学房。全校的教学实验设施达到1670件，图书室藏书达14040册。

此外，该校还致力于学生的素质培养、教育工作。2004—2005年，先后开发的各项科技创新活动均获得海南省创新科技大赛一等奖，并代表海南省出席全国十八、十九、二十届创新科技大赛，均获得二等奖。该校学生绘制的9幅科幻作品还获得海南省一、二等奖，从而填补了昌江没有小学创新科技作品在全省、全国获奖的空白。

县三小 创办于1989年，是昌江唯一设有少数民族寄宿班的一所县直属小学，学校占地总面积23000平方米。1990年，县三小有教学楼1栋，教工宿舍3栋，教学班10个，学生500人，教职工18人。2000年，教学班增加到30个，学生1650人，教职工64人。2004年，该校成功承办了全县语文视导课以及县课改实验开放周活动，给全县教师作了一些可供借鉴的公开示范课。截止到2005年，该校的校舍面积达5920平方米，在校学生2177人，共开设教学班级33个，其中有6个少数民族寄宿班，学生240人。全校任职教师79人，其中小学高级教师26人，获大专以上学历56人，学历达标率达100%。学校拥有比较规范的电脑室、音乐室、实验室、图书室以及一间功能齐全、技术先进的多媒体电教室。建校以来，县三小先后为省重点中学输送了55名品学兼优的学生，还在全省数学奥林匹克竞赛活动中连续6年获得全县第一名，并被省教育厅授予"基础教育课程改革实验工作先进单位"。

乌烈中心小学 前身是乌烈私立高等小学，始建于1930年。新中国成立后，改为县立小学。1964年，确定为县内完全小学之一。1982年后逐步分设乌二小学、乌三小学，并将原小学改为中心小学。1990年，中心小学占地面积3000平方米，教学楼3栋，建筑面积1700平方米，设有办公室、图书室、电教室、体育场等设施。有班级21个，其中高小4个班、初小17个班。在校学生458人，教职工25人。截止到2005年，中心小学占地面积20036平方米，拥有教学楼3栋、宿舍1栋，校舍建筑面积4050平方米，有班级18个，在校学生847人，教职工45人。

昌化中心小学 1946年创办，始称国民昌化小学，学校校风严谨，尊师重教，颇有名气。昌城、咸田、杨柳、先田、小在、大风、耐村、旧县等地均有人前来求学。新中国成立后，国民昌化小学改为县立昌化小学。1964年，称昌化公社中心小学。1983年，改称昌化区中心小学。1987年，称昌化镇中心小学。学校占地面积31亩，建筑面积2600平方米，其中有教学楼2

栋、1200平方米。1990年，校内设有办公室、图书室、仪器室，有电视机、收录机、广播器等教学器材，设有班级17个，学生746人，教职工27人。截止到2005年，该校园面积达40000平方米，校舍面积2493平方米，教学用房1588平方米，生活用房905平方米，设有班级12个，学生人数373人，教职工27人。

海尾中心小学 1930年创办，属私立小学。抗日战争时期曾培养一批抗日志士。新中国成立后，县人民政府改私立小学为县立小学。1976年，由于入学儿童激增，将原小学分设海农、海渔两所完小，海农小学为海尾中心小学，占地面积18.2亩。1990年，新建教学楼1栋、493平方米，开设班级11个，学生440人，教职工16人。截止到2002年，校园面积11787平方米，校舍面积2802平方米，教室2216平方米，教师宿舍596平方米。开设班级18个，学生1115人，教职员工31人。

2. 中　学

1961年，昌江县复置后，在县城石碌创办昌江中学，设初一2个班、高一1个班，全校有学生140余人。1962年，耐村附中改为民办中学，设初一2个班、初二1个班，全校有学生138人。1965年，创办乌烈中学，至此，全县有普通中学4所，在校学生956人。"文化大革命"期间，有条件的公社和大队小学都开办附中。1968年，中小学实行十年一贯制，即小学5年、中学5年，稍后实行九年一贯制，即小学5年，初、高中各2年。昌江县以昌化小学为试点，办十年一贯制学校，从小学到高中部共有教学班15个，在校学生800余人。1969年，叉河、太坡、保平、红卫、王下、长塘、白沙、尖岭、峨港、旧县、姜园等大队小学相继开办附中班。同时，乌烈、昌城、十月田、叉河等中学开设高一、高二教学班。

昌江县为了进一步提高教学质量，从1979年初起，全面调整初中布局，砍掉部分高中班，加强完全中学的教学，确定办好海尾、乌烈、昌中3所中学。1985年,在县城石碌镇创办了县民族中学,设有初中、高中教学班;在保平乡创办县职业中学,设初、高中教学班。1989年,在峨港、王下各办初级中学1所。

1990年,全县有完全中学5所,高中教学班21个,学生1091人,毕业生242人;初级中学10所,初中(含完全中学初中部分)教学班105个,学生5239人,毕业生2327人;职业中学1所,教学班14个,学生468人。全县普通中学教职工498人,专任教师394人。省属企业有中学9所,其中,初中5所,教学质量较高的有海南铁矿子弟中学。1993年,为了继续深化教育改革,不断改善办学条件,昌江县加大投资力度,使全县教育事业有了新的发展。当年投入中学危改资金就达129万元,新建校舍面积1000平方米。有初中在校生3979人,入学率为71%;有高中在校生人数786人;参加中招考试人数1356人,被中师中专录取人数141人;参加普通高考623人,入围人数292人,入围率为46.9%,录取人数252人,录取率为40.5%;参加成人高考人数283人,入围人数158人,入围率为56%。1994年,昌江县为了合理配置教育资源,撤销了乌烈中学、海尾中学2所学校的高中部,更名为乌烈、海尾初级中学。1997年,全县教育总投入3365万元,其中县财政投入2860万元,通过其他渠道筹措430万元,全县有123个单位、3601人参加捐资助学。全县投入校舍建设资金1565万元,面积18066平方米,其中被誉为"琼州中小学第一楼"的昌江中学教学大楼共投入700多万元,面积6500平方米。年内县委、县政府根据实际撤消了县民族中学高中部,改县民族中学为初级中学。

2002年,全县教育事业出现了令人欣喜的发展势头。一是"两基"巩固提高工作通过了国家的评估验收。二是全县校舍危房改造取得了可喜的成绩,共争取到国家资金和省级配套专项资金605万元,完成全县学校危改面积8700平方米。三是加强学校管理，选好学校第一把手和配强学校班子成员，县教科局先后采取竞争上岗、考试录用等方法，配备中学副校长以上的学校领导二十多名。在全县教育系统内开展一场狠杀学校乱收费、学校擅自向外借高息贷款和教师"走读"等歪风的专项整治活动，使昌江教育体制有了明显的改观。四是加强校容校貌建设，全县共推出10所学校参加省校容校貌建设评比活动，其中有5所学校获得一等奖，5所获得二等奖。五是加大了对教育的投入，全年县财政对教育投入（含教师工资）达4000万元。2002年，全县有初中在校生8186人，入学率为96％；高中在校生1391人；参加中招考生1851人，考取高中、中专、中师1004人，入学率54.2％；参加普通高考717人，入围633人，入围率88.3％，被各高等院校录取520人，录取率72.5％；参加成人高考421人，入围人数387人，入围率92％。截止到2004年，全县共有891名考生参加普通高考，比上年增加107人，被录取人数为760人，录取率为85.3％，比上年提高11.1个百分点，其中本科提前录取5人，达到国家重点线的85人，普通本科线录取217人，专科（高职）线录取453人。全县初中15间，在校生10612人，初中生毛入学率为95.2％，与上年同比增加14.3个百分点，初中毕业率为97.3％，初中升学率为60.2％。

主要中学选介：

昌江中学 创办于1958年秋，原附设于石碌第一小学。1961年迁移到现址，并正式称为昌江中学。"文化大革命"初期，昌江中学曾一度改名为立新中学，归石碌镇管理，1970年后才恢复原名。

党的十一届三中全会以后，昌江中学被确定为县重点中学，20世纪80年代初，县委、县政府将昌江中学列入重点投资建设项目，每年都拨出100多万元，建设校舍、教学楼和各种设施，努力改变教学条件。1990年，昌江中学的建筑面积达11684平方米。其中,教学楼3栋、2040平方米,教室28间,教师宿舍楼8栋、3535平方米。开设教学班28个,在校学生1638人,教职工119人,专任教师79人,其中少数民族教师12人。当年,全校高中毕业生考入大专院校331人,其中黎族108人,占32.6%。1997年,为了加强基础设施建设,该校加大投资力度,建成主教学楼7538平方米,校舍总面积28264平方米。

2000年,为了加快校园网络建设步伐,昌江中学坚持"一切为了师生着想"这一宗旨,投资建成校园网一套,并与中国电信昌江分公司签订宽带网接入协议,教师可以24小时上网,既提高了教师的计算机运用水平,又为学生学习电脑提供了平台。截止到2005年底,学校有教职工185人,其中专任教师164人,专任教师中在职研究生1人、本科114人、专科49人;教师中具有高级职称的23人,具有中级职称的44人。设有教学班56个,在校生共3663人,其中高中部38个教学班,学生2453人;初中部18个教学班,学生1210人。办学四十余年来,为社会培养了近2万名初高中毕业生,为全国各高等院校输送了2000多名优秀学生,办学成绩斐然。

民族中学 1985年秋,为了更好地培养少数民族学生,县政府先后投资200万元,在县城创办1所全日制民族中学。初建时期,仅招初一2个班,有120名学生。1993年,县民族中学发展到有20个班级、学生1156人、教职工100人的完全中学。当年,县政府投资100万元,建设教学大楼1栋。学校占地面积25780平方米,建筑面积11322平方米。学校设有图书室、办公室、会议室和篮球场等设施,教学条件较为完备,学校校舍整洁、花草宜人,是昌江县培养少数民族学生的重点学校。1995年,在县委、县政府的支持下,争取310多万元的国债资金及县配套资金,建设了1栋4448平方米的教学楼,内设教室36间。

当年，民族中学专任教师64人。

2000年，为了加大对信息技术教育的投入力度，县民族中学从有限的办学经费中投入资金，先后建立了语音室、电脑室、多媒体室，逐步将现代化的教育教学手段引入课堂。同年，学校还陆续调入一些本科毕业生，充实师资力量。2004年，县民族中学梁晓龙首次考取海南中学，结束了民族中学办学以来无人考取省重点中学的历史。2005年，县民族中学又有6名学生考取省重点中学。同年，该校还争取各级政府的支持，筹集资金680万元，分别建设了综合楼、学生公寓和学生食堂，民族中学的教学硬件设施从此迈上了一个新的台阶。当年，在校生人数达到2300人，有专任教师91人。

海尾中学 创办于1956年，原系海尾小学附设初中班。1958年，与小学分开，正式命名为海尾中学。1967年，设高中部，至此发展成为完全中学。20世纪60年代，因教学质量较好，曾被誉为"昌江二中"。1983年后，每年只招高一1个班。1985年，集资兴建两层教学楼1幢，面积800平方米，设有仪器室、图书室等。校内设有篮球、排球、足球等体育活动场，花木繁茂。1990年，设有初中9个班、高中2个班，全校有学生537人，其中高中93人。学校有教职工43人，专任教师39人。截止到2005年底，学校校园面积达90亩，教学楼2栋，教工宿舍3栋，学生宿舍1栋，教学班12个，学生739人，教职工34人。

乌烈中学 创办于1965年秋，初办时与乌烈中心小学共用校舍和场地。1969年，兴建新校舍，与小学分开，正式成立乌烈中学，并开设高中部。1978年后，学校恢复常规教学，每年初中升学率居全县第一。1987年，有初中14个班，学生851人；高中3个班，157人；教职工53人，专任教师44人。1988—1989年，因无教师胜任高三课程而停办高三班。1994年，为合理配置教育资源,撤销了乌烈中学高中部,更名为乌烈初级中学。

2002年,乌烈中学设教学班19个,在校学生1241人。2003—2005年,乌烈中学先后增设了电脑室、语音室和多媒体室等拥有现代化教学设备的专用教室,还设有图书室、阅览室、物理实验室、生化实验室和文化活动中心等多种设施,其中物理、生化实验室的装备基本达国家二类学校标准要求。学校校舍总面积7971平方米,共有教职工76人。

五、职业教育

1. 职业学校

昌江县师范学校 1969年秋,在昌江中学附设,配备1名专职教师和1名兼职教师,招收中师班,学员27人。1971年春季,从昌江中学分立,迁至现进修学校校址。1972年3月,配备副校长1名、专任教师8名,招收各乡镇(公社)民办教师进行短期培训。1975年9月,搬到县"五·七"干校,受原自治州师范委托,招收1个普师班19人,学制2年,学生毕业后由国家统一分配。1984年3月,改为县教师进修学校,以招收脱产教师(包括民办教师、代课教师)为主,培训1~2年。1990年,共举办中师脱产进修班8个,进修学员416人,中师函授班4个,函授学员199人;举办短期培训班140期,培训教师6712人次。当年,该校有专任教师11人,学生171人。学校占地面积7.5亩,建筑面积2650平方米。1991—2002年,全县有750多名小学教师经过各种形式的系统培训取得了国家规定的合格学历,全县小学教师学历合格率由1991年的63.6%上升到2002年的96.7%。

县职业中学 前身为保平初级中学。1985年9月,县政府将保平初级中学改为县属全日制职业中学,面向全县招生,主要培养农村工农业生产初级技术人才。有初一至高三教学班，开办电器维修、畜牧兽医、农学等专业班。学生除了学习专业课以外，还学习语文、数学、政史、地理、生物、英语、理化等。学生学习期满，除个别考上大专院校或被乡镇企业录用外，其余均回乡村从事农业生产。1990年，设有初、高中12个班，在校学生495人，其中初中生394人，有专任教师26人。学校占地面积40亩，建筑面积3196平方米，校内设有仪器室、广播室、医务室等，体育器材及场地设施完善。1995年，职业中学迁入县城石碌，县民族中学腾出一栋楼房给职业中学作教学楼。截止到2004年，职业中学有职业高中生14人、联办中专生150人、职业培训100人。同年秋季，县职业中学从民族中学搬迁到原海钢三中，并顺利开班办学，拓展了办学空间。

2. 专业技术学校

农机学校 1975年6月创办，校址设在县城石碌镇人民北路（今县农机服务中心），隶属县农机局。学校占地面积1200平方米，建筑面积561平方米，有教室、食堂、练车场、学员宿舍等设施。有教练汽车、各种类型拖拉机和一批教学机械模具、教具等。办校初期经费由省主管部门拨给，学员培训指标由原广东省机械工业局农机管理处下达。20世纪80年代，实行财政经费包干后，经费由县财政拨给。学校以培训手扶拖拉机、胶轮拖拉机驾驶员为主，兼顾培训汽车驾驶员。学员从各乡镇（公社）生产大队、小队推荐而来，生活费由国家按每人每天0.3~0.4元补给。学校无固定学制，拖拉机手学习1~3个月，汽车驾驶员学习6个月，学习内容主要包括交通规则、机务规章、机械常识等。学员学习期满后经交通、公安监理部门考核合格，发给机动车驾驶证或毕业（结业）证。1975—1990年，学校共举办36期培训班，其中拖拉机24期、汽车12期。培训学员1858名，其中拖拉机驾驶员1559人、汽车驾驶员299人。1995年，通过多方努力，经海南省交通厅批准在该校设立"昌江县机动车驾驶员培训学校"，成为海南省西部地区唯一获准自主招收汽车驾驶员培训和汽车驾驶员从业资格培训资质的学校。创办农机学校至2004年底，该校所培训学员的成绩平均合格率为95%以上。

第二节 科 技

新中国成立后，昌江县的科技事业日渐普及。1962年初，县科学技术委员会成立以后，各种学会、协会也相继成立，初步形成了县、乡（镇）、村三级科技网络。随着工农业生产的发展，相继建立县农业技术、畜牧兽医和农机等服务机构，开展农业技术的推广和研究工作。

党的十一届三中全会后，昌江县加强科技工作，重视科技队伍的建设。县科委、科协相继恢复活动，县级专业技术机构和学术团体不断增加。1992年，全县有各类学会、研究会40个，会员3048人；具有专业技术职称的科学技术人员2437人；全县各部门共获得地级以上科技成果12项，县级科技成果110项。截止到2002年，昌江县已形成二级科普网络、三级农业技术推广网络，镇配备有科技副乡镇长，全县76个村委会均设科普分会和农技点。全县各科技队伍有各类科技人员2877人，其中高级职称人数47人，占总数的1.7%；中级职称790人，占总数27.9%；初级职称1990人，占总数的70.4%。

一、科学技术委员会

1962年初，昌江县成立县科学技术委员会，机构领导成员由县委、县政府领导干部兼任。1969年上半年，县革委会将县科委改为县生产组科技办公室，1971年4月，设立科技局，同时撤销县生产组科技办公室。1980年10月，县计量所成立，隶属县科技局领导。1981年4月，恢复成立县科委。1985年6月，县科委设3个组，即行政秘书组、科技情报组、农医组，后增设科技干部组和职称改革办公室，人员编10人。1990年，县职称和改革办公室划归县人事局，科委其他内部设置机构和行政人员编制不变。1995年，县科委与县教育局合并成立县教科局，内设科技管理工作室，由一名副局长分管科技工作。

二、科学技术协会

1963年9月，县科学技术协会成立，属群众学术团体，直接由县委、县政府领导，无配备专职领导和专职人员。1970年3月，机构撤销。1980年11月，恢复科协，设专职主席1名，在职干部5名。县科协恢复成立后，加强了对农业区划、生产布局、乡镇工业的产品开发、企业管理、环境保护、能源开发等组织研究和试点工作，同时还开展技术咨询服务，举办各类技术讲座，印发科技报刊资料，帮助区乡成立科普协会和各学科成立分会。1990年，县科协配备专职人员8名，全县共有各类自然科学学会及研究会20个，会员共1074人。

1991—2002年，县科协两次被省科协评为科普先进单位，4个科普协会被省科协评为先进科普协会，1名科普协会主席被评为全国先进科普工作者。截止到2002年底，县科协有在职干部6人，全县成立芒果协会、热作协会等5个，会员138名。县科协还每年组织科技人员深入农村、学校开展"科技周"、"科技三下乡"活动，采取多种形式，广泛传播和普及科学思想、科学知识和科学方法，向群众发放科普资料26800多份，举办科技咨询、科技讲座和现场指导380多场，听众达到35200人次，普及推广新技术、新成果38项。

三、研究所

1. 县农业科学研究所

1962年开始筹建县农科所,所址设在太坡水坝西侧,有良种繁殖基地115亩,县政府年拨经费2万多元。当时的主要任务是以引进、试验、示范、推广新技术为主,同时做种子的提纯复壮以及繁殖良种,并进行小面积的杂交育种试验,为农业生产服务。1978年后,广大专业技术人员积极推广水稻和花生良种,并取得了一批科技成果,对促进昌江的农业经济发展起到了积极的作用。其中,获得广东省政府科技二等奖1项,获得海南行政区人民政府科技三等奖1项,奖得昌江县人民政府科技一等奖1项、二等奖2项、三等奖2项。1986—1988年,推广种植花生新品种创县、省纪录。2000年以来,该所先后引进、选育水稻新品种5个,推广8万亩,为农民每亩增收100千克,获得大面积丰收,创经济效益1120万元。截止到2005年,农科所编制37人,现有人员33人。

2. 县农业机械研究所

1974年5月,县农机所成立,隶属县农业机械局。农机所主要业务为引进、推广、试验、研制新型农机具。1975年,研制自动风谷机,改装固定式谷物烘干机。1977—1978年,研制场上扬谷机,改良电动手摇式木制风谷机和施耕耙,研制中耕甘蔗培土机和130型水稻收割机,引进和推广川丰机耕船。1979—1982年,引制160型收割机,研制40型单人脱粒机。1983—1988年,研制轻型单人脱谷机和大型脱粒机。在引进、试验、研制、推广新式农具过程中,获得县政府科技成果三等奖1项、四等奖1项。

1993年,全县农机引进、推广和经营形式出现两个特点,一是开始淘汰20世纪70年代初期生产的大中型拖拉机;二是兴起购置农用四轮或三轮运输车的热潮,从而打破了多年来一直保持拖拉机单机种的格局。1995年,首次引进4台背扶式水稻联合收割机,结束本县没有水稻联合收割机的历史。同年,农机研究所更名为农机技术推广站,隶属县农机技术服务中心领导。1999年,昌江县开始放弃饲养耕牛,家家户户购置农机具从事农业生产。2000年,引进美国凯斯公司生产的世界最先进的牲草收割机和牧草打捆机各2套。2002年,引进先进的东洋牌机动水稻插秧机1台,并经过年内早、晚两造在乌烈、保平、十月田等镇示范机插近300亩水稻,深受广大农民的欢迎。截止到2005年底,全县农机总动力62736千瓦,比1988年建省时的17286千瓦增长263%,农机具配套大中型农机具290部、小型农机具1165部,比1988年分别增长81%和310%,农业生产综合机械化水平达到33%。

3. 县畜牧研究所

成立于1980年,时定编12人,有技术员4名、工人8名,建立畜牧研究基地面积12亩、厂房10多间。主要研究的项目有猪苗引进和改良,鸡苗引进杂交和改良,自主改良的品种有长白猪与本地临高猪种的杂交改良。1990年,引进改良的鸡良种有麻花种鸡苗、良凤花鸡苗等8种。2002年以后,国投水泥厂兴建后占用了畜科所的基地,县畜牧研究所的办公地点挂靠畜牧中心,暂时没有选好科研基地,日常工作都在基层。截止到2005年,人员编制保持不变。

四、气象站

1958年,广东省气象局派员筹建昌江气候观测站,还没有完全建成就撤销,直至1965年8月4日才正式建立昌江县气象站。1980年4月升格为气象局,有技术人员14名。1984年以前,全县各乡镇均设有气象哨点,但因人员、经费、仪器设备等不足的原因,截止到1985年底,全县仅维持七叉、海尾两个哨点。截止到 1990 年,仅保留海尾哨点一处。此外,在县境内还设有霸王岭林业局、红林农场、红田农场、石碌水库、县农科所农业气象等专业台站。

1995 年 5 月,气象局成立防雷技术所,开展防雷检测、防雷工程验收工作。1996 年 5 月,省气象局出资 24 万元、县政府配套资金 10 万元,兴建了新业务办公大楼,改善了办公条件。同年 9 月,县政府又出资 3 万元,在全县范围内建立天气预警系统,各乡镇和服务单位都能及时收听到当天的天气预报。1998 年,县气象局先后开设了气象局域网,安装了三防信息系统,实现网上办公和资源共享。2002 年 2 月,县气象局还实现了防雷减灾工作归口管理,每天的天气预报都报送县广播电视台,并在黄金时段播出。

五、科技成果

1. 主要品种引进与推广

推广埃及胡子鲶鱼苗 1985 年上半年,县鱼苗场研究育苗成功,下半年加以推广。1985 年 3—12 月,进行 15 次人工繁殖育苗,培育合规格鱼苗 70 万尾,产值 2.5 万元,纯利润 2 万元,培育出来的良种鱼苗远销定安、琼海、澄迈、儋州、琼中、东方、白沙、通什等县市。

推广良种花生"粤选 58" 1983 年,全县种植良种花生"粤选 58" 14000 亩,平均每亩比本地花生增产 150 斤,提高经济效益 126 万元。

水稻良种的引进和推广 1975 年 6 月,县农科所引进的水稻良种"小家伙"试种后,亩产近 1000 斤。1985 年,全县大面积种植获丰收。1987 年 1 月,调出"小家伙"优良种子 138 万斤,支援岛内其他市县。1980 年上半年,县农科所引进"昌红 529"品种。1981 年,在县农科所和各农技站示范试种成功后,于1982年晚造在全县各地推广种植3万亩，高产片亩产900多斤，增产390万斤，平均每亩比其他常规品种增产100斤，全县增收60万元。

白高粱良种推广 1970年3月，红卫（七差）公社红光（重合）大队推广白高粱种植并喜获丰收，平均亩产600多斤，原自治州在昌江召开现场会介绍经验，推动全州大种旱粮。

油菜子的良种引进和推广 1972年1月，昌江县大力引进油菜子，全县各公社（乡镇）普遍种植，当年油菜子大丰收，全县向外调出菜油10万斤，受到海南行政区的表扬。

淡水白鲳鱼苗引种试养 1993年7月，历经3年多试验，淡水白鲳在昌江鱼苗场引进试养，人工孵化育苗获得成功并在全县范围以及县外推广。

花生、西瓜新品种引进 1995年4月23日，花生新品种"湛油汉"1号在昌江引种成功，同年6月7日，南罗镇（今海尾镇）试种哈密瓜获得成功，在全县推广。

水稻旱育稀植试验成功 1993年，在石碌镇保梅村进行20亩早稻对比试验示范，获得高产。杂优种旱育稀植比常规种植每亩增产107千克，旱育稀植比常规种植每亩增产71.7千克。1994年，在乌烈镇乌烈村进行杂优种50亩晚稻示范，也获得高产，每亩增产105.5千克。

实施糖料生产基地项目建设获得成功 1998年，申报"九五"第二批糖料生产基地项目，主要是引进、繁育和推广新台糖2号、16号、20号、22号、23号、24号和桂糖16号、17号。示范的新台糖16号平均亩产6.61吨，含糖量15.71%；桂糖16号平均亩产5.24吨，含糖量14.45%。为农民提供良种甘蔗种苗1200多吨。2001年，甘蔗种植增加2万亩，总产45万吨，增加10万吨，增长28.5%，农民人均纯收入2190元，比项目建设前的1998年增加343元。全县甘蔗良种覆盖率60%，甘蔗生产向良种化、基地化、规模化、产业化方向发展。

实施芒果换冠改造技术示范项目获得成功　县农业局承担1998—1999年度百项农业新技术《实施芒果换冠改造技术示范项目》。2002年3月7日，经省农业厅专家验收通过。项目完成芒果换冠改造示范面积3000亩，改造的芒果园盛产期平均亩产优质果达1000千克，亩产值达6000元，产量和产值比换冠前提高1倍以上，完成了项目合同书规定的经济技术指标。该项目带动全县芒果换冠改造面积2万亩，平均亩产增加420千克，总产量增加8400吨，全县芒果优良品种由60%提高到80%以上，效果显著。

2. 其他科学技术的推广

1978年后，牛、猪、鸡、鸭等品种改良和引进均在全县各地铺开。1987年6月，县农委、农业开发公司等单位从华南热作学院引进木耳、香菇、草菇等食用菌栽培与加工技术，在该县乌烈镇进行栽培实验取得成功并大力推广。此外，反季节性西瓜、芒果、腰果、木棉、烟草等种植技术的推广应用都取得良好的效果。

1995年，以建立规模化养殖场为重点，引进樱桃谷鸭、良凤花鸡等优良品种，在石碌、叉河两镇建立起家禽养殖基地。1988年，引进辛地红和利木赞冻精，采用人工授精技术发展养牛业。同年，全县12个乡镇成立水产技术推广站，全面推广罗非鱼养殖，面积达120亩，放养鱼苗3.6万尾，全县水产品产量25839吨，其中淡水产量达1546吨。1999年，在全县范围内推广芒果、荔枝的控梢、催花、保花、保果等技术，引进种植的黑美人西瓜、香水菠萝、台农一号芒果等12个瓜菜品种，经专家测试和实地考察均通过了初级评审。2000年9月21日，全县乡镇首次推广无公害瓜菜生产塑料软盘育苗技术。

第十三章　文化广电体育

　　昌江县早在新石器时期就有人类活动，文化源远流长，人文荟萃。在苏东坡被贬儋州时，传播中原文化，昌江人才辈出，宋大观二年（1108年）出现了海南第一进士易化县人符确，既为昌江古代文化浓墨重彩地写下了光辉灿烂的一笔，也为昌江文化留下了宝贵的精神遗产。

　　昌江的民间文艺活动内容丰富、形式多样，具有代表性的有黎族地区的舞蹈、对歌，中部地区的荡秋千、赛歌台，沿海地区的琼剧、舞龙舞狮和歌会，尤其是一年一度的黎族"三月三"和汉区的端阳节赛龙舟活动，更是人海如潮，热闹非凡，远近驰名。昌江县的出土文物有：新石器时期的石斧、石刀、石锛，战国时期的铜斧，汉代的铜鼓，南朝的陶碟，唐代的铜釜以及各个朝代的陶器等，文物遗址有昌化古城、皇帝洞等。

　　新中国成立后，县政府为了加强对文化事业的领导，成立各种文化机构，群众文化活动丰富多彩。"文化大革命"期间，民间文化艺术遭到破坏。1976年后，建立健全各种文化机构和文艺团体，改善文化设施，丰富和繁荣了昌江县群众性的文艺创作和文化娱乐活动。1989年11月，县政府公布的该县文物保护单位主要有皇帝洞、昌化城遗址、死难矿工纪念碑等11处。截止到2004年，共收集、整理民间文化作品6000多篇（首），发表文学作品 1017 篇，全县共有业余文学作者 400 人，省级文化艺术界协会会员 23 人、国家级会员 3 人。

第一节 行政事业机构

一、县文化广电出版体育局

1962 年，成立县文化教育局，人员编制 3 人，下属机构有文化馆、电影管理站以及全县各中小学校。1968 年 11 月，文化与教育分设。同年，县广播站与文化馆合并，称昌江县毛泽东思想宣传站，人员编制 6 人，直属机构有县文化馆、县广播站、县新华书店、县电影管理站、县毛泽东思想文艺宣传队。1973 年 6 月，成立昌江县文化局，人员编制 7 人，下设人事秘书股、社会文化股、财务股等，直属机构为县文化馆、县电影管理站、县新华书店、县广播站、县毛泽东思想文艺宣传队等。1974 年 1 月，县广播站与文化局分设。1976 年，新华书店从文化局析出，由县委宣传部直接领导，1978 年，成立县图书馆。同年，撤销县文艺宣传队，成立县琼剧团。1980 年，县电影公司成立。1984 年 2 月，成立县广播电视局。1985 年，建立石碌影剧院，次年成立县博物馆。1990 年，县文化局内部机构有人秘股、行政股、社文股等，人员编制 7 人，下属机构有县文化馆、县图书馆、县博物馆、县电影公司、石碌影剧院等。

1995 年 11 月，撤销文化局、体育运动委员会，设立文化体育局。2001 年 3 月，撤销文化体育局、广播电视局（保留广播电视台），设立文化广电体育局。2004 年 12 月，文化广电体育局增加出版职能，更名为文化广电出版体育局，内设机构有办公室、艺术股、市场股、出版股、广电股、体育股等，人员编制

17人，下属机构有县文化馆、县图书馆、县博物馆、县歌舞团、县文化市场稽查队、县电影公司、石碌影剧院。

二、县广播电视台

1962年5月，成立县广播站，人员编制4人。1967年，改称县毛泽东思想广播站。1968年底，县广播站与县文化馆合并，1974年1月分设，人员编制8名。1984年2月，成立县广播电视局，下设行政秘书股、事业股、广播站、电视录像服务公司等，人员编制12人。1987年，增设广播电视微波站，人员编制8人。1988年10月1日，成立昌江人民广播电台。1990年底，县广播电视局内部机构有昌江人民广播电台、广播电视微波站、行政秘书股、事业股、电视录像服务公司等，共有工作人员32人。1993年5月28日，昌江电视转播台成立，定编12人。1993年10月12日，石碌有线电视站成立，隶属县广播电视局。定编10人。1996年6月28日，成立广播电视服务中心。1998年2月28日，县广播电视局与下属的广播电台、电视转播台、有线电视站实行局台合并，成立昌江广播电视局（台），挂"昌江黎族自治县广播电视局"和"昌江黎族自治县广播电视台"两个牌子，一套人马。局为行政主管部门，台为业务单位。局（台）下设办公室、总编室、广播部、电视部、新闻部、技术部、广告部。

2001年3月15日，撤销广播电视局，成立县文化广电体育局，保留广播电视台。2002年4月28日，海南省广播电视有线网络有限公司昌江分公司成立，属海南省广播电视有线网络有限公司直接管理，实行企业化运营，自负盈亏，人员由原昌江有线电视站和广播电视服务中心人员组成。2003年3月20日，昌江广播电视微波站更名为海南昌江微波站，属省电视台直接管理。

三、基层单位

1. 县文化馆

昌江县文化馆（前身为东方县文化馆），建于1955年，人员编制5名。1958年12月，东方、昌感、白沙三县合并为东方县（时称大县），县文化馆扩大编制，人员增到8人。1961年6月，恢复昌江县建置。8月，成立昌江县文化馆，人员编制6人。其中馆长1人，舞蹈干事2人，文学、美术摄影和图书管理员各1名。1966年下半年，"文化大革命"开始，县文化馆受到冲击停止办公。1972年复建，人员编制5名。1976年，人员增至14名。1984年，人员增加到19人，其中副馆长1名、文学创作组3名、音乐舞蹈组3名、美术摄影组5名、戏剧辅导组2名、文物组5名。1986年，成立昌江县博物馆，县文化馆1名副馆长及文物组5名干部调入博物馆，是时，县文化馆共有工作人员13名。1990年以后，文化馆内部设戏剧组、文学组、音乐组、舞蹈组、美术组、摄影组等机构，共有人员16名。

2. 县图书馆

昌江县图书馆于1978年10月成立，图书馆人员编制9人。初期设施有图书阅览室60平方米、图书仓库26平方米，藏书20000册，每月外借图书3326册（次），进馆读者1133人（次）。1980年，被评为海南黎族苗族自治州图书馆工作先进单位。1986年，图书馆实行图书阅览改革，推行图书全开架借阅服务制度，建立图书馆岗位责任制。设立图书外借处、阅览处和采编室、书库管理处，并增添书架115个、阅览座位108个，添置图书5万册、报纸杂志235种，制作流动图书箱12个，装书1.2万册。1986年，被评为广东省文化系统先进单位。图书馆成立以来，坚持每年办一期基层图书管理员培训班，按季度编印《昌图信息》发至县各单位并举办各种活动。

1993年6月，新馆奠基。1995年1月1日，一座投资250万元、高6层、总面积2100平方米的县级公共图书馆落成开放，这是昌江县迄今为止投资最多、规模最大的文化设施。为了改善办馆条件，新馆落成当年，县政府拨出13.8万元，购置了全钢书架40个、铝合金陈列书架18个，以及一批全新的阅览桌椅。1999年，为改善服务质量，县图书馆把原来开放时间由每周48小时增加到56个小时，图书开架率达60%以上。同年，被文化部评为"全国二级图书馆"。

2000年9月，该馆利用文化部拨给的15万元专项资金用于图书馆自动化建设，使该馆的现代化技术装备始终走在全省县（市）级公共图书馆的前列。同年，被全国知识工程领导小组评为"读者喜爱的图书馆"。2004年，为加快县图书馆网络化建设的步伐，县政府从地财中追加3万元给该馆，采取与县电信局进行"宽带电脑1+1"的方式，组建"电子阅览室"，于同年10月15日，正式向读者开放，收到了良好的社会效果。2005年，县政府又投入资金5.2万元，先后购置了10台方正电脑和相关配套设备，安装并入原有的6台"宽带电脑1+1"专线，使该馆的自动化建设又迈进了一步。同年9月，县图书馆又再次被文化部评定为"全国二级图书馆"。截止到12月底，县图书馆的总藏书量达8.8万册，年进馆读者12.3万人（次）；年订阅报纸46种、杂志214种；购书经费已从原来的3万元增加到6万元。目前，该馆工作人员10人，馆内设有外借处、报刊阅览室、参考资料室、科技阅览室、读者自学室、少儿阅览室、老年人和残疾人阅览室、电子阅览室8个服务窗口。

3. 县博物馆

1982年，县文化局在全县开展文物普查工作，发现文物点42个，共收藏文物655件。同年10月，举办文物展览，展览厅面积14平方米。共创作泥塑3座，展品49件，库藏196件。参观人数平均每天 100 多人。1986 年 10 月，成立县博物馆，下设文物鉴收组、文物管理组、文物宣传展览组，人员编制 7 名。1989 年 11 月，县政府公布的第一批文物保护单位共 11 处。1990 年，博物馆内部机构有：文物收鉴组、文物管理组、文物宣展组等，共有人员 8 名。1998 年 6 月，县政府公布第二批重点文物保护单位 2 处，即峻灵王庙、棋子湾。1999 年 5 月，县政府公布第三批重点文物保护单位 1 处，即混雅岭信冲洞更新世纪晚期洞穴遗址，2001 年 10 月，省博物馆到昌江指导文物分类，将昌江县文物分为古代文物、近现代文物、民族文物、货币四大类。2003 年 6 月，省文管办专家到昌江对文物时行定级，共定出一、二、三级文物 45 件。

4. 县电影公司

1961 年，昌江县恢复建置。同年 8 月，成立昌江县电影管理站，人员编制 5 名。1964 年，人员增至 16 名，经费主要靠管理站经营收入，财政每年定额补贴 2000 元。1966 年"文化大革命"开始，县电影管理站受到冲击停止活动。1968 年，县电影管理站恢复建制，人员编制 26 名。1980 年，电影系统实行体制改革，成立县电影公司，全公司人员 30 人。其中经理 1 人、副经理 1 人、办公人员 19 人、公司影剧场 9 人。公司实行企业管理，行政上属县文化局领导。1985 年，石碌影剧院竣工，成立石碌影剧院企业管理机构。同时，电影公司与影剧院分开管理，从电影公司调出 14 名人员到影剧院工作。1986 年，县电影公司进行岗位责任制整编，并实行事业单位企业管理制度。1988 年后，电影公司逐步走向市场，实行企业运营。1993 年，县电影公司送电影下乡达 108 场。1996 年，公司停止影片发行业务，电影放映事业一度陷入了困境。1998 年，国家"2131"工程的实施政策给电影行业又重新带来生机。2004—2005 年，县电影公司共与县农业、计生、教育、交警、税务、扶贫等 16 个部门联系开展电影下乡活动，分别深入全县 7 个镇 170 个自然村进行巡回放映电影 320 多场。在放映电影的同时，插放科普幻灯片，向群众宣传科普知识和党的方针政策。

5. 县歌舞团

1965 年 7 月，昌江县农村文艺轻骑队成立，有演职员 15 人。1968 年，县委宣传部对县农村文艺轻骑队进行调整，演职员增至 18 人，县农村文艺轻骑队易名为昌江县毛泽东思想文艺宣传队。1971 年，县毛泽东思想文艺宣传队易名为昌江县文艺宣传队。经过调整充实，演职员增至 28 人。1975 年，县文艺宣传队再次调整充实，增添服装、道具及灯光设备。1978 年，成立县琼剧团，县文艺宣传队停止演出活动，演职员大部分被安排到县文化馆、图书馆等事业单位。1986 年，琼剧团整顿停演后自行解散。2000 年，县歌舞团成立，时有演职员 23 名。县财政每年包干业务经费 23 万元，作为演职员工资和演出业务经费。县歌舞团除了重大节日在县内演出和每年安排到各镇送戏下乡演出外，还组织节目参加省级以上各种大型文艺演出比赛活动。截止到 2005 年，共送戏下乡 150 场，参加省级以上演出活动 30 场，共获得一、二、三等奖、创作奖、组织奖二十多个。

6. 县新华书店

新中国成立初期，设新华书店石碌门市部。1961 年，恢复昌江县建制后，成立昌江县新华书店，时有工作人员 5 名，固定资产 2 万元，营业用房 42 平方米。人员、财务、业务均归县文教局领导。1972 年，新华书店扩建河南门市部，营业用房从原来的 42 平方米扩至 86 平方米，工作人员增至 10 人，年销售额达 9.2 万元。同年，县新华书店归属昌江县革命委员会宣传站领导，1976 年后，属县委宣传部直接领导，1986 年，新华书店在县城河北区建成河北门市部，全年销售图书 132.32 万册，销售金额达 65.3 万元。1992 年，县新华书店工作人员已增至 32 人，全年销售图书 196.52 万册，销售金额达 146.1 万元，拥有固定资产 28 万元，建立图书发行点 18 处、其中供销社 12 处、其他 6 处，组成了以新华书店为主渠道的图书发行网络。1995 年，县新华书店全年图书销售额 339 万元，年净利润 1015.50 元。为了适应形势发展的需要，1998 年投资建造了面积 664.95 平方米，集办公、仓库、宿舍为一体的综合大楼，改善了办公环境，同时还在营业厅内增设了空调，为读者创造一个宽敞、整洁、舒适的购书环境。

2003 年 8 月，县新华书店加盟全省新华书店连锁店，对图书进行电脑平台联网销售，带来了较好的经济效益和社会效益，图书、教材发行码洋逐年增加。当年销售码洋 4653354 元。2004 年又上新台阶，全年图书销售码洋 900 万元，超额任务指标 25 万元，创历史销售最高记录，跃居全省第二位，受到省店表扬。

7. 乡镇文化站

1978 年始建公社文化站，截止到 1984 年底，全县 12 个乡镇都建立了文化站。各乡镇文化站为民办公助性质，属乡镇党委直接领导，业务受县文化局领导。2002 年 7 月，乡镇机构撤并，全县 12 个文化站撤并成 7 个文化站。

8. 乡镇广播站

1962 年 5 月，成立昌江县人民广播站，在县城石碌广播。1964 年 3 月，在叉河建立第一个公社级有线广播站，开始向农村广播。1967 年 6 月，石碌、七差、昌城建立公社级广播站，1976 年，全县 12 个社镇都建起了广播站。1988 年，全县共有 11 个乡镇广播站（除县城石碌镇）。2002 年 7 月，全县 12 个乡镇广播站撤并成 7 个乡镇广播站。

9. 农村文化室

1963 年，太坡、老宏、七差、重合、尼下、乙洞、昌城等 7 个村庄办起农村俱乐部。1975 年，全县建农村文化室 14 个，其中太坡村、七差村文化室获海南黎族苗族自治州文化局奖励。1979年,全县新建农村文化室8个。1982年,新建农村文化室6个。1985年,浪炳文化室被评为海南黎族苗族自治州先进文化室,浪炳村被评为全国文明和睦村。1987年,新港村办"四位一体"文化室。1988年,全县共建"四位一体"文化室7个。1990年,全县共有农村文化室54个,占全县农村总数的85.6%。2000—2005年,全县先后新建村委会文化楼(室)16间,在建17间,占全县农村村委会总数的近40%。

第二节 群众文化

新中国成立前,昌江县的文学创作几乎空白。新中国成立后,广大劳动人民以朴实无华的笔调进行文学创作,歌颂共产党和社会主义好。1958—1960年,各公社建立3~5人的文学创作组,自办油印文艺刊物。县文化馆不定期出版文艺宣传资料,在县内交流。原昌感县委(今昌江县)创办了《昌感农民报》(后改为《东方日报》、《东方报》),为该县的业余文学爱好者开辟了发表作品的园地。20世纪60年代初,县文化馆创办《昌江文艺》刊物。发表县内外业余文学作者的文艺作品。"文化大革命"期间,文学创作受到干扰,《昌江文艺》停刊。1978年,《昌江文艺》复刊后,文学创作开始进入高潮,出现了一批业余文学作者,许多文学作品在县、地、省级报刊上发表,有的作品结集出版或获奖。20世纪80年代,该县的文学创作进一步繁荣,县内的业余文学爱好者自发组织成立了"昌江县文学创作协会"、"铁山文学社"、"新芽文学社"等一批文学社团。共有业余文学作者300多人,形成了在省内较有影响的业余文学创作队伍。在此期间,昌江的业余文学作者在省级以上报纸杂志上发表的作品就有 200 多篇，在地区级报纸杂志上发表 300 多篇，在县级报纸杂志上发表 500 多篇。1990 年，全县业余文学作者共有 276 人，被吸收为省级文化界协会的会员共有 23 人。在省级以上报纸杂志上发表的文学作品共 51 篇（首），其中散文 15 篇、小说 12 篇、诗歌 24 篇，获省级以上奖励的散文 7 篇、小说 5 篇。在文学创作队伍中，发表作品较多并结集出版的有钟彪、钟绍陵等人。同年，《昌江文艺》因经费不足停止办刊。2004 年 8 月，再次复刊，复刊后的前两年，《昌江文艺》办成半年刊，财政每年固定拨款 3 万元，每期印刷 1000 册。2006 年起，改为季刊号。经费从每年 3 万元增加到 6 万元，并列入财政正常预算。复刊后的《昌江文艺》内容、形式多样，设有"小说看台"、"散文天地"、"昌江诗会"、"旧律新声"、"民间文学"、"评论研究"、"戏剧曲艺"等栏目。共发表小说、散文、诗歌、评论研究、民间文学、戏剧曲艺等作品 1000 余篇，作者遍布省内外，成为目前全省最具影响的县级文艺刊物。

一、民间歌谣

昌江人民在长期的劳动和生活实践中，世代流传了不少动人的歌谣，其中较有影响的有黎歌、儋州歌、军歌、村歌等，历史悠久，内容丰富，在昌江县各乡镇都流传吟唱。工余饭后，人们常常欢聚在一起，即兴演唱，特别是在"三月三"等传统节日或婚嫁喜庆的日子，更是人如海、歌如潮，热闹非凡。

昌江县的歌谣按其表现形式分为用黎话、儋州话、军话、村话等吟唱的传统民歌和用汉语海南方言演唱的受内地汉族文化影响的民歌。传统民歌多为五个音节一句，也有杂以少于或多于五个音节的。每首歌没有固定的句数，小调之类大体以四句为一首的较多，这类民歌在该县黎族地区普遍流行。它的遣词造句简明单一，纯朴实在，有着粗犷豪迈的艺术风格，并有一定的音韵格律,在抒情的民歌中,善于运用夸张和比喻的手法,以引起人们的联想。传统的民歌以独唱和对唱为主。另一类为海南方言演唱的民歌,这类民歌多为七言一句,四句为一首,称为"四句歌仔"。除了独唱、对唱之外,还有合唱、轮唱等形式,并有乐器伴奏。同时,由于吸收了诗词的某些特点,不仅讲究节奏韵律,而且运用比兴的手法,贴切优美,寓意深刻,易上口传诵,该县民歌有的优美抒情、委婉悦耳,有的激昂高亢、粗犷嘹亮,反映了昌江人民淳朴、乐观和刚毅的性格。为弥补音节长短形式上的空白,增强韵律节奏的和谐,民歌的曲调常采用衬词、拖腔、迭音等手法,有的曲词调即以衬词为名,如"罗嘿调"、"噢噢调"等。该县民歌常用语句重叠来增强气氛,以一语双关作含蓄暗示,其中的比兴、比喻生动贴切、巧妙清新,歌词意境优美、情意缠绵,唱来婉转悠扬、娓娓动听。根据昌江民歌的题材、内容和感情色彩,大致分为劳动歌、情歌、生活歌、儿歌、仪式歌和出嫁歌等。1986年,县文化馆进行民间歌谣征集整理,共收集整理歌谣278首。1987年,出版油印《民间歌谣集》。1990年后,该县对民间歌谣的搜集整理工作一直不断,而且每年利用黎族传统节日"三月三"的集会,组织黎族群众对歌比赛。2000年,该县组织黎族歌手、黎族服饰参加第九届海南国际椰子节、中国(海南东方)国际舞龙邀请赛暨中国文化艺术节、海南黎苗族"三月三"风情节即"三节一赛"活动并获得好名次。其中,民歌对唱荣获团体一等奖和最佳组织奖,服饰表演分别荣获最佳组织奖和最佳优秀奖。2004年《昌江文艺》复刊后,为民歌搜集发表提供了交流的平台,每一期都有一定数量的民间歌谣刊登。

二、民间传说

昌江县的民间传说主要内容有神话、人物、生活、生产、风俗、寓言、童话、笑话等，是群众喜爱的传统自娱形式，常在茶余饭后、工闲休息，尤其是盛夏纳凉时，三五成群聚在一起，年长博记的人便应邀或主动讲述，讲者力求生动，听者只求娱乐，传说故事大多短小精悍、趣味性强，在群众中流传甚广。

1986年，昌江县进行民间文学普查，收集、整理昌江县流传的民间故事传说共375个，其内容丰富多彩、形式多样，有神奇色彩浓厚、善恶分明、构思巧妙的，有通过昌江一个地名或物名构成的故事和传说，有当地历史上真人真事演化而来的传说，有反映家庭伦理与道德内容的传说，有以寓言、童话故事的形式流传的，还有幽默轻松、诙谐有趣、短小精悍、富有哲理的笑话、故事、传说和反映当地习俗的故事等。在昌江县脍炙人口的传说事故有"种族的起源"、"黎族三月三"、"皇帝洞的传说"、"棋子湾的传说"、"昌化大岭公"等。2004年《昌江文艺》复刊后，为作者提供了创作、交流的平台，其中开设的"民间文学"栏目先后发表了一批新搜集整理的民间文学故事，如《帝皇血脉》、《十月田的传说》、《红峰村"石姓"的由来》、《红峰村名传说》等。2005年，县文化馆还将收集的200多篇民间传说整理成《昌江传说》交省群众艺术馆出版。

三、戏　剧

新中国成立前，昌江县昌城乡的民间艺人组织小戏班，主要演出"张文秀"、"秦香莲"、"梁山伯与祝英台"等琼剧的选场，颇受群众欢迎。新中国成立后，各乡镇组织剧团或演出队，排演现代戏"白毛女"、"红色娘子军"等。1956年，昌城乡成立业余琼剧团，有演员24人。1969年，昌城琼剧团改为昌城公社毛泽东思想文艺宣传队，时有演员20人。1976年，昌城公社毛泽东思想文艺宣传队改名为昌城乡琼剧团，有演员25人。

1978年,成立县琼剧团,演员38人,后增至48人。先后排演了"张文秀"、"秦香莲"、"唐知县审诰命"、"双巧缘"等13个琼剧,共演出134场。1980年"双巧缘"获海南行政区文艺演出优秀奖、海南黎族苗族自治州首次文艺作品三等奖。1986年8月,县琼剧团因经费困难而停演,但群众性的戏剧演出仍然持续不断,外地的剧团也经常到昌江演出。1990—2004年,昌江县群众性业余戏剧组织队伍先后与外地剧团一起演出的节目有20个,其中"梁山伯与祝英台"、"包公断案"、"海瑞罢官"等琼剧节目深受戏剧界的好评。戏剧《美丽的公鸡》参加全国首届少儿"蒲公英奖"和海南省第三届少儿"蒲公英奖"作品竞赛活动,荣获"创作银奖"、"表演铜奖"和"戏剧二等奖"。

四、音 乐

昌江县民间音乐历史悠久,曲调丰富多彩,分布面广。新中国成立前,该县许多乡村都有"八音班",为办红白事的主家敲打吹弹,逢年过节或喜庆的日子,"八音班"都自觉地为群众演奏,形式灵活多样,既有戏也有民间曲艺。新中国成立后,曲种和器乐增多,曲艺创作繁荣,业余和专业团体相继成立。"八音"的曲调有所革新,增加了音乐伴奏。1986年,县文化馆组织民间音乐采集整理小组,采访了十多个乡镇的民间歌手,收集、整理民间歌曲157首。

昌江县较有影响的民间乐曲儋州调声,是一种规模较大的山歌类型,曲调高亢悠扬、抒情优美、节拍规律、结构精巧、表现力细腻,具有浓郁的地方色彩。主要分布在该县的海尾、南罗等镇。黎歌、军歌、村歌等小调,曲调柔婉流畅、结构整齐,是该县数量最多的民间小调,歌词通俗形象,旋律优美,善于表现多种特定的情绪。1986—1990年,该县创作的"儋州渔妹"、"黎族三月三"、"黎家乐"、"隆闺情"、"悠悠琴声情"、"山乡在腾飞"、"五月端阳赶歌会"、"马铃叮咚进寨来"等二十多个曲目,分别参加自治州、海南省、全国曲艺比赛并获奖。1992年,县文化馆业务人员创作和演出的笛子独奏曲《牧民新歌》获全省文化系统汇演优秀奖。1999年,组织业务人员下基层编导或创作文艺节目16个,其中表演唱《警嫂心中的他》、《我们是跨世纪的热风》、《电工阿哥进山来》等6个文艺节目分别在国家、省级系统调演中荣获二、三等奖。

2000年,县文化馆继续坚持"专业和业余"两条腿走路的方针,一年共组织业务人员创作歌曲、歌词、曲艺等40多个,其中有5件作品在省演出参评或刊出,2件获得了等级奖。2001—2005年,为了繁荣昌江的文化艺术事业,县歌舞团、昌化江爱乐合唱团、昌化江家家乐团等团体相继成立,从而打破了国办文化一统天下的格局。5年来,县文化馆的业务人员和业余创作人员共创作歌词400多首、歌曲100多首、表演唱5首,其中《昌江是个好地方》、《等待的棋盘》等歌曲还在省级汇演中获得等级奖。县文体局干部钟德诗出版3集个人创作的歌词,共360多首,其中《黎家木棉红》荣获省"金椰奖"和"国家中国民歌精品金奖"。歌曲《渔家姑娘》、《黎家妹》、《干一杯山兰酒》、《鼻箫缘》、《黎家木棉红》、《欢乐的"三月三"》、《布隆闺之夜》、《黎家槟榔情》等11首歌曲入选省委宣传部、省音乐家协会联合举办的"写海南、唱海南"歌曲征集。

五、舞 蹈

昌江县汉区没有民间舞蹈,黎区的民间舞蹈主要有"打柴舞"等。新中国成立后,传入的大众舞蹈有"打腰鼓"、"扭秧歌"和"集体舞"等。20世纪60年代初,在干部职工队伍中流行交谊舞。"文化大革命"期间,一度推行"忠字舞",禁止交谊舞。20世纪80年代后,"迪斯科"、"霹雳舞"等外国舞蹈在青少年中开始流行,"迪斯科"还在中老年中流传。音乐茶座、歌舞厅开放后,使流传于20世纪60年代的交谊舞重新成为娱乐活动内容。1980年,该县创作的舞蹈"打柴舞"、"迎春鼓"获全国少数民族文艺调演优秀节目奖。"逗新娘"、"迎春鼓"、"打柴舞"获广东省民间文艺调演优秀节目奖。"五月端阳赶歌会"、"电视机送到黎寨"、"妈妈教我一支歌"、"隆闺情"等获海南区文艺汇演一等奖。黎族舞蹈"打柴舞",1985年和1987年分别被珠江电影制片厂和湖北电影制片厂拍摄。1980—1990年,该县创作的"悠悠琴声"、"围猎舞"、"欢乐的黎老汉"等三十多个舞蹈节目分别参加全省和全国文艺汇演、调演,并获得优秀节目奖或一、二等奖。

1992年,该县创作的舞蹈《春到黎寨》获全省文化系统汇演优秀奖。1993年,县文化馆创作的舞蹈《纤夫的爱》在全省电力系统职工首届文艺汇演中获一等奖。1994年,县文化馆创作的舞蹈《情留人间》在全省文艺调演中获创作优秀奖,舞蹈《海滩风情》在全省金融系统文艺汇演中获得一等奖。2000年,舞蹈《情留黎寨》、《老鼠迎亲》、《看大戏》等节目,分别获得海南省第二届少儿"蒲公英奖"作品竞赛活动三等奖、优秀奖和工作奖。2001年,县文化馆舞蹈《风采与情怀》、《黎族快乐舞》、《少年钱铃舞》、《踢脚舞》、《夕阳红》分别在全省文艺调演和汇演中荣获一、二、三等奖。2002年,县文化馆自编自导的《黎山月情》、《昌江春潮》和《三月昌江情似火》3个黎族舞蹈节目,在全省西部广场文艺汇演中,分别荣获二、三等奖。2001—2005年,共创作舞蹈55个,部分舞蹈参加全省举办的广场文艺汇演、民族文艺调演,均获得一、二、三等奖,还获得全国第13届群星大赛"群舞"三等奖。

六、美　术

新中国成立前，昌江县民间绘画主要表现在建筑物装饰画和黎族的服饰上。新中国成立后，流行宣传画。大跃进年代，出现村头诗画。"文化大革命"初期，到处画毛主席像和大寨梯田。1972—1973年，国画"课前"、"黎家新医"、"又添新书"、"夜巡归来"等参加广东美术作品展览。油画"出海"参加海南区美术作品展览。1975年，年画"形势喜人"、"全凭劳动人民一双手"、"西瓜丰收"、"学农"等和水粉画"我爱北京天安门"参加海南黎族苗族自治州美展。1978年，国画"只生一个好"、"黎寨春晓"、"妈妈只生我一个"等参加海南行政区美展。1980年始，在全县青少年学生中，美术爱好者日益增多，有十多名在省、地区级美术比赛中获奖。县内也经常举办美术比赛和美展。1981—1983年，年画"伞花朵朵"、"庭前美如画"等参加广东年画展览，国画"十五、十六、十七……"、"竹荫"、"祖国的花朵"、"放学路上"等以及板画"南国矿山"、"母爱"、"农村姑娘"等参加海南自治州新秀画展。1984年，国画"路遇"、"祖孙图"、"东山僧居"等参加广东美展，并编入大型画册"海南美"。1983—1990年，该县共举办美术作品比赛6场次，参加比赛的美术作品共325件，举办画展5场次，参展作品217件，参观人数1130人次。此间，"伞花朵朵"获广东美展三等奖，"放学路上"、"十五、十六、十七……"获海南黎族苗族自治州美展二等奖，"庭前美如画"获海南黎族苗族自治州书画比赛一等奖。

1991—1999年，该县文化馆坚持狠抓文艺创作的方针，每年都坚持深入基层、学校组织业余作者创作，取得丰硕的成果。此间，先后两次组织少儿业余作者创作63幅（件）美术作品参加海南省少年儿童"蒲公英"评选赛，获得1幅二等奖、3幅三等奖、2幅优秀奖和2个组织奖。

七、书　法

新中国成立前，昌江县乡村均有业余书法爱好者，逢年过节或红白事时，为事主书写对联或帖子，平时偶尔帮人书写墓碑文。书法主要以魏体、行体、草体和隶书为主。新中国成立后，县文化部门经常组织业余书法爱好者进行书法创作活动。每年都举办1~2期书法作品展览和比赛活动。20世纪80年代开始，群众性的书法创作逐步活跃，书法作品在各级报纸杂志常有登载。昌江县学有所成且在本地颇有名气的书法爱好者有黄江敏、陈国华、李云德、郭玉光、黎楚雄、廖恒贤、赵日杰等。1985—1989年，郭玉光的硬笔书法作品入选首届艺苑杯中国书画家精品大展，在香港、台湾、日本、新加坡、加拿大、泰国等地区和国家展出，书法作品被收入《中国书画作品精选》。廖恒贤的书法作品入选全国硬笔书法艺术作品展，并获优秀奖，其书法作品由中国亚细亚艺术研究院收藏，作品和传略被收入《中国硬笔书法家辞典》。黎楚雄的毛笔书法作品入选日本国举办的国际文化交流展，在东京美术馆展出，并被该馆收藏。书法作品被收入《世界当代书画家作品集》。赵日杰的毛笔书法作品参加中南五省青少年书法大赛，获青年组优秀奖。1990年，全县有15名书法爱好者在省级以上刊物发表作品和参加书展，其作品共43件，其中获奖作品32件。1999年，为加大对昌江书法创作工作的扶持力度，由县文化主管部门牵头成立昌江黎族自治县书法创作协会，组织全县广大书法爱好者开展书法艺术创作和交流活动。从成立之日起至2006年初，全县共举办三届书画作品展，展出的书画作品达300多件（幅）。其中，2006年2月16日举办的第三届书画作品展展出该县40多位书画爱好者的作品80多件（幅）。2004年，《昌江文艺》复刊后，不定期地开辟书画专栏，推出书画新人新作，从而促进了昌江书画艺术的繁荣。

八、摄 影

新中国成立前，昌江县无照相业。20世纪60年代，县文化馆购置照相器材，开始拍摄照片。随后，昌江县出现零星的个体照相馆。1973年开始，县文化馆不定期举办摄影艺术培训班，增置照相器材设备。20世纪80年代后，随着彩色摄影越来越普及，业余摄影爱好者日益增多，拍摄技巧也不断提高，由一般的风景人物照向艺术照发展。1984年，"争分夺秒"、"童趣"、"渔港新村"、"黎寨新居"、"棋子湾"、"石碌水库"等摄影作品参加海南青年影展。1985年，"嬉浪"、"惜时如金"、"矿山之夜"、"焊花飞舞"等参加"五指山、阿瓦山"影展。1986—1987年，"新港夕照"、"石碌河畔"等分别参加"宝岛新姿"影展和"南粤风采"影展。1990年，从事业余摄影活动的爱好者共150多人。截止到1999年，昌江县从事业余摄影活动的爱好者人数增加到300多人。县文化主管部门还不定期地组织摄影爱好者下乡采风，并选送优秀摄影作品参加省、国家级摄影作品评比活动。截止到2005年，共有十余名摄影爱好者加入了省、国家级摄影家协会。

九、谚 语

昌江地区流传的谚语主要内容有劳动人民认识自然和总结生产经验、传授经验知识，以及对社会生活的评论、对不良现象的讽刺和对好人好事的表扬等，是广大人民群众朴素的科学观念同巧妙和艺术的想象相结合的产物。

第三节　文化市场管理

一、文化活动场所

昌江县较早的文化活动场所是 1957 年建造的海南铁矿电影院。之后，在全县范围内又相继兴建许多文化活动场所。1960—1986 年，昌江县城（含海南铁矿）、乡镇先后建起的文化活动场所有昌江县石碌影剧场、矿山公园、海南叉河水泥厂影剧场、海南铁矿影剧场、昌化镇影剧场、海南霸王岭林业局影剧场、海南铁矿建筑公司影剧场、海南铁矿河北影剧场、石碌影剧院、石碌镇影剧场，海尾、南罗、新港、乌烈、保平、太坡、昌城、石碌等乡镇的影剧场以及大风糖厂影剧场。

二、文化市场管理

1988 年后，昌江县的石碌、叉河、乌烈、昌城、海尾等乡镇开始出现集体、个体兴办的书刊摊、录音带零售点、录像制品销售出租点、录像投影放映厅、电子娱乐室、桌球、卡拉 OK 歌舞厅、音乐茶坊等内容丰富、形式多样的文化娱乐经营场所。同年，县成立文化市场管理小组对全县各种文化娱乐经营项目进行检查、登记、发证，引导文化市场健康地发展，活跃和繁荣人民群众的文化生活。1989 年，全县共有书报摊（亭）17 个，卡拉 OK 歌舞厅 23 家，台球 14 处共 43 张，电子娱乐室 19 家，录像投影放映厅 31 家，音录像制品零售、出租点 36 家，音乐茶坊 16 家。

1990 年，为了加强全县文化市场的监督与管理，县文化、工商、公安等部门联合对县城石碌镇内的卡拉 OK 歌舞厅、餐厅包厢、音(录)像销售点、出租点、录像投影厅、书报摊(亭)、音乐茶坊、电子娱乐室等文化娱乐经营场所进行全面检查,在检查过程中,对存在问题的经营场所责令停业整顿15家、查封2家,缴获非正版音像制品1200盒,没收非法淫秽书刊200册,销毁非正版音像制品1000多盒(片),并对非法经营的8家文化娱乐场所给予以处罚。经检查整顿后,全县共有卡拉OK歌舞厅18家、音乐茶坊15家、餐厅音乐包厢6家、书报摊(亭)14个、电子娱乐室17家、音录像制品销售和出租点33个、录像放映厅27家、台球厅15家共47张。全年共接待外来演出单位9个,演艺员250人。1991年,全县文化市场得到较好的培育,社会兴办的歌舞厅(主要在县城)达12家,文化个体经营户近100家。1996年,为了加大文化市场管理的执法力度,成立了昌江县文化市场稽查队,人员编制5人,隶属县文化体育局。当年,全县共有文化个体经营户114家,从业人员达700余人。1999年,昌江文化市场健康发展,共有歌舞厅9家、卡拉OK音乐茶坊26家、书刊摊点(亭)8个、台球厅32家、溜冰场5家、音像出租点30个、其他文体经营户52户,从业人员700余人,从而初步形成了一个功能齐全、种类繁多的文化市场格局。

2000年,昌江县以"文化打假"为重点,共出动75人(次),开展3次"打击非法音像制品"专项斗争活动,共收缴7种系列盗版VCD片1564盒(张)和淫秽书刊84册,并进行公开焚烧。还先后对县城石碌地区的电子游戏经营场所进行4次集中检查,共出动检查人员34人(次)、车辆4次,检查经营场所25家。其中,吊销文化许可证19家、取缔6家,对非法经营行为进行查处,从而有效地净化和规范了文化市场经营行为。2002年,县文化市场稽查队坚持日常管理和专项治理相结合的方式,加大执法力度,在公安、工商等职能部门的共同配合下,开展打击非法音像制品专项治理活动,共出动380余人(次),

开展各类专项治理活动 8 次，先后检查 100 多家文化娱乐场所、个体户和书摊游商，共收缴违法盗版音像制品 1.9 万余盒（张）和淫秽书刊 600 余册。

第四节　文物遗址

一、文　物

昌江县历史悠久，三千多年前就有人类活动，文物遗迹较为丰富，出土的历代文物品主要有石器、铜器、金器、银器、玉器、铁器、陶器、货币以及革命文物等。1989 年 11 月，治平寺碑、禁采石碌碑、南天策马碑、死难矿工纪念碑、石碌日军碉堡等 11 处被定为县级文物保护单位。1990 年，县博物馆共收藏文物 655 件，其中展品 459 件、库藏 196 件。

汉代铜鼓　1978 年 2 月，于昌江县十月田镇波浪沟出土。同年 10 月，县文化局收藏。1983 年，海南黎族苗族自治州博物馆征集。铜鼓形圆束腰，重 80 千克，鼓身高 55 厘米，鼓面直径 94 厘米。鼓面上铸有四尊青蛙布于四方，中间刻一太阳和光线四射图案，有 6 条晕圈围绕其间。整个铜鼓完好无损，纹理清晰。

禁采石碌碑　位于昌江县石碌镇西部水头村，是清代乾隆年间碑刻。碑左角残缺；碑身断为两块，合并起来高 110 厘米（不含碑座）、宽 40 厘米、厚 9 厘米。正面碑文，两侧及碑阴无题刻。碑额横书，正文直书，字大 3 厘米×3 厘米，楷书阴刻。系清朝廷禁止开采石碌矿山而立。

治平寺碑　位于昌江县昌城乡新城村，碑高 200 厘米、宽 80 厘米、厚 10 厘米。碑额横书，楷体阴刻，字大 12 厘米×10

厘米；碑文直书，楷体阴刻，字大2.5厘米×2.5厘米，共724个字。系清代嘉庆年间昌化县令陶元淳撰写。碑身完好，碑文清晰可见。

南天策马碑 位于昌江县石碌镇水头村，碑高108厘米、宽49厘米、厚15厘米。碑正文"南天策马"四字，字大15厘米×10厘米。落款"民国二十三年秋，防城陈汉光题"。

恩荣牌坊 位于昌江县南罗镇（今海尾镇）大安村，牌坊面东背西，高276厘米、厚273厘米术。系二柱单拱牌坊，梁柱台，牌坊正面阴刻"恩荣"二字，落款为"□□□五月二十日"，恩荣牌坊是为纪念大安峒首王贤佑抚黎有功而建。

卢王公墓 位于昌江县原南罗镇（今海尾镇）大安村东北约100米处，墓坐西北向东南，属清代移葬墓。卢王公原姓卢，字浩，为宋朝护驾将军。称万户侯。宋赵昺南渡，卢浩与子卢高明随驾至广东封开，赵昺死后，诸臣沦落，卢浩父子遂流落到今昌江县南罗镇大安乡王屋村。因恐元兵穷追，改姓为王。墓完好，墓前有祭台。碑高155厘米，宽55厘米，厚12厘米。碑中间楷体阴刻"宋护驾将军卢王公之墓"10个大字，字大5厘米×5厘米，左右各刻"卢高明历代众孙奉祀"、"宣统元年孟冬吉日重立"等字。

赵鼎衣冠墓 位于昌江县原昌城乡（今昌化镇）旧县村北300米处，属宋代墓葬。墓坐北向南，墓碑于"文化大革命"中被毁。其中一段被镶筑在旧县村西水利渠道渡槽中，残碑长120厘米、宽60厘米、厚8厘米。中书"赵太公之墓"，楷体阴刻，字大11厘米×9厘米。赵鼎原南宋解州闻喜（今山西省闻喜县）人，为宋高宗时的宰相。因主张抗金，被秦桧陷害，于绍兴十三年（1143年），贬至海南岛吉阳军任编管。在海南3年，深居简出，杜门谢事。绍兴十七年（1147年）八月，绝食而死，葬于昌化县旧县村，次年得旨归葬于浙江石门。

文翁周公墓 位于昌江县原南罗镇（今海尾镇）大安村，墓坐北向南，墓碑完好。属清代墓葬。周公字国明，清代雷州府海康县训导，因乐育有成，人才不著，曾得到乾隆皇帝的嘉奖。其后代周立功家藏一幅乾隆敕命。敕命书于一幅长180厘米、宽30厘米的黄绸上，有汉满两种文字，两旁各织有两条青龙，青龙中有"奉天敕命"4个字，左为汉文，右为满方，落款盖有清廷宫印，敕命书收藏于县博物馆。

周国明寿幛 由原南罗镇（今海尾镇）大安村周立功保存，1985年转为县博物馆收藏。寿幛长4.3米、宽2.5米。系乾隆三十七年（1772年）周国明的66名弟子所赠。寿幛因其年代久远，除光绪十四年（1888年）重描的寿文尚清楚可读外，寿幛上绣的各种图案已凋落，只能大体上辨认出绣有仙鹤、寿星、八仙、蛟龙、苍松、金炉、凤凰以及驴马和灵芝花卉。寿文两旁织有彩幅，左书"福如东海"，右书"寿比南山"，整幅寿幛装饰讲究，构思巧妙，造型逼真，刺绣精工。

峻灵王庙 位于昌江县昌化镇昌城村西500米处，据史书记载：大陈山（今昌化岭）有一巨石，似人直立，坐镇神山，后汉时封镇海广德王。宋元丰五年（1082年）改封峻灵王。峻灵王庙建于宋代，砖石结构，设前后殿各3间，左右廊宅各2间，中庭设祭坛1个。1952年被飓风摧毁。庙宇中的遗物少量被村民收藏，大部分已散失。1984年，临高、儋州、东方、昌江等地沿海渔民自筹资重建，共1幢3间，面积80平方米。1989年被定为县级文物保护单位。

死难矿工纪念碑 位于海南铁矿矿山公园内，1965年建，碑呈方柱形，水泥石砖建筑。碑高11米，其中座基高2米、宽5米，座托高2米、宽4米。碑身高7米、宽5米，正面镌刻"日寇蒋匪统治时期死难矿工纪念碑"15个大字，碑座下面的碑文记述了矿工在日伪时期的悲惨遭遇和多次反抗斗争的过程。其余三面雕有反映矿工斗争的浮雕。1989年，被定为县级文物保护单位。

二、遗　址

皇帝洞　位于昌江县原王下乡牙迫村东的五勒岭，隔南尧河与牙迫村对峙。洞穴由西向东延伸，长122.5米、宽47米、高15米，总面积5657.5平方米，可容纳万人。洞内石柱、石笋、石钟乳等千姿百态。洞内侧有一天然通口，通向另一个溶洞。洞口有一道石墙，高约3米，为古代防御工事。1984年，县文物普查队在洞内发现并收集了大量米字纹、网纹硬陶片以及石刀、石斧和一副完整的少年骨骼，经鉴定为新石器时期遗存。1989年，皇帝洞被定为县级文物保护单位。

昌化城遗址　位于昌江县城石碌镇西50千米的昌城乡，是海南岛建筑最早的3座城池之一。城墙为砖土结构，上窄下宽，横断面成梯形，周围总长1949米，高6米、宽5米。城墙上建有防御设施。共有雉堞555个，更铺18座，岗楼4座。东西南北四处设4座城门，东称启晨，南曰宁和，西为镇海，北名宁武。城门高3米、宽4米、深5米。城门顶部呈半月形，以生铁铸成。城内东侧为县衙。东门至西门大街路面以砖石铺砌，全长0.6千米，宽5米，是城内最繁华热闹的街道，城内分布挖有36口大小统一，口径相同的水井。城外护城河深1.66米，宽5米。昌化县城池于明洪武二十五年（1392年）兴建。正统十年（1445年）城池修建完毕。县治始从二水洲迁置昌化城。城池建成后，曾遭受3次飓风暴雨的侵袭，历任知县也曾捐资补修，几番倒塌，又几度修复。后由于年代久远，风雨剥蚀，加之年久失修，城墙多处倒塌，护城河部分地段也被沙土填没。直至1950年，城东、西门尚基本完好。此后,由于附近村民建屋盖房,城墙砖石遂被挖走,现仅存一丘丘高低不平的土垛。1989 年,昌化县城被定为县级文物保护单位。

十三村抗捐遗址 位于海尾镇的里仁桥。桥长 11 米、宽 5.7 米、高 5 米。梁式结构,3 墩 2 孔钢筋水泥结构。1930 年建造。1923 年 4 月,海尾镇的林芝修、南罗镇的郑召明组织打显、白沙、道隆、梧高、甘塘、老村、木曲、新村、永安、马地、北方、林好、里仁 13 村农民联合抗捐。同年 5 月初,在里仁桥商议抗捐策略,举行 13 村"歃血结盟"仪式,5 月底,举行抗捐活动。国民党派兵镇压,与村民发生冲突。村民死 1 人,伤数十人,抗捐斗争至年底,终于迫使国民党昌江县政府减少苛捐杂税。1989 年,里仁桥被定为县级文物保护单位。

海尾农民抗敌同志会旧址 位于昌江县原海尾镇(今昌化镇)海农村,系一幢 3 间砖木结构平房。原为农民麦应秋住宅。1938 年 3 月,海尾农业乡在此成立海尾农民抗敌同志会。

国民党昌江县党部旧址 位于昌江县原昌城乡(今昌化镇)昌城村,即昌化城南门庙,为一幢 3 间石木结构瓦房,1926 年 5 月,国民党昌江县党部在此成立。

昌江县第一高级小学旧址 位于昌江县原昌城乡(今昌化镇)昌城村。小学前身为圣贤祠堂,建于 1912 年,1915 年改为学堂,1926 年改为昌江县第一高级小学。学校规模较大,除课堂和教员宿舍外,还设有圣殿、后宫、东廊、西廊等建筑物。圣殿中堂置孔夫子塑像,左右两旁罗列孔夫子七十二弟子牌位。校办公室正中挂孙中山先生画像,两边对联"革命尚未成功,同志仍须努力"。县第一高小在民主革命时期培养了不少革命人才。

第五节 广播电视

一、广播宣传

1962年,昌江县广播站建立初期主要转播中央台新闻和文艺节目,每日播音2次,共2小时。1972年后,广播节目内容以生产为主。1988年10月,昌江人民广播电台建立后,开始利用调频台进行播音,除转播中央台与海南台的"新闻"与报纸"摘要"节目外,自办节目有"本台消息"、"大众生活"、"文艺专场"、"曲艺"等文艺节目。

1990年,昌江人民广播电台每日转播节目时间保持1小时40分钟,播出自办节目时数为5小时,并分别用普通话和海南话进行播音,从而大大地提高了该台的收听率。1994年,县广播电台在自办的节目中又增加了"科普天地"专栏,向全县农村宣传科普知识,使广大农民群众学以致用,收到了良好的社会效益。1998年,县广播电台的播音时间,从原来的每日5个小时增加到8个小时。1999年后,该台还在每周六、日增加"一周播报"节目,深受广大听众的赞誉。2000年,县广播电视台被海南人民广播电台评为1999—2000年度全省广播通讯报道三等奖。2001年底,县广播电视台利用省文体厅无偿拨给4部从意大利进口的1000瓦调频发射机,用于转播中央一套和省一套的广播节目,使该台的广播发射功率比原来增大了3部。2002年9月28日,昌江广播电视塔建成开播,为全县实现广播电视"村村通"的目标打下了坚实基础。

二、电视宣传

1981年10月1日,石碌铁矿电视转播台建成,设有120米高的发射塔1座。开始用1000W发射机通过录像的形式播放中央电视台8频道节目。1987年5月,县广播电视微波站建成,传送中央、广东和海南电视台的广播电视节目信号源,全县城乡观众都可以收看到中央1台、中央2台、珠江台和海南台四套电视节目。

1993年5月和10月,昌江县电视转播台和昌江县石碌有线电视站相继成立,县城石碌的群众开始收看有线电视节目,并通过有线电视收看到县台自办的电视新闻节目。当年,全县有线电视前端1个,有线电视线路干线3000多米,入户2500户,观众可收视20个有线电视节目。1994年,昌江的有线电视网络发展迅速,有线电视网络在县城石碌已基本建成,上网入户占城市总户数85%以上。2001年,县城石碌有线电视上网入户占城市总户数的100%,播出的电视节目达20多套。截止到2005年底,昌江县境内有线电视前端已发展到2个(含海钢公司1个),有线电视干线20千米(含海钢公司),有线电视开始实现光缆传输,有线电视用户(含海钢公司)超过1万户,观众可收看的有线电视节目从原来的20个发展到32个,全县广播电视混合覆盖率达到90%以上,对推动昌江经济文化建设有着深远的意义。

第六节 体 育

新中国成立前,昌江县少数民族地区盛行的传统民间体育项目有爬树、跳竿、弓、弩、射箭等,沿海平原地区则有摔跤、游泳、武术、划龙舟等。这些传统体育多以强身自卫为目的,是昌江主要集镇、乡村逢年过节群众自发组织开展的体育活动。1961年,成立县体育委员会,全县体育设施逐步完善,体育运动广泛开展。1964年,昌江县首次举行体育运动会。

1988年海南建省后，昌江县的体育事业得到了稳步发展，群众体育更加普及，体育人口不断增加，竞技体育成绩斐然，体育设施明显改善。1991年，昌江县少年足球队在全省少年足球队锦标赛上技压群雄，夺得桂冠，开创了昌江体育史上第一个省级冠军。截止到2002年底，全县有各种群众体育协会14个，体育人口占全县总人口的比例的25.8%。

一、学校体育

1. 体育课及"两操"活动

新中国成立后，昌江县各级学校重视学生的体育锻炼。1964年，全县各中小学校推行"两课"（每周上好两节体育课）、"两操"（每天做好广播及眼保健操）、"两活动"（每周上好两节课外活动），保证学生的体育锻炼时间。1966年"文化大革命"期间，学校体育课改为军体课，学校体育活动项目均被队形队列、投弹、射击等取代。1979年，推行"两个暂行规定"（《中小学体育工作暂行规定》、《中小学卫生工作暂行规定》）。1985年，州、县二级工作组按照"两个暂行规定"的验收细则对昌江中学、石碌一小进行体、卫工作检查验收，昌江中学获得合格，石碌一小次年复查获得良好。1986年，县教育局、体委、卫生局组成工作组分别对县职业中学、民中、石碌二小、昌城中学、乌烈中学、昌化中学等学校进行"两个暂行"工作检查，除昌化中学不合格外，其余各校均获合格证书。1989年，全县中小学施行《国家体育锻炼标准》，16间学校8458名学生参加测验，7496人达标（其中小学生1158人），占全县学生总数的24%，占参加测验学生数的87.1%，1976—1990年间，昌江中学每年举行一次运动会，共举办了15届，历届以田径为主，兼有篮球、排球、足球、乒乓球、广播体操、队列比赛等。同年，全县推行新的少年广播体操。2000年，由国家体育总局无偿捐赠的全民健身工程器材，包括健身路径和器材运抵昌江县并安装投入使用，健身路径安装在昌江县第一小学。2002年3月22日，昌江中学田径运动场工程建设开工。

2. 重点训练

20世纪60年代以后开展业余训练工作，在学校中选拔具有一定体育技能和基本知识的适龄学生，作为县集训队的队员进行不定期的业余训练。训练项目有篮球、排球、足球、田径等。

20世纪80年代，中小学的业余训练工作转入正常化。县体委以业余体校为阵地，派出专人，深入各中小学校，分批、分期组织有专长的学生训练。1982年9月，县业余体校足球班正式开始训练，首批队员20人，利用每天下午课余时间进行训练。1983年，自治州体委发文将州业余体校女子篮球班放在昌江县试办。同年3月，该班正式训练，首批人员10人。1985年初，足球、篮球两个班停办，同年9月，开办田径班并开始训练，首批队员15人，其中一半为农村黎族子女。1990年10月，海南省文体厅训练竞赛处分配两个业余训练重点布局班（足球、田径）在本县正式开训，学生40人。同年底，全县学校中坚持经常性训练的运动队有篮球队9个、排球队3个、足球队8个、田径队8个、武术队1个，受训学生470人。2000年，全县中小学专职体育教师66人（不含兼职)，学校坚持开展《体育锻炼标准》工作，达标率已超过88%。截止到2003年底，与第五次"全国体育场地普查"结果对比，全县体育场地总数从1996年的344个增加到504个，7年间新建160个体育场地，平均每年新建23个。2004年，全县有各类等级的裁判员、指导员85人。

二、群众体育

1. 传统体育

昌江县传统体育有划龙舟、摔跤、爬竿、跳竿、射箭、粉枪射击、打狗棍、荡秋千等项目。

划龙舟 在海尾、南罗、新港、昌化等沿海乡镇最为盛行，自古至今代代相传，每逢"端午节"都举行龙舟竞赛。龙舟有大小之分，大龙舟长约 15 米、宽 3 米，可乘坐 40 人，赛程为 1200 米；小龙舟长约 5～7 米，宽约 1.5～3 米，可乘坐 20 人，赛程为 600～800 米。新中国成立前，以男子组队相赛，获胜者奖品多为一头牛或一头猪。1965 年以后，增设女子甲乙队，表演者身着运动服坐于龙舟上，双脚向前紧蹬，双手握桨向前摇荡，以累计总分最多者为胜。历次比赛新港队多次获胜。新港因划龙舟出名而成立龙舟竞赛委员会。20 世纪 80 年代以后，龙舟赛活动得到县政府的重视，每年龙舟赛时均组织学生敲锣打鼓、唱歌跳舞助兴，各村男女老少身着盛装前往观看，为运动员助威呐喊，场面热闹壮观。

摔跤 摔跤比赛一般选一块平整地，由两个力量相当的人站在平地中央，表演时两人拉开架势，选中对方的弱点立即冲上前双手把对方抱住，用力把对方往下拉，左右脚配合，动作快速，直至把对方压在地下数分钟不能翻起为胜。新中国成立后，此项活动曾经最为盛行，适合成年人和儿童参与，20 世纪 70 年代以后，农村体育不断发展，摔跤只做为一种工余歇后运动。

爬竿 器材简单易取，无规则场地，在任何一块空地立若干根竿即可进行比赛。比赛时，参赛者用双手攀援向上爬，动作敏捷，以最先达顶端者为胜。

跳竹竿 旧时黎族人民每年常以"秋收"为背景，在各寨区跳竹竿欢庆。跳竹竿时，在平坦的场地上平行放两根长约 6～

7米的竹竿，在竹竿上面横放若干根竹竿（一般八根）。表演者分打竿和跳竿若干人。表演时打竹竿人分成两排站在平行的长竿外边，活动开始，打竿人双手各握一根竹竿的末端，在锣鼓和乐器的伴奏下，打竿人将手中的竹竿相互叩打，或蹲或坐或站，敲杆节奏变化无穷，时而一开一合，时而一上一下，既整齐又有节奏，跳竿者紧随竹竿的开合节奏在竹竿的空隙中左跨右跳，动作变化无常，特别引人注目，使人陶醉。如果跳竿者的腿、脚跟、脖子和腰被竹竿夹住或碰到就被淘汰，自动退出场地。凡经过坐打、蹲打、站打而保持不被竹竿碰到的人，就算跳竿优胜者。20世纪80年代后，跳竹竿活动被列为民间艺术管理，每逢黎族的"三月三"节日或盛大节日都组织跳竹竿舞，以此表示庆贺。

弓弩、射箭 弓以木或竹拗弯配以藤、兽皮筋为弦而制成，一般弓长为100~150厘米，箭竿用竹、木削尖制成，无箭羽，箭杆长80厘米，弩与弓制法相同，其造型也与弓相似。比赛一般选择在传统节日里，比赛时击鼓为号，主持者在树上悬挂一牛腿（也有牛头、猪头）作靶子，表演者在50步开外的位置上站立，持弓拉弦用箭对准靶子，射箭在规定箭数，射中靶心多者为优胜，优胜者取走牛腿与同村参赛者分享。新中国成立后，此项活动一般在黎族"三月三"节或其他传统节日里进行。县政府组织的少数民族体育运动会也有此项目。

粉枪射击 粉枪亦称火药枪，表演者在几十米远的射程内，举枪瞄准靶子，以击中规定目标为胜，颁奖办法与弓、弩的比赛大致相同。20世纪80年代以后，此项活动得到县政府的重视，每年"三月三"或县办的少数民族运动会都被列为主要项目。

荡秋千 表演时，由一人或两人站在秋千上，手抓绳前后摆动，在规定时间内，视谁荡的次数多、荡得最高为胜。

打陀螺 在黎族居住的许多村寨里，年轻人在农闲或节日聚集在一起，举行"打陀螺"的比赛，它是一种培养臂力和灵活性的运动。

陀螺是将坚硬的木头砍削成平头、身小的圆锥型，直径为8厘米，高为9厘米，鞭竿长1米，鞭绳长1.5米。一般选择在十几或二十米的空旷场地上，分两队进行比赛，每队人数相等。先由一方旋放陀螺，旋放的陀螺需按规定用鞭绳缠绕住陀螺的圆锥部，然后用腕力猛地掷出，使陀螺在规定的圈内转动。另一方则是在一定距离外用鞭绳套绕的陀螺去碰击对方圈内的陀螺，把对方陀螺击出圈外，以击中的次数多少和旋转时间的长短决胜负。

拔河（拔藤） 黎族的拔河有它的独特性，具有浓郁的民族特色。每年的正月初二至十五，黎族村寨里的青年男女都聚集在晒谷场或一场空地上，用一根从山上砍来的直径4~5厘米的山藤进行拔河比赛。比赛分成甲乙两方，双方人数相等，参赛人数要根据山藤的长短来决定，有时各四五人，有时七八人不等。比赛规则为：参赛者推荐一名裁判员，选出的裁判员站在两队中间，划一道横线，并用一只脚踩在横线上，手握藤中心。一声令下，双方你来我去，围观的人们也激动地吆喝加油，如果哪一方先碰到裁判员的脚则为输，赢的一方欢呼雀跃，也将得到一定的奖品。

拉乌龟 乌龟常被誉为是健康长寿的象征。黎族的"拉乌龟"体育活动是模仿乌龟行走方式，创造出趣味性很浓、竞争性极强的项目。在农闲季节或喜庆节日，青年男女相聚在一起，准备好一根数米长的麻绳或山藤，选择一块平地，划好自定的界线。比赛时，双方背对背将绳子（藤）的另一端各系在腰间，双手伏地，似乌龟爬式，然后各自向前用力拉，不准双手（脚）离地，如将对方拉过规定的界线则为胜者。此项活动对于锻炼人腰腹力、培养人的拉力技巧有一定益处。

赛牛 是一项锻炼少年勇敢、顽强精神的传统体育活动。方法是：参赛者在草坡或荒地上划出一定的距离（距离长短由双方定），各人坐在自家的水牛背上，用鞭子或树枝赶着牛跑，看谁坐得稳而牛又跑得快。

背媳妇 每年的黎族传统节日"三月三"，黎族同胞们就聚居在一块空地上举行背媳妇比赛活动。该项目可根据人数来分组，每组2人（一男一女），每次由两组进行，实行淘汰制，男背着女，分别向规定的终点奔跑，哪一组先到达终点就是优胜者。在场观看的人兴高采烈，笑声不断，令人回味无穷。

2. 职工体育

新中国成立初期，由于缺少体育场地和器材，加上没有建立专门的体育机构，职工体育一直处于自发状态，大跃进时期，实施"劳卫制"，部分职工体育活动活跃。20世纪60年代，县直机关、厂矿均设有简易篮、排球场，干部职工开展工间操活动，各单位组织了业余运动队。1965年，昌江县职工足球队在参加自治州举办的职工足球比赛中获得冠军，并代表自治州队参加广东省职工足球赛。1974年，在自治州第四届运动会的上获得足球项目冠军。

20世纪80年代以后，昌江的职工体育活动形式多样，县直机关、昌江糖厂、工商行、农行、保险公司、交通局、公路分局以及社会青年等，先后组织了"海东"、"飞运"、"金融"、"南华"、"三角"、"春苑"等运动队，经常利用节假日进行比赛，活跃了职工文化生活。1981—1990年，先后举办九届职工长跑运动会。期间，昌江县曾两度被评为广东省"长跑活动先进单位"。1991—2000年，全县金融系统，县工商、财政、税务等单位都相继在自己的办公地点、职工宿舍建起篮球场、排球场、乒乓球室、网球室以及健身室。1997年，县工商银行昌江支行被国家体委授予"全国全民健身宣传周活动先进单位"称号。1998年12月，县地税局被国家体育总局授予"1998全国全民健身宣传周活动先进单位"称号。2005年前,驻昌江境内的企业,如海钢、红林、农垦水泥厂、国投水泥厂、华盛水泥厂也纷纷投资建造上规格的职工文体活动场所。每年"五·一"都由县文化主管部门牵头,举办全县性篮球或者排球邀请赛。同时,各企业还与县政府联合举办各种长跑、登山等活动。

3. 老年人体育

20世纪80年代中期,昌江县的离退休干部职工自觉进行体育锻炼活动,活动项目有门球、乒乓球、桥牌、象棋等。海南铁矿工会、铁矿退管处为该矿的离退休老年人建起了3个门球场、1个老年人活动中心。1985年12月,在自治州举办的首届老年人运动上,昌江老年队获得1个乒乓球男子单打冠军。1986年10月13日,在自治州第二届老年人运动会上获得2个乒乓球第二名、1个门球第三名。1989年,海南省举办首届老年人运动会中,昌江县老年人体育代表队获得钓鱼个人1个第二名和1个第六名、太极拳集体第八名、健身操集体第八名。同年10月,成立昌江黎族自治县老年人体育协会。1981—2004年昌江县共举办了16届长跑比赛,其中,有10届长跑比赛设有老人组,赛跑长度有12千米、6千米、4千米、3千米等。

4. 农民体育

主要项目是篮球,其次为排球。1973年,昌江县南罗镇(今海尾镇)新港村建起一座灯光球场并组建男子篮球队,是该县组队较早的一支农民篮球队。1976年,新港队代表昌江县农民篮球队参加自治州举办的首次农民篮球赛,获得冠军。全县各乡镇每逢过节或农闲时都进行村与村之间的篮球或排球友谊赛。

1985年10月,昌江县第一支由群众自发组织命名为"海东"的足球队成立。1992年5月,县文体活动中心篮球场落成使用。同年5月、12月,叉河镇先后被海南省授予体育先进乡镇光荣称号和被国家体委授予"全国群众体育先进单位"称号。

1995年10月，叉河镇被国家民委和国家体委联合授予"全国少数民族体育先进单位"的光荣称号。2000年10月，太坡镇、乌烈镇、十月田镇分别被省文体厅授予"海南省体育先进乡镇"称号，同时，太坡镇还被国家体育总局和国家农业部授予"全国亿万农民健身先进单位"称号。

三、体育竞赛

昌江县田径代表队于1961年成立，代表队曾先后5次参加和作为自治州、海南行政区的代表队出席广东省举办的田径比赛，均获得较好的成绩。1972年11月，在自治州中小学生运动会上，昌江的叶晨江获男中学组三项全能，总分1172分。1974年6月，在自治州第四届运动会上叶晨江获男子成年组10项全能，总分3932。1982年5月，昌江体育代表队在自治州第五届运动会上获少年田径赛总分第6名。1986年3月，在自治州第五届中学生田径运动会上昌江队获女子团体总分第3名，男子团体总分第4名。同年，在自治州第六届运动会上，获田径赛总分第5名，洪学博获男子成年组10项全能，总分4235；陈少华获少年甲组5项全能，总分2361；熊瑞珠获女子少年乙组4项全能，总分1787；苏海平获男少年甲组5项全能，总分204.5。1987年5月，在自治州少年田径赛上，获总分第2名；陈育南获男甲组5项全能，总长2640；熊瑞珠获女子甲组5项全能，总分2585；刘少晖获女子乙组4项全能，总分2294。1989年12月，在海南省第二届中学生田径运动会上，昌江县获得总分43分，陈风华1人分别2次破100米和200米跑的省中学生女子纪录。

1991年7月，昌江组队参加海南少年足球锦标赛，荣获冠军，成为昌江县历史上第一个获得省级体育竞赛集体项目的最好成绩。1992年7月，昌江县承办海南省青少年足球比赛，来自全省各市县的11支代表队共265名运动员参加角逐，昌江县少年足球队获得第四名。1994年4月，昌江组队参加海南省第一届少数民族体育运动会，获得1个第三名，2个第四名，2个第六名。1996年4月，组队参加全省青少年田径锦标赛，获得1个第二名。2001年12月，省文体厅和省体育总会主办的"2001年力加杯海南省排球联赛（西部赛区）"在昌江县城石碌举行，来自澄迈、儋州、万宁、昌江4市县的代表队参加角逐，昌江排球队夺得桂冠。2002年4月，组团赴五指山市参加海南省第二届少数民族传统体育运动会，荣获总分第六名。2004年，昌江组团参加海南省第二届体育运动会，荣获田径成年组总分第二名。其中，金牌4枚、银牌4枚、铜牌2枚，金牌总数列全省第15名。男子组游泳团体总分第八名，男子组乒乓球团体第八名，女子组乒乓球团体第八名。2005年6月，昌江县少年乒乓球代表队分别荣获海南省少年乒乓球锦标赛男子团体第三名、女子团体第三名，其中个人冠军1个、第三名1个，并获得集体体育道德风尚奖。

第十四章　卫生医药社会保障

新中国成立后，党和政府十分重视人民的医疗卫生工作，培养医疗卫生技术人员，加强卫生管理，改善卫生医疗设施，改变缺医少药状况，促进卫生事业的发展。1961年，新置昌江县的同时，成立县卫生局。1970年，昌江县农村全面实行合作医疗制度并形成了县、乡、村三级卫生保健网络。1990年，县、乡医疗卫生机构已发展到18个，个体和联办医疗机构23个，全县医务人员（含赤脚医生）共1135人。截止到2002年底，全县（含厂、矿、农场）已有医疗卫生机构144个，形成了覆盖城乡的医疗预防保健网络，造就了一支拥有1067名卫生专业技术人员和285名乡村医生、卫生员、接生员的卫生队伍。全县总计床位504张。医药工作发展较快，先后成立了县药材公司，增加了中药材收购点和收购种类，经营中西药材，鼓励农民种植槟榔、砂姜等南药。还加强药政管理，取缔游医药贩。打击假冒伪劣药品卓有成效，从而促进人民群众的健康水平不断得到改善和提高。社会保障事业势头看好，以实施养老保险、工伤保险、医疗保险为重点，深化社会保障制度改革，加大社会养老保险监管与征收力度，做到应征尽保，社会保障体系得到不断完善。

第一节 医疗卫生

一、行政单位

1. 县卫生局

1961年,新置昌江县的同时,成立县卫生局。1965年10月至1969年,县一级医疗卫生事业合并办公。1970年,县医疗卫生行政机构改称为县人民卫生服务站革命委员会。1973年10月,恢复县卫生局。1982年,县卫生局内设医防股、政工人事秘书股。1985年,取消政工人事秘书股,设立人秘股。1990年,县卫生局共设有业务股、人秘股、行政股3个股,有干部职工17人。县卫生局管辖全县17个医疗卫生事业单位及负责驻县各厂矿企业医疗单位的业务指导工作。2002年,县卫生局设行政股、医政股、防保股、人事股、财务股,有干部职工13人。截止到2005年底,县卫生局设有行政股、人事股、医政防保股、财务股,有干部职工12人,管辖全县19个医疗卫生事业单位及负责驻县各厂矿企业医疗单位的业务指导工作。

2. 县爱国卫生委员会

1961年,新置昌江县后,昌江县爱委会成立。"文化大革命"期间,爱国卫生工作遭到破坏,爱国卫生机构被撤销。1979年10月,恢复爱委会,由县委主要领导担任委员,爱委会设立办公室,为常设县副局级行政机构。业务经费和日常活动经费由县财政专项列支。爱委办的职能是负责全县的爱国卫生、环境卫生管理。1990年,县爱委办配备人员6人,爱国卫生监督队8人,城监队4人,食品卫生监督员8人,街道清洁工42人,花木工21人。1997年,爱国卫生委员会的内设股级机构环卫站划归石碌镇管理。2000年11月，内设的爱国卫生监督队、城监队人员划归城建部门。截止到2002年，爱国卫生委员会有工作人员10人。

二、事业单位

1. 县人民医院

1961年6月成立。院址在县城石碌河南（现中医院内），建院初，有茅草房5间，医务人员8人。同年底增加到40人，有普通病床15张，设有西医门诊、中医门诊和妇产科等。

1962年12月，院址迁到石碌河北（现县医院第二门诊部），建有一幢800平方米的砖木结构2层楼作为门诊部和病房，设有内科、外科、化验室、X光室、中医诊室、注射室、西药房、中药房等。有病床30张。1963年7月，增设外科手术室。1970年扩建人民医院门诊大楼，面积700平方米。1982年，在石碌河北新建住院部，面积2519平方米，内分普通病房和传染科病房。1987年，在住院部前面，兴建综合性门诊大楼（即县第一门诊部），面积为2900平方米。

20世纪90年代起，县人民医院有了较大的发展，医院占地面积达80亩，建筑面积1.5万平方米，其中医疗用房9000平方米。医院设有两个门诊部和一个住院部，开设的科室有：内儿科，外科，传染科，妇产科，中医科，牙科，X光科，检验科，手术室，理疗室，制剂室，供应室，A、B超声波诊断室，心电图室，脑电图室等科室。设置病床182张，有医务人员174人。1980年以后，还进行肺破裂修补、子宫癌切除清扫等大型手术。1990年，县医院抢救危重病号282例，抢救成功250例，成功率达88.65%。全院治愈率为66.45%，病床周转率为16.75%。

1991年以来，县人民医院不断更新医疗设施和设备。建起了功能齐全的住院部大楼、120急救中心，从美国进口一套螺旋

CT机,购买了先进的数码X光机、全自动血液分析仪、自动麻醉机、自动心电监护仪、多普勒心脏彩色B超机、电子胃镜等。能成功开展的外科大手术有:①颅脑手术:凹陷性骨折整复术、开颅减压血肿清除术、去骨瓣减压血肿消除术、脑室引流术;②骨科手术:股骨颈骨折空心加压螺钉内固定术、股骨颈骨折可折螺钉内固定术、股骨颈骨折内固定带缝匠股骨瓣植骨术、人工股骨头置换术;③普外手术:乳腺癌、结肠癌、胃癌、腮腺癌、肾癌、食道癌等根治术、肾巨大襄肿切除术、肺叶切除术、胆肠吻合术、前列腺摘除术等。1991年治愈好转率为91.03%,2002年上升至94.60%;1991年危重病人抢救成功率为89.58%,2002年上升至94.50%。1996年12月,县人民医院被国家卫生部评为"二级甲等"医院。1997年,被国家卫生部评为"爱婴医院"。2002年,县人民医院业务收入755万元,比1991年增收564万元,平均每年增长2.5%。截止到2005年,县人民医院有床位155张,医务人员218人。

2. 县中医院

1986年12月,由石碌镇卫生院改名挂牌成立,建院时有医务人员及后勤人员共21人,设中医科、针灸科等科室。

1990年,院内设有中医内儿科、正骨科、针灸科、中西医结合科、手术室、中西药房及放射科等室。病床40张,有医务人员36人,其中,中医主治医师1人、西医内科主治医师3人、西医师1人、中医师2人、护理师5人。1990年,收治病人36000人次,业务收入31万元。1991年后,县中医院为了提高医疗水平,先后购进了辐射式新生儿抢救台、电动人流吸引器、数码电子阴道镜、红外线乳腺扫描仪、微波治疗仪、多普勒胎心监测仪、酶标工作站、电解质分析仪、X光机、血液细胞分析仪、血疑仪、半自动生化仪、尿十项分析仪、自动离心机、小离心机等现代化医疗设备。能够开展的手术有双侧甲状腺次全切除术、胆囊炎胆结症、泌尿道、胃肠道以及骨科、妇产科等手术。县中医院每年大小手术达到400多例，能够成功抢救各种急危重症病人。1997年，县中医院开设"中西结合治疗高血压病"专科诊室，疗效深受患者的欢迎。2000年，县中医院重新装修门诊大楼，改善硬件设施。2002年，县中医院业务收入达233.4万元，比1991年增收215.2万元，平均每年增长0.7%。截止到2005年，医院有病床60张，医务人员60人。其中，中医主治医师3人，西医内科主治医师2人，西医师8人，中医师1人，护理师6人，年门诊量3.3万人次，年收住院病人1500人次，年总收入突破300万元。

3. 乡镇卫生院

1961年起，昌江县先后成立乌烈、昌城、叉河、十月田、海尾、南罗、保平、太坡8个公社卫生院，配有西医士、护士、助产士等卫技人员89人。设有病床共15张，总建筑面积2237平方米。1983年9月，撤销各公社管委会，改称为区公所，各公社卫生院也相应改为区卫生院。1987年4月，撤销区建制，全县设8个镇4个乡，各区卫生院改为乡（镇）卫生院。

1990年，全县共有乡（镇）卫生院11个，人员147人。各卫生院普遍设有综合性科室、西药房、中药房、X光室、化验室、分娩室、注射室、A型超声波诊断室、计划免疫工作室、急诊室等科室。医疗设备有X光机、显微镜、高压消毒器、蒸馏水器、氧气瓶、磨碎机等医疗器械，可以开展普通的外科手术。此外，计划免疫工作取得一定的成绩。从1996年起，为实现国家提出"2000年人人享有初级卫生保健"的奋斗目标，昌江县加大了对农村卫生工作的力度，加强农村卫生技术人员的培养教育，加大医疗设备的投入和房屋的建设。1999年，昌江县利用实施卫Ⅸ项目的契机，加大对乡镇和村妇幼保健人员的培训力度，每季度召开一次县对乡镇级妇保人员的培训例会，旨在提高他们的专业知识和业务水平。另外，由于实施卫Ⅸ项目工作，乡镇卫生院房屋建设得到加强，医疗仪器设备，如 B 超机、手提氧气瓶得到补充，新的接生技术得到推广，农村产妇普遍愿意到乡镇卫生院分娩。

2003—2004 年，全县每个镇卫生院都配备了光学显微镜、手提式氧气瓶、B 超机、X 光机等设备，从而提高了镇卫生院的治疗水平，满足了农村群众的医疗要求。乌烈、十月田等镇卫生院还利用卫Ⅸ项目资金，加强产房建设，提高农村产妇住院分娩率，全县农村产妇住院分娩率同比增长 20%。

2005 年 1 月—11 月 30 日，全县购买价值 190 多万元的医疗设备（多普勒、心电监护仪、X 光机、B 超机、心电监护仪等），分 7 批充实到全县 11 个镇卫生院。2004—2005 年共投放建设资金 226.45 万元，兴建全县 11 个卫生院的工作用房，新建和改造面积共 3910 平方米。全县 11 个镇卫生院共有人员 133 人，其中主治医生 5 人、医师（士）53 人、护技药类 40 人、其他人员 35 人。

4. 村卫生所

1961 年 5—12 月，全县各大队、生产队先后成立村卫生所共有 18 间，有工作人员 33 人。1970 年，全县 65 个大队开始实行合作医疗制度，参加合作医疗的群众都在大队卫生所就诊，医药全部免费，主要药物为草药或常见药剂。1980 年以后，县卫生局通过多种渠道培训了一大批乡村卫生所的赤脚医生，提高他们的业务水平，取得了一定的成绩。1981 年 10 月 25 日，全县 195 名赤脚医生经广东省卫生厅统一命题考试，有 93 人取得了乡村医生合格证书，有 102 人取得赤脚医生合格证书。1982 年，经原海南黎族苗族自治州卫生局命题统一考试，全县合格的赤脚医生 219 人、乡村医生 94 人、卫生员 125 人。1985 年，全县乡村医生和卫生员联合办医疗点 31 个。1988 年，全县 72 个管理区、106 个自然村共有医疗点 156 个，其中个体行医点 96 个。

共有乡村医生93人、卫生员110人。

从1998年起,县卫生局连续三年选派部分年轻的乡村医生参加省卫生厅组织的"爱德基金"教育,让他们学成归来后能够为当地村民提供卫生服务,同时,建立健全村级卫生网络,分别在全县76个行政村设置1家村卫生室,在每个自然村配备1~2名乡村医生和妇保人员。2003年,县卫生主管部门为了提高乡村医生的技术水平,先后组织全县133名乡村医生参加学习培训,重点学习《乡村医生从业管理条例》。同时,还选送110名乡村卫生人员到省内外学习进修和参加医学继续教育。2003年,取消卫生员制度,原卫生员职能由乡镇医生担任。2004年,县卫生局举办两期乡村医生专业知识培训班,并组织发动乡村医生和医学院校大中专毕业生参加乡村医生资格考试,通过系统的专业考试后,淘汰了一批专业技术水平差的乡村医生,吸收一批大中专毕业生到乡村医生队伍中,从而改善了乡村卫生所的人员结构,提高了乡村医生水平。2004年,全县通过考试竞岗方式重新确定乡村医生执业资格,共有167名乡村医生取得执业资格。截止到2005年底,全县共有村卫生室589,个体诊所43个,乡村医生、接生员共285人。

5. 县卫生防疫站

1961年6月,成立昌江县卫生防疫站,有干部、职工12人,设有防疫科和寄生虫病科。1963年,防疫站与县人民医院合并,由县人民医院统一管理。1974年,恢复防疫站,与县人民医院分开。同时增设卫生科,人员增加到14人。1979—1984年,先后兴建了检验楼和办公楼,面积共1000平方米。1985年,为了方便群众看病,县防疫站增设了门诊室。

1990年,站内设有防疫科、寄生虫病科、卫生科、染疫科、宣教科、化验室、门诊室等科室。共有干部、职工37人,其中西医师10人、检验师1人。防疫设备也基本配套齐全,有分析天平、显微镜、X光、低湿冰箱等。1997年以来，县防疫站每年都根据工作要求，开展形式多样的疾病防疫工作。每年春、秋两季，组织医护人员深入石碌镇、七差乡、王下乡等偏远的山区开展抗疟等热带病防治工作。组织人员定期对县内各幼儿园、小学的学生以及全县生产经营单位人员进行体检和食品卫生监督监测工作。

2002年9月，县防疫站理顺了疫苗归口管理、学校体检归口管理等。同年还协助国家卫生部在全县4个乡镇采集标本2360人份，按质按量完成全国人体重要寄生虫病现状调查工作。截止到2002年底，全县出生儿童2427人，入册人数2360人，入册率97.2%，建证率96.8%。基础免疫工作情况：卡介苗接种2305人，接种率95%；糖丸接种人数1583人，接种率92%；百日咳接种1365人，接种率91%；麻疹接种573人，接种率89%；乙脑接种2023人，接种率78%；县城地区新生儿乙肝疫苗接种率100%，及时接种率81%，农村新生儿乙肝疫苗接种率25.7%。此外，县防疫站重视加强免疫和强化免疫工作，重视霍乱的监测、登革热的监测与控制、艾滋病的预防与控制、细菌性痢疾监测、碘缺乏病监测、炭疽预防、狂犬病的监测、麻疹局部暴发的控制、口腔医疗机构消毒灭菌质量监督工作等。

2003年，在"非典"防治工作的应急状态下，县防疫站共组织业务人员开展宣传咨询活动5次，咨询人数4500人次，培训人员286人次，累计清毒县城地区公共场所46万平方米，累计出动消毒车辆4375辆次，疫情调查组出动人员60人次，对7名"非典"可疑病人、1名"非典"密切接触者进行了流行病学调查。2004—2005年，为加大基础设施建设的力度，县防疫站还利用国债资金100万元兴建县疾病预防控制中心综合大楼，建筑面积1180平方米，该中心的建成，既解决了昌江县疾病预防控制工作的办公场地紧缺问题，又为更好地开展科学的疾病预防控制工作、应对突发公共卫生事件创造了良好的条件。

6. 县妇幼保健站

1961年成立，与县防疫站合署办公，人员配备6人，管理全县妇幼工作。"文化大革命"期间，县妇幼保健站被撤销，1970年恢复，不久又和县计划生育办公室合并，有医务技术人员3人，设有病床10张。1976年，与计生办分开。1977年以后，妇幼保健机构逐步健全，县、乡、村三级妇幼保健网形成。1983年，开设了妇幼门诊和计划生育门诊。1984年，建造一幢300平方米办公楼。1985年，增设检验室、门诊手术室和西药房。1987年，开展儿童智能测查工作。1990年，县妇幼保健站共有干部、职工17人。

从1999年起，相继实施世行贷款卫Ⅸ项目、妇幼子项目、医疗扶贫救助工程、母亲安全项目和"中国/联合国儿童基金会妇幼卫生合作项目"，由于得到项目资金保证，昌江县农村妇幼卫生保健工作得到较快发展。

2003年，妇幼卫生保健工作在上年的基础上又有了明显的改善，在卫Ⅺ项目工作中，完成医疗扶贫人群覆盖率达100%，2005年，昌江县孕产妇保健管理率为62.04%，同比上升2.22%；儿童保健管理率59.86%，同比上升6.03%；住院分娩率65.7%，同比上升21.5%；新法接生率95.06%，同比上升1.06%。

7. 县皮肤病防治站、慢性病站

1962年在县防疫站内成立，有医生2人，由于工作人员少，皮肤病防治站（简称皮防站）暂时由县防疫站统一领导。1978年，县皮防站改名为慢性病防治站，负责全县慢性病的防治和麻风病院的管理。1986年迁到县卫生局大楼办公。1988年设皮肤病门诊。

从1994年起，县结核病防治所（慢性病站）开始在全县范围内实施"世界银行贷款中国结核病控制项目"和"中国结核病控制项目十年规划（五年实施计划）"，免费治疗传染性肺结核病人，项目覆盖率达100%，化疗远期治愈率达96%以上，均达到项目要求，多次受到国家卫生部、省卫生厅项目检查组的肯定和表扬。

2003年4月13日，昌江县启动全球基金疟疾和结核病控制项目，并加强对霍乱、登革热、艾滋病、疟疾、麻风等疾病的预防控制工作。2004年1—11月，共收治性病50例、治愈率100%，发现1例麻风病病人，治愈率达100%，监测麻风病人5例，监测率100%，归口转诊收结核病149例，转诊率达90%以上，发现活动性结核病208病，治愈率达90%以上。截止到2004年底，昌江县基本消灭麻风病和血吸虫病，并通过了省卫生厅的检查验收。截止到2005年，皮防所共有工作人员18人，全年专科门诊诊疗病人数约6200人次。

8. 县卫生监督所

2005年5月，成立昌江黎族自治县卫生监督所，隶属县卫生局管理，地址在县卫生局办公楼，人员配备5人。主要职能是代表县卫生局行使卫生行政许可、公共卫生监督、医疗卫生监督以及医疗卫生违法行为的投诉、举报，开展卫生法律法规宣传。

9. 县新型农村合作医疗管理办公室

2006年5月，成立昌江黎族自治县新型农村合作医疗管理办公室，隶属县卫生局管理，地址在县卫生局办公楼，配套人员6人。主要职能是负责全县合作医疗基金筹集、运作和管理、编制合作医疗基金的预决算方案以及合作医疗证的核发和医药费用的审核、补偿工作等。

附：省属企业单位医院

1. 海钢公司职工医院

1957年7月1日，石碌矿山正式投产，海南铁矿工人医院也同时落成开张。初建住院大楼一幢2500平方米，同时，在河南区消防队旁建门诊部378平方米。全院设有病床70张，干部职工110人。1990年底，医院总基建投资人民币539.456万元，总建筑面积22875.65平方米，医院病床发展到370张。在采矿部、选矿厂等13个单位设立13个保健站，为生产第一线服务，从而方便了职工家属就地看病，形成了全矿范围内的医疗防治网。1990年，该院拥有各种新的医疗设备99台件，比较先进的贵重仪器设备有国外进口的B超机、纤维胃镜、纤维结肠镜、纤维膀胱镜、300毫安X光机等。医院的医疗技术水平不断提高，外科治愈率均在85%以上，传染科治愈率达94.13%，成为具有一定规模的现代化矿山医院。

1991年后，海南铁矿工人医院又先后购置一批先进医疗设备。并能成功开展肾切除手术、腰椎间盘摘除手术、胃癌、乳腺癌等根治手术以及人工股骨头置换术、腹式阴式全子宫切除术、巨大子宫肿瘤切除手术和巨大卵巢囊肿切除手术等。治愈率从1991年的88.36%上升至2002年90.93%。危重病人抢救成功率从1991年的88.04%上升到2002年的93.70%。

2. 国营红林农场医院

红林农场医院前身为叉河农场卫生院，成立于1962年8月，院址设在场部。1963年3月，随场部搬迁到原海南农具厂。1969年，广州军区建设兵团四师医院成立，这时叉河农场卫生院改称为卫生队。1974年，建设兵团撤销，四师医院改称通什农垦石碌医院，这时叉河农场卫生队又改称叉河农场卫生院。1975年11月，叉河农场卫生院从叉河农场搬迁到现在的红林中学，改称红林卫生院。1982年10月，通什农垦石碌医院撤销。1983年，红林卫生院搬迁到兵团四师师部所在地（即现在的医院所有地），改称国营红林农场医院。1985年，红林农场投资30万元，兴建一座医疗综合大楼，建筑面积1984平方米，分为门诊部和住院部，设有内科、外科、妇产科、儿科、手术室、B超检查室、X光室、药房等科室，此后医院住址固定下来，截止到2005年，该院共有医务人员57名，增设卫生防疫科、药械科，新购置生化分析仪、X光机、B超机等医疗设备。

3. 国营红田农场医院

建于1967年初，当时只有3幢茅草房，医务人员10名，病床20张。"文化大革命"初期与十月田公社卫生院合并，后因农场改为兵团建制而分开。1969—1974年，改名为红田农场卫生队。1970年初，在三队与四队之间建一幢砖木结构房子，面积400平方米，内设中西医门诊室、中西医药房、妇产房、普通病房及化验、注射、外科治疗室等。普通病床20余张。1972年，卫生院随场部迁至山竹沟，恢复"医院"名称。1991年，整个医院占地面积120亩，总建筑面积3314.5平方米。院区内有门诊大楼，设有诊治室3间，还设有治疗室、心电图室、化验室、理疗室、检验室、手术室、X光室、药房等。有医务人员58人。主要的医疗器械有200MA、300MA X光机各1台，CTS超声波1台，心电图机1台，电光比色机1台，紫外线治疗灯，超短波机，洗胃机，电热消毒锅，空气消毒器等。截止到2005年，全院共有医务人员33名，病床25张。

第二节　民族医药

一、药物分布

昌江县药物资源主要分布在以下四个区域：

1. 东南部山地

包括七叉镇和石碌镇的朝阳、牙营、鸡实以及霸王岭林业公司、保梅林场、红林农场部分连队。这些地区雨量年均在1800毫米以上，气温年均21℃～23℃，湿度年均在85%以上。土壤主要是地黄壤、赤红壤、砖红壤。山高林密，森林覆盖面大，自然屏障条件好，具有干湿协调、云雾多、静风、土层深厚肥沃等特点，适合药用动植物生长。植物中药资源主要有木耳、山胡椒、青天葵、猕猴桃、见血封喉、荔枝、木棉花、狗脊、银花、良姜、槟榔、海南粗榧、沉香、八角、花梨木、樟树、救必应、黑老虎、紫珠叶、两面针、天冬、山芝麻、砂姜、络石藤等品种；动物中药资源主要有长臂猿、穿山甲、猕猴、海南熊、山马、金钱龟、蟒蛇、白花蛇等物种。

2. 中部丘陵台地

包括叉河镇和石碌镇的水头、保梅以及红田农场、红林农场部分连队、铁矿农场、部队农场、县农科所等。这些地区地势平缓，海拔在100米以下，坡度2～5度，雨量年均1600毫米，气温年均24.3℃。植物中药资源主要有红豆蔻、益智、槟榔、青天葵、穿心莲、白花曼陀罗、葫芦茶、两面针、鸡血藤、胡椒、山芝麻、千斤拔、黄连藤、苍耳子、紫珠叶、石斛草、布渣叶、木棉花、相思豆、海金砂、降香等品种；动物中药资源主要有猴子、坡鹿、毛鸡、鸟类、穿山甲、山马、蟒蛇等物种。

3. 西南台地

包括乌烈镇（除长塘、纳凤村外）、十月田镇。这一带地势平缓，土壤属褐砖红壤类，雨量年均1200～1400毫米。植物中药资源主要有良姜、香附子、苍耳子、五指柑、糯稻根、田基黄、白花蛇舌草、穿心莲、砂姜、槟榔、益知、胡椒、沉香等品种。

4. 西北滨海平原阶地

包括昌化镇、海尾镇以及乌烈镇的长塘、纳凤村。这一带地势平缓，北部沿海土壤为沙质土及燥红土，土层深厚，海岸线长52.2千米，昌化渔场盛产海洋药用生物。南面近军营岭、红地岭、三架岭一带，土壤为褐色砖红壤，雨量年均在1000毫米以下。植物中药资源主要有海藻、长春花、卷柏、良姜等品种；海产动物药材主要有海龙、海马、海麻雀、海蛇、膨鱼鳃、玳瑁、海螵蛸、牡蛎、瓦弄子、鱼翅、海虫等品种。

二、药物蕴藏

昌江县面临北部湾，背靠五指山脉。山地、山岭多被森林覆盖，河溪纵横，气候温和，雨量、光照充足，适合诸多药用动植物繁衍，药材资源丰富。

根据1985年昌江中药资源普查统计，昌江县的药用植物有167种。其中蕴藏量达5万千克的有3个品种，即降香、木棉花、长春花；1万千克以上的有20多个品种，如黄连藤、山芝麻、狼毒、骨碎补、良姜、砂姜、苦楝皮、五指毛桃、陈皮、蓖麻子、土公英、五指柑、布渣叶、沉香、葫芦茶、磨盘草、穿心莲、蔓京子、旱莲草等；2千克以上的有20多个品种，如络石藤、救必应、鸡血藤、千斤拔、狗脊、土砂仁、半枫荷、紫珠、益母草、钩藤、白花蛇舌草、贯众、天冬、益智、火炭母、青天葵、稀莶草、独脚金、苍耳子、白茅根、石斛、车前草、卷柏、鸦胆子等。药用动物有28种，如鹿、蟒蛇、穿山甲、猴、黑熊等珍稀动物。

三、药物种植

新中国成立前，昌江县中药材皆是野生，20世纪70年代初开始试种槟榔等南药。

1970年，县医药公司在药材场育槟榔苗4000多株。1971年，社、队定植槟榔40亩，移植野生益智40亩，并试种少量砂仁等。此外，还在医药公司药材场、商业农场以及水头等地育槟榔苗 2 万株。1972 年，在红光（重合）、红星（七差）、乌烈大队和商业农场等地定植槟榔共 105 亩（计 10500 株）；在水头大队的 8 个生产队和叉河公社农场、叉河大队老羊地、保梅大队、商业农场、公司药材场等 15 个生产单位种植砂姜 10 亩（计种子 2500 斤），培育槟榔苗 8 万株（计种 8000 斤），医药公司药材场还试育春砂仁约 1 亩。1973 年，种植槟榔 80 亩、益智 10 亩、砂仁 2 亩、砂姜 0.3 亩。其中除旱季定植槟榔 10 亩因干旱而枯死外，其余均长势良好，成活率达 90% 以上。1974 年后，受"左"的思想影响，南药种植减少。

1983 年，南药生产复苏，当年县医药供应公司定植槟榔 50 亩。1984 年，以保平区为南药生产基地，由当地农工商联合公司发动群众签订合同，落实生产责任制，县医药生产供应公司则给予资金、种苗和技术指导，共培育槟榔苗 7000 株，定植槟榔 5750 株（57.5 亩），移植益智 20 亩。1985 年，县医药联合公司发展王下南药种植基地，并投入资金种植槟榔 50 亩、益智 200 亩。1987 年，县农委投资扶持王下乡种植槟榔 280 亩、益智 300 亩，但因管理不善，截止到 1990 年，全县南药种植槟榔仅 70 亩、益智 188 亩。

四、药政管理

20 世纪五六十年代，昌江县没有专门的医药管理机构，药品及药材均由医药部门自行管理监督。1978 年，县卫生局始配备兼职医药员 2 名。1982 年，县卫生局内设医药管理股，有医药管理干部 3 名，开展药政管理工作，具体负责对全县药品生产、销售及使用单位进行质量监督检查。1985 年，为了贯彻国务院颁布《中华人民共和国药品管理法》，昌江县把药政管理工作纳入法制化轨道。1988年，药政管理部门对全县中西药店进行考核，受考核22家，发放合格证16家；零售成药人员51名，合格的49名；制剂室3间，发放合格证1间；查搜假劣药品24种，价值3488.32元，并对假劣药品进行销毁，还责令有关单位停止销售或使用。

此后，昌江县每年定期对药品市场进行2次大检查，1990年，医药、卫生、工商、公安、物价等部门组成药品检查组，对乡镇、厂矿、企业的医院、诊所、乡村医疗站、个体医药站、药品经营单位等进行检查整顿，受检单位96家，查出经营假劣药品的18家，伪劣药品46种，价值491.58元。查处无证经营药品的单位及个体27家，没收各类药品182种，价值1696.24元。取缔游医、药贩12名，罚款56000元。

1988年，在药检中发现有5个单位存在逾期麻醉药品10个品种、2407片，按照《麻醉药品管理办法》和《中华人民共和国药品管理法》，责令销毁或停止使用，共处罚3000元。

2002年，昌江药品监督管理局正式挂牌成立，并设立了药品监督稽查队，负责对昌江地区实施药品监督管理。2003年，昌江药监局为本县的药品经营企业更换了由国家药品监督管理局统一制作的《药品经营许可证》，明确药品经营企业的依法经营范围。2004年，昌江药品监督管理局更名为昌江食品药品监督管理局。2005年，按照省政府关于建设农村药品监督网络工作的要求，昌江县共设立监督站7个，配备人员118人，其中，药品质量监督协管员41人，信息员77名，建立了县、镇、村三级食品药品监督网络，把食品药品监督工作延伸到村，从而进一步加强了全县农村地区的药品监督工作。

第三节 社会保障

一、劳动保险

1. 养老待业保险

1986年,昌江县社会劳动保险公司成立,对全民所有制企业中的合同制工人都实行退休、养老金的统筹和职工待业保险基金的统一管理。当年,全县参加投保的有1150人,占应投保人数的98.12%;参加投保单位92个,占应投保单位的98.92%;缴纳投保基金41万元,占应投保金额的97.7%。1987年,全县参加投保单位上升到151个,参加人员5047人,占应参加投保人数的99%,投保金额170.19万元。同时开展对全民所有制固定职工离退休基金的统筹。全县已有64个单位、2552人参加统筹,分别占应参加单位的97%和应参加人数的99.2%,已离退休职工的610人中,已有604人参加统筹,占应参加人数的99%。待业基金统筹已有123个单位、职工21033人参加,缴纳保险金26.6万元,占应统筹基金的99.8%。1988年,为了继续抓好县内外企业劳动保险基金的统筹,共有156个单位参加投保(包括中央、省驻昌江的企业),占应参加投保单位的99.9%;合同制工人参加投保人数505人,占应参加投保人数的100%,投保金额296.86万元。全民所有制固定职工离退休基金统筹,共有65个单位参加,统筹率达100%,统筹退休金5.8万元。职工待业保险的筹集和管理应参加单位127个,职工总数21030人,年交保险金24.74万元,实际参加的单位129个,职工总人数21132人,超额10.6%完成任务,实缴保险金额24.9万元。

1990年,县劳动管理部门在不断推进固定职工离退休养老金费用的社会统筹工作基础上，对合同制工人、临时合同工的养老保险进行社会统筹工作（包括中央、省驻县的企事业单位在内，下同），参加合同制工人投保单位175个，占应参加投保单位的99.9%，投保人数达5111人，占合同制工人总数的99.98%，收取养老保险基金总额582.1万元。同年，全县有68个单位参加全民所有制固定工人退休基金统筹，占应参加单位的99%，已统筹在册的固定职工人数2120人，离退休职工610人，共计2730人。

1992年，昌江县社会劳动保险公司改名为昌江社会保障局，人员编制8人。截止到2003年，全县用人单位投保占应投保单位的95.7%，参加社会统筹职工占应参保职工总数94.8%。征缴社会保险共计7886万元，发放养老保险金保险费8134万元。国有企业下岗职工基本生活费和离退休人员养老金正常发放。养老金和下岗职工生活费社会化发放率达100%。离退休人数从实施养老保险业务时的1986年305人发展到2005年的3076人。离退休金也从原来的现收现支，平均每月支付20万元发展到收支两条线管理，平均每月支付离退休金230元。目前，领取养老金人员全部实行指纹验证领取资格。养老保险费从1986年平均每月征收25万元增加到2005年的平均每月征收210万元。

2. 工伤保险

昌江县工伤保险业务开始实施于1997年，当年参保单位只有56个企业单位，参保人数3600人，年征收工伤保险基金30万元；2006年，参保单位发展到330个，参保人数9100人，年征收工伤保险基金140万元。

3. 医疗保险

1952年底，开始实行全县行政事业单位工作人员公费医疗制度。1963年，昌江县成立公费医疗委员会，同时，在全县范围内核定享受公费医疗人数，发给医疗证。各单位的公费医疗实行实报实销。

1988年，为了改进公费医疗的管理办法，昌江县实行门诊医疗费对单位包干，即享受公费医疗的机关干部实行门诊医疗费包干，每人年平均75元。1991年6月，成立县公费医疗办公室（属县副局级机构），主管全县公费医疗的日常事务。实行门诊医疗费用由享用单位包干使用，住院医疗费用由县公费医疗统一支付的管理体制。此前，国家干部由所在单位报销，企业干部职工的医疗费由本企业从福利费中报销。对于需要转院治疗的病人，采取转账的形式付款。对乡二等乙级以上的荣残军人和离休干部实行实报实销。全县享受公费医疗人数3862人，医疗费用年度开支105万元。2000年，医疗保险业务从原来的县公费医疗办（指属县财政全额拨款人员才能享受的医疗保险待遇）延伸到全县行政、事业、企业、个体户等单位。只要单位和个人有能力、愿意缴纳医疗保险费就有权利享受医疗保险待遇。截止到2005年底，昌江县参加医疗保险的单位有204个，参保人数13268人（含退休人员3349人），与省社会保险工作计划要求昌江县应参保医疗保险人数13200人数相比，完成了应参保人数的108%；平均每月征收医疗保险基金80万元；平均每月支出医疗保险基金75万元，实现了中央、省《城镇从业人员医疗保险条例》的以收定支、收支平衡、略有结余的医疗保险原则。

二、合作医疗

1969年底，昌江县开始实施合作医疗。以大队为单位，由大队合作医疗站发给医疗证，凭证就医，合作医疗基金由集体和个人共同负担，参加合作医疗的群众都在大队卫生所就诊，医药费用全免。如转到公社卫生院以上的医疗机构就诊，可报销医药费的58%，少数大队可以全额报销，有的大队全年限额报销每人不超过10元。为了节省开支，许多大队的合作医疗站自采、自种、自制、自用中草药。全县创办经济生产基地121亩、中草药基地82亩，坚持勤俭办医。由于医疗经费逐步上升，加上联产承包责任制中管理不善等问题的出现，各大队合作医疗经费短缺，合作医疗制度相继停止实施。

从2005年起，昌江县就致力于开展大病统筹为主的新型农村合作医疗工作，并制订了新型农村合作医疗工作方案和实施办法以及其他相关制度。截止到当年12月30日，全县共发动农民113951人参加农村合作医疗，收缴参合金114.013万元，超额完成下达的参合任务，受到省卫生厅和县委、县政府的好评。

三、劳动仲裁

1. 劳动争议调解和仲裁

1987年2月，昌江县劳动争议仲裁委员会成立后，开始进行企业的劳动争议调解与劳动争议仲裁。当年，全县共有19个国营企业单位成立了劳动争议调解委员会，配备专职或兼职人员42人。同年，县劳动争议仲裁委员会共受理劳动争议案件3宗，调解2宗。1988年，昌江县劳动争议仲裁委员会贯彻执行国务院发布的《国营企业劳动争议处理暂行规定》和省人劳裁（1988年）04号文件精神，结合该县的实际情况，重新调整劳动争议仲裁机构。全县21个国营企业单位，有19个建立了调解组织，占应建率的85.7%，配备专职调解员1人，兼职调解员76人。

2002年，开展对全县2001年劳动和社会保障年审工作，共审查单位159个，其中，国有单位47个，集体单位22个，私营、个体工商户90个，共涉及从业人员1227人，督促补签劳动合同296份。2002年，昌江县积极加大处理劳动争议，特别是集体劳动争议的力度，维护用人单位和劳动者的合法权益，全年受理劳动争议案件3宗，已结案3宗，结案率达到100%。会同县总工会、工商局、商会等单位，开展2次劳动监察和执法检查活动，对全县15个用工单位进行抽查，发现有些单位有违反劳动合同的规定（无故拖欠职工的工资），及时责成3个单位共发放拖欠职工工资4580元，补签劳动合同240份。全年共接到劳动者举报拖欠工资案件5宗，其中省人事劳动厅转办1宗，涉及从业人员26人，拖欠工资金额3.4万元。截止到2002年12月底，5宗案件已办理完毕。2005年3—5月，昌江县开展了清理整顿劳动力市场的工作，抽检27个单位，涉及从业人员201人；4月12—29日，开展劳动用工和清欠农民工工资执法检查，共检查47个单位，涉及从业人员724人；8月1—22日，开展贯彻实施《禁止使用童工规定》专项检查，检查单位26个，涉及从业人员224人。截止到2005年底，共接受拖欠工资投诉案件19宗，立案14宗，结案11宗，结案率达78.6%，共追回拖欠的工资14.52万元，涉及劳动者135人。通过日常巡察、专项检查和举报投诉，共对429个用人单位实施劳动检查，涉及从业人员4782人，督促补签合同978份。

2. 劳动合同鉴证

1989年始，昌江县劳动争议仲裁委员会加强劳动合同管理，开展劳动合同鉴证工作。根据劳动部劳力字（1989年）10号文和省人劳（1989年）009号文件精神，结合昌江县的实际，以县政府的名义，印制了《昌江县实行劳动合同鉴证工作的公告》和《昌江县劳动合同鉴证工作意见》。通过各种宣传，全县共鉴证了4565人，其中合同制工人4043人、临时工522人，占应鉴证人数的71.8%，保护了用工单位和劳动者的合法权益。截止到1990年5月，全县劳动合同鉴证人数达6322人，其中合同制工人5744人，占应鉴证人数的96%。除少数亏损企业经济困难未鉴证外，全县基本完成了合同制工人的鉴证工作。2002年，全年签定劳动合同1050份。2003年，全年共签订劳动合同5860

份,其中,续签合同5700份。

四、优待抚恤

1. 优 待

新中国成立初期,昌感县(今昌江县)委、县政府规定,凡是年满20~40周岁的有劳动能力的成年男女均须参加义务代耕活动。代耕土地实行"三保"(即保深耕细作、保多打粮食、保不毁坏土地)和"六先"(即先送粪、先犁、先种、先锄、先收、先打)。当时共组织代耕小组250个,义务为烈军属代耕土地面积1.7万亩。1962年,全县评出优待对象243户、790人,全年优待劳动工分9665分,发放粮食5068千克,优待现金308元。

1987年2月,优待金实行从农村人口每人每年缴交5角钱,区、镇一级机关、事业、企业单位的干部、职工以及学校的教职员工每人每年缴交2元钱,区个体、联合体(商贩)、饮食店、工程队、运输队等专业户每户每年缴交5元钱等方法筹款。城镇现役军人家属的优待金由县民政局负责筹款解决。当年,全县有义务兵家属368户,其中农村义务兵家属208户,评定享受优待金的有191户,每户年优待金180元;城镇义务兵家属有160户,每户年优待金240元。1988年1月,城镇优待金改由县财政局从干部、职工工资中统一扣缴(每人每年扣2元改为每人每年扣3元),并直接拨款到现役军人家属的单位,由该单位按每月20元发放给义务兵家属。同时还规定,凡是机关、企事业单位职工应征入伍的,优待金由其原单位按本人在职时基本工资的80%发放给其家属,凡是县内的全民、集体企业单位(含工矿、工厂、农场)的职工子女(有城镇粮食户口的)应征入伍的,军属优待金由其父母所在企业单位筹款解决,每户每月20元,并于每年8月1日前兑现。当年,全县有义务兵家属326

户，其中农村义务兵家属 120 户，评定享受优待金的有 101 户，每户年优待金 79 元；城镇义务兵家属 206 户，每户年优待金 240 元。

1990 年，全县广泛宣传、学习和贯彻执行国务院《军人抚恤优待条例》，认真落实党的各项优抚政策。全县优待义务兵家属 354 户，其中农村义务兵家属 154 户，每户年优待金 164 元；城镇义务兵家属 200 户，每户年优待金 240 元。1991 年 10 月，以县政府名义发出《关于义务兵家属优待问题的通知》，重申昌府［1989］24 号文件精神，城镇义务兵家属优待面达 96.5%，农村义务兵家属优待面达 80%。1995 年以后，《昌江黎族自治县军人优待实施细则》付诸实施。对优待对象、优待标准和优待的原则及优待金的筹集方式都作了详细的规定，使军人优待工作开始走上群众化、法制化的正常轨道。

2. 抚 恤

牺牲、病故抚恤 抚恤的形式有一次性抚恤、定期抚恤和遗属抚恤三种。1980 年 6 月 4 日，国务院颁布《革命烈士褒扬条例》，重新制定了新的抚恤标准。同时还规定，凡批准为革命烈士的，由民政部向革命烈士家属颁发《革命烈士证明书》。当年昌江县共向 170 户革命烈士家属颁发了《革命烈士证明书》。从 1985 年 1 月起，因公牺牲和病故军人家属的定期定量补助一律改为定期抚恤。同年 9 月，定期定量补助改为定期抚恤后，昌江县在定期定量补助的基础上，提高定期抚恤标准。革命烈士家属、因公牺牲军人家属居住农村的每人每月由原来的 12 元提高到 27 元，居住城镇的每人每月由原来的 17 元提高到 35 元；病故军人家属居住农村的每人每月由原来的 8 元提高到 22 元，居住城镇的每人每月由原来的 12 元提高到 30 元；孤老军烈属居住农村的每人每月由原来的 24 元提高到 40 元，居住城镇的每人每月由原来的 28 元提高到 50 元。1989 年 1 月起，昌江县根据民政部、财政部制定的抚恤标准和该县实际情况，确定的抚恤标准为：居住农村的革命烈士家属、因公牺牲军人家属每人每月35元，病故军人家属每人每月30元；居住城镇的革命烈士家属、因公牺牲军人家属每人每月45元，病故军人家属每人每月40元。

1992年，拨款为城镇优抚对象提高物价补贴，每人每月增加6.8元。1994年1月，全县127名"三属"（烈属、因公牺牲军人家属和病故军人家属）的定期抚恤金在原来的基础上每月分别增加20～35元。2002年，全年累计发放优抚款391129.4元，为524名优抚对象解决定期抚恤问题。2003年，累计发放优抚款391129.4元，解决了优抚对象524人的定期抚恤问题，提高标准累计金额32580元。

残废抚恤 1981年10月，根据民政部的通知精神，昌江县对全县革命残疾人员进行了普查换证工作，当年全县共为73名残废军人和残废工作人员换发了由民政部统一制定的残废抚恤证。1988年1月，昌江县按照海南财税厅、民政厅的通知，对革命残废人员抚恤标准作了调整：因战、因公残废的在乡三等乙级人员，全年抚恤金由现行残废抚恤标准212元（包括副食品补贴24元、生活补贴48元在内）提高到272元；因战残废的在职三等乙级人员，全年抚恤金抚恤标准由现行的60元提高到90元；因公致残的在职三等乙级人员，全年抚恤金抚恤标准由现行的56元提高到82元；其他因战、因公致残的在乡或在职的三等甲级以上人员（含三等甲级），抚恤标准都在现行抚恤金的基础上有不同程度的提高。同年7月，国务院《军人抚恤优待条例》颁布，革命残废军人改称为革命伤残军人，残废抚恤也相应改称为伤残抚恤。

1990年4月，根据海南省民政厅的通知精神，昌江县再次换发由民政部统一重新制定的《革命伤残军人抚恤证》和《革命伤残工作人员抚恤证》。当年全县共有 87 人换发了新证，其中一等 3 人、二等甲级 2 人、二等乙级 4 人、三等甲级 22 人、三等乙级 56 人。1993 年，2 名一等伤残军人护理费由原来的每月 55 元提高到每月 90 元。1994 年，全县革命伤残人员的伤残抚恤金、伤残保健金在原来的基础上每月分别提高 5~10 元。1999 年，拨款 31397.5 元，为 229 名在乡复员军人和在职伤残人员提高保健金补助标准。拨款 40740 元，为 124 名在乡伤残人员和"三属"人员提高抚恤补助标准。2000 年，拨款 32580 元，为 169 名伤残人员和"三属"人员提高抚恤、保健金补助标准。2005 年，全面提高烈属、伤残、复员军人的生活补助标准，全年发放金额达 80 余万元，更换了全县 57 名伤残军人的伤残证。"八一"建军节期间为优抚对象进行体检，受检人数 163 名。

五、社会福利

1. 五保户供养

党的十一届三中全会以后，农村推行联产承包经营责任制，农村商品经济得到发展，五保户的生活供养水平也逐年提高。1980 年，全县享受五保供养的老人有 319 户、325 人。全年享受集体供给折合金额 23100 元，国家救济金额 12800 元，人均供给水平 110 元以上。1986 年，推行"以区统筹，三级（区、乡、村）分管"的政策，提高五保户的供给标准。十月田区被评定享受五保户的老人有 31 人，每人每月享受包干粮 27 斤，人民币 10 元。五保老人的生活费都由区从有五保户的村中扣除土地费供给。全县推广十月田区的做法。同年，昌化区和十月田区敬老院相继落成。昌化区敬老院接纳 4 名五保老人，每人每月供给伙食费 30 元，十月田区敬老院接纳五保老人 11 人，年人均生活费 200 元，口粮 324 斤。1990 年底，这两所敬老院共接纳五保老人 15 人，全年国家供给金额 6000 元。

1987年6月，县政府发出《关于五保户实行统筹供养的通知》，要求各乡镇认真做好五保户口粮的统筹供养工作，保障五保老人的生活。当年全县共统筹五保口粮10.39万斤（大米），人年均供给口粮250斤大米。1988年，县民政局在全县范围内对五保户进行普查，重新造册登记的五保老人有446户，468人。昌江县还认真做好五保老人的冬令救济工作，县民政局每年都拨出棉胎、被子、衣服等防寒物品给五保户，以保证他们安全度寒，春节期间深入乡镇村庄挨家逐户慰问五保老人，赠送礼品和礼金。

1993年，全县集中供养五保户14人，分散供养五保户616人，全年统筹五保户粮74400千克，五保户统筹款7.63万元，基本保证五保户的生活。1995年，有120名五保户落实了三级统筹供养，比上年增加一倍。1997年，全县有五保户492户、516人。其中，6个镇162名五保户老人得到统筹供养，统筹粮（谷子）86400斤，统筹款38880元。2001年，五保户集中供养360人，亲人代耕养260人，全年统筹大米129600斤，统筹金151200元，建敬老院2所，拨出专款25000元，修建五保老人住房15间，并争取省民政厅拨款15万元，修建十月田敬老院。截止到2002年，为700名五保户对象新盖住房130间。1991—2004年，全县五保每年的供养率都达到100%。

2. 抚孤育幼

新中国成立后，党和政府对弃婴问题十分重视。1961年6月，新置昌江县后，当年全县有社会遗孤203人，分散在各生产队由集体供养。

为了减少先天性残疾婴儿，县民政部门加强对《婚姻法》的宣传和对《婚姻登记办法》的管理，严禁近亲结婚，同时与妇联共同开展保护妇女儿童合法权益的宣传教育活动，使社会遗孤逐年减少。1980年，全县集体供养的孤儿有10人。截止到

1990年，全县集体供养的孤儿只有4人。对于父母双亡的孤儿和弃婴，民政部门还动员亲友或不育夫妇收养。

1997—2005年，被列为五保户的孤儿共148人，其中，分散委托代养残疾弃婴8人。

六、社会救济

1. 赈 灾

昌江县自然灾害频繁，新中国成立后，几乎年年发生干旱或强台风，但由于党和政府大力兴修水利，积极开展抗灾、救灾活动，将灾害损失降到最低限度。1950—1990年的40年间，昌江县水、旱、风、虫等灾害共96次，平均每年发生2.4次。每次受灾，人民政府都采取积极的办法，拨放救济款救济灾民，还组织大批干部下乡，领导抗灾工作，恢复生产，重建家园。

1991年，全年水、风、旱、火等自然灾害频繁，特别是第"6·11"号台风造成损失惨重，昌化江和珠碧江下游近10多个村庄13000多名群众被洪水围困，造成4人死亡、3人受伤，全县经济损失达3400万元。全年争取和发放救灾救济款55.5万元，救助灾民58000人。1996年上半年，发生严重干旱，河溪断流，山塘干涸，15个村庄、5430人饮水困难，受旱作物5.5万亩，下半年连续遭受台风袭击，特别是百年不遇的第"6·18"号台风，造成罕见的灾难，使14个村庄1.4万人被洪水围困，新港居委会45户的230多间民房被洪水冲入大海，全县损失渔船87艘，死亡119人，农作物受灾面积23万亩，损坏民房6100间，经济损失达2.3亿多元。为了帮助群众恢复生产、重建家园，县政府发放救灾款153万元，救助灾民8000户、48000人。1998年，昌江发生历史上罕见的旱灾和蝗灾，县政府争取和发放救灾款50万元、救灾粮34万斤、衣服3700件，救助灾民。2001年上半年，发生严重干旱，下半年遭受14号热带风暴袭击，全县直接经济损失达1.72亿元，县政府发放救灾款1689690.20元、救灾大米54.7万斤、救灾棉胎600张、棉毯750张、衣服3200套，救助灾民、五保户、特困户46570人次。2002年，遭受"米克拉"热带风暴袭击，全县直接经济损失1800万元，县政府发放救济款30万元、救灾救济粮70万斤、衣物4600件，救济灾民38000人次。

2. 济困扶贫

农村社会救济 1978年，实行农村贫困户以生产扶持为主、国家救济为辅的方针，改变了过去那种单靠生活救济的做法，变"输血型"救济为"造血型"扶贫。通过扶持，当年昌江县共有3768户、28142人基本解决了温饱问题，脱贫率达42%。

从1991年起，昌江县立足治本，坚持输血和造血相结合。加大扶贫攻坚力度。1992年，投入资金468.8万元，为贫困地区修路48千米，拉电19千米，建拦水坝一座，灌溉面积800亩，种植剑麻、芒果、甘蔗1.37万亩。1994年，为了加快"三区"经济建设，昌江县在政策、资金、人才、技术、项目上向"三区"倾斜，全县使用扶贫专项资金60多万元。分别在七差、王下、叉河、十月田开发扶贫芒果基地10个，种植芒果面积3000亩，参加种植管理的农户400多户。1995年，县政府又确定七差的重合村和王下的大炎村等8个少数民族贫困山村为扶贫村，扶持群众重点发展芒果生产，全县投入扶贫资金170万元。1996年，投入扶贫资金176万元，种植芒果407公顷，解决6211人的行路、用电、用水难问题，举办各类培训班24期，培训人数达21000人次。当年全县贫困人口由1995年的4680户、29658人减少到3237户、21000人，分别减少了29%和32%。1997年5月，昌江县开展领导干部"攀穷亲"活动月，县党政机关、企事业单位400多名副科级以上领导干部到农村工作，与年人均收入不到500元的贫困户攀穷亲，结成帮扶对子。共捐款10万余元，扶持470户种植芒果1000亩、甘蔗1000亩、瓜菜1500亩、养牛80头、养猪120头。使原有的5个贫困乡镇中的3个乡镇摘掉了贫困帽子，人均纯收入达到800元以上。1999年，为了做好王下、七差两个贫困乡的脱贫工作，昌江县委、县政府从县直机关企事业单位中选派50名优秀干部和15名大学毕业生组成联手扶贫技术工作队进驻王下、七差各村，从思想、观念、技术上对农民传帮带，每半年轮换一次。2000—2001年，进一步加大扶贫攻坚力度，两年共帮助解决17557人饮水难、7305人行路难问题，截止到2002年，全县扶贫攻坚取得阶段性成果，使全县贫困人口从1992年的7658户、32528人减少到750户、3570人。

城镇社会救济 1956年，农业合作化后，昌感县对城镇社会救济工作采取了生产自救的方针，除对残老弱幼无劳动力者给予定期救济外，对无业贫民和失业青年都通过劳动部门介绍到工地和矿区参加国家建设工作。当年参加临时工的无业贫民有2287人，失业者中得以分配工作和参加临时工的有93人，还组织137人从事建筑业。

随着经济体制的改革，城乡人民的生活水平不断提高，城镇社会贫民的人数也逐渐减少。1980年，全县有城镇社会贫民15户、76人，享受国家定期定量救济的有3户、6人，人年均享受救济款64元，国家给予临时工困难救济的有35人，全年救济金额233元。1990年，城镇社区贫困户人均每月享受定期定量救济40元。1999年5月，昌江县城镇居民最低生活保障制度正式实施，当年有20户、86人从6月开始领到保障金，全年投保70人，金额2.9万元。2000年，全年新增低保对象16人，全县累计25户、104人。昌江县还着手查核驻县中央、省属企业低保对象24户、65人。2001年，发放保障金112248元，使全县32户、134名低保对象的基本生活得到了保证。并核定驻县中央、省企业低保对象118户、322人，月需保障金18116元。2002年，为了加大城镇社会救济工作的力度，昌江县成立城镇居民最低生活保障办公室，当年全县低保对象288户、1175人，全年累计发放低保资金955260元。

3. 残疾人安置

党的十一届三中全会后，昌江县委、县政府积极鼓励残疾人寻找就业门路，并在税收上按政策给予减免，使全县出现了一批自食其力的残疾人个体商品经营户，不但减轻了国家和残疾人家属的负担，而且还为社会经济的发展和繁荣增加了力量。

1992年，开展残疾人综合状况调查。全县残疾人总数8441人。1993年，开展补发残疾人证工作，发证600余册。昌江县还通过开展"助残日"活动，组织有一技之长的残疾人开展义务为社会服务活动，修理电器、理发、修订鞋子等，展示残疾人的自学成才成果，唤起全社会对残疾人的尊重、理解、关心、爱护和支持。1994年，争取到省残联康复扶贫贷款26万元，其中投入16万元，购买已经扬花的23亩芒果园作为康复扶贫的经济基地。采取集中与分散相结合的扶持方法，给25户、32名特困残疾人发放10万元的贷款，帮助他们发展种养业，取得较好的经济效益，家庭人均收入由原来的200元增加到850元。1995年，成立残疾人工作协调委员会，出台《关于对残疾人实行优惠的暂行规定》，制定10项残疾人优惠政策。全县各乡镇对农村残疾人免除义务工、减免农业税、土地费等；税务部门为173名残疾人减免税收，工商部门优先为残疾人营业者免费办理营业执照，为212名残疾人减免管理费。1997年，成立县残疾人劳动就业服务部，召开按比例安排残疾人劳动就业工作会议，县残联根据会议精神，筛选30名有一定劳动能力、适应性强的残疾人，推荐给县政府统一安排工作。1998年，残疾人就业人数达到4261人，其中城镇1027人、农村3234人，就业率为73%，县财政局、卫生局、教育局以及县民族中学等单位均安排残疾人就业。截止到2002年，昌江县依法全面实施按比例安排残疾人就业工作，使57名残疾人得以就业，其中城镇6人、农村51人，还对不按比例安排残疾人就业的单位依法收缴残疾人就业保障金，年内共收缴保障金7万元。

4. 移民迁安

新中国成立后，昌江县出于兴修水利或改变群众生产生活环境差和接纳安置外地移民等原因，曾有几次移民搬迁活动。

1958年，苗民13户、47人从乐东县迁来昌江县王下公社牙迫村居住，但由于生活条件差，1973年，在县政府的帮助上，苗民又从牙迫村迁至七差村北面居住。1960年，县政府将石碌水库淹没区的牙营村37户、189人迁出，安置在石碌水库干渠1千米的地方。1969年，将木孔村42户、141人迁出，安置在牙营村北边居住。1973年，保平公社青山农场兴建，安置来自广东信宜县横石、河口、苗洞等村庄的移民。1974年，十月田公社南岭农场兴建，安置来自广东省信宜县和徐闻县的金洞、高坡、曲界等村庄的移民。

为了做好移民迁安工作，县政府还拨出一定的搬迁经费或赔偿搬迁经费。昌江县境内的石碌水库淹没区的牙营村和木孔两村，1964—1987年，县政府赔偿搬迁经费达30.47万元。1973年，苗民从牙迫村迁移来今"苗村"居住时，县政府拨出搬迁经费8000元。青山农场、南岭农场创办初期，县政府也拨出一定经费给予支持。2002年7月—2003年9月，王下乡牙迫村2个村民小组119户、548人，搬迁到石碌镇水富村。省、县有关部门和社会各界人士，在财力、物力上给予大力支持，共投入500多万元帮助该村的搬迁工作。同时，还无偿帮助该村安装自来水、照明用电、有线电视，建设学校教学楼和校园设施等。目前，水富村每户拥有钢筋混凝土平顶房55.3平方米，配套有卫生间、沼气池、猪栏，户均住宅占地1亩，人均耕地面积1亩。搬迁后的水富村在居住、交通、生产、生活状况都比搬迁前大为改善。

第十五章 城乡建设

　　1961年，昌江县复置后，才着手城镇建设，经过四十多年的建设和治理，昌江的城镇建设成绩显著，尤其是党的十一届三中全会以来，城市建设发展较快。截止到1990年，全县基本建设投资总额累计达6.2亿元，其中住宅投资总额4985万元。改建、新建城镇大街小巷总长50.5千米，使用自来水人口达11.6万人。全县大小等级公路50多条，总长351.2千米。城镇房屋建筑总面积79万平方米，人均居住面积8.9平方米，其中县城6.1平方米、乡镇9.2平方米，比过去大有改善，城镇房屋建设正朝着坚固、美观、高空间的方向发展。

　　"十五"期间，昌江县城市基础设施建设又得到了快速的发展，城市建设总投资达6761万元，固定资产投资5338万元，环境卫生设施、燃气工程、市政设施、园林绿化等市政公用事业方面的建设取得较大成绩，人居环境有较大改善。截止到2005年底，城市总人口达到7.26万人，城市建设区面积8.93平方千米。道路长度35千米，道路面积75万平方米，人均道路面积10.57平方米。

第一节 县城建设

一、机 构

1961年6月,昌江县复置时设基建科,1965年8月,县手工业局、县土木建筑社和石碌镇建筑队合并,成立石碌镇建筑公司。1972年6月,成立县城镇建设委员会。同年,成立县建设局,下辖县水泥厂、县砖瓦厂和县建筑公司。1982年4月,成立县建筑设计室。1984年6月,撤销县基本建设局和县环境保护办公室,成立县建设委员会,下设行政秘书组、城建组、建安组和建筑设计室、建材公司等内部机构。同年9月,原县环境保护办公室分设,成立县环保局。

1990年,县建委内部机构有行政秘书组、城建组、建安组、建筑设计室、房管所、绿化组、村镇组、监察队以及建材公司等,共有人员60人。1995年11月,撤销县建设委员会、环境资源局,组建县建设与环境资源局。2001年3月,更名为县建设与国土环境资源局,同时撤销县国土局。2005年7月,将建设行政管理职能从原建设与国土环境资源局划出,成立县建设局。

二、街道建设

1961年,昌江县复置后,海南铁矿、海南钢铁厂、红林农场等大中型企业已在其境内。县属机关占地面积较少,仅占镇区的六分之一。20世纪70年代以前,交通、电讯、金融、商业、饮食服务等行业基本集中在县城石碌大桥以南。20世纪70年代后,石碌大桥以南可供开发建设的土地越来越少,县城建设重点逐渐转移到桥北,并向太坡方向发展。

20世纪80年初,石碌镇未进行总体规划,道路狭窄,人车同道,排水系统设施差,部分街巷路面积水、泥泞,居民区和工厂分界不合理。1985年,昌江县进行城市道路总体规划,县城石碌有主干街道10条,其中南北走向的街道4条、东西走向的街道4条、环城西路1条、环城东路1条。以井口式街道网为基础,结合县城地理条件和原有城区特点,主次要道路互相连接,构成混和式道路系统,并在这个模式的基础上,辅以小区道路的规划建设,以密切联系每个生活区住区和工厂。据1990年统计,县城石碌镇已先后建成主干街道东风路、人民路两条,共长3.7千米;建成建设路、跃进路、朝阳路等几十条次要街道、生活区道路,总长达34.4千米。这些路都采用混凝土、预制板、沥青等材料铺设。

1991—2000年,昌江县不断加大城区内道路的建设,使城区道路交通更加便利,10年间先后扩建和修建的道路有人民北路、东风路、生态街、惠民路、吉宁路、海虹路、建设东路、永昌路等十多条大大小小的道路。

2005年9月,《昌江县城市总体规划》获省政府批准实施,根据总体规划内容,昌江县近期城市建设总体规划思路为"一个中心、三个组团、一轴两翼、南连北扩"。"一个中心",指的是昌江中心城区,规划建设面积为10平方千米;"三个组团"指的是太坡综合组团、叉河综合组团和国投工业组团,规划建设面积分别为6.1平方千米、6平方千米、3平方千米;"一轴两翼"指的是以贯通整个县城的昌江大道—人民北路—人民南路为主中心轴,以环城东路和环城西路为两翼,进一步拉大城市框架,拓展城市发展空间;"南连北扩"指的是城区建设要实现南与海钢公司居住区连接,北向太坡扩展的发展目标。

三、房地产业

新中国成立前,石碌是一片荒沟野岭,1939年,日军侵占石碌,开采石碌铁矿,建有一些茅草房和简易的砖瓦平房。1950—1960年,石碌境内部分为茅草房,部分为砖木结构的平房,后者主要是海南铁矿的厂房和职工住宅。1961年,昌江县复置后,县城石碌的砖木结构平房才逐渐增多,并开始建筑钢筋混凝土结构的低层楼房。1971—1980年,逐渐消灭茅草房,取而代之的是砖木结构的平房和钢筋混凝土框架、承重墙结构的楼房,全镇房屋建筑总面积为21.2万平方米。1981—1990年,少部分为砖木结构平房,大部分为钢筋混凝土框架和承重墙结构的楼房,外表注重装修,房屋建筑总面积为58.47万平方米。1990年,城区房屋建筑总面积已达到115.65万平方米。截止到2005年底,县城城区建筑面积达到8.93平方千米。

1. 公共建筑

20世纪60—70年代,县城机关、企事业单位办公楼、营业处所比较简陋,大多数为平房或二层楼房,80—90年代初,县城区内陆续新建一批水准较高的公共建筑,设施比较完善,注重内外装潢。1990年,城区各类公共建筑总面积已达81.45万平方米。1991年后,县城城区钢筋水泥框架结构的高大建筑物才逐渐增多。

2. 住宅建筑

1950—1960年,在县城辖区范围内,除附近黎族同胞居住的草房外,主要是海南铁矿、红林农场的小规模职工住宅,多为砖木结构平房,也有一些茅草房。新置昌江县后,城镇居民住宅经过逐年建设,面貌大为改观。20世纪70年代所建住宅主要是砖木结构的平房,以及少数二三层或无套间的钢筋混凝土框架和承重墙结构的楼房,阳台、灶间、水电、卫生等设施还不齐全。

20世纪80年代起,住宅按总体规划进行小区配套建设,住宅逐渐实现套间化,主要是一房一厅、二房一厅、三房一厅、三房二厅、四房两厅等类型,阳台、厨房、水电、卫生等设施配套齐全,有的室内已进行装修。1990年,住宅建设投资4912万元,县城居民住宅建筑面积达79万平方米,人均居住面积达6.1平方米。海南铁矿建有13个职工住宅分区,共投资7902.09万元,总面积达44.7万平方米,人均居住面积达8.3平方米。

自1996年10月,昌江县实施住房制度改革后,住宅建筑和供给制度发生了根本的变化,经济适用房和集资建房成为住房供应体系主体。截止到2002年底,全县金融部门共投入2000万元资金发放贷款,住房回收资金中统筹4500万元,住房公积金提取和放贷近1000万元,扶持住房的开发和建设,共兴建112幢住宅楼,1800套住房,总面积达153800平方米,干部职工的居住条件和居住环境明显改善。截止到2005年,县城内90%以上干部家庭人均居住面积达到了18平方米以上。

3. 房屋建设管理

新中国成立后,昌江县干部职工住房由财政局拨款或企业单位自筹资金统建、统分配,属于福利性住房,房租极低,每平方米收取管理费不足0.50元。1988年,国务院关于在全国城镇分期、分批推行住房改革的方案实施后,昌江县部分住房开始趋向商品化,有些单位开始试行单位自筹部分资金和本单位职工自筹部分资金集资建房,纯商品化住宅建设也开始起步。1990年,为了纠正建房、分房中出现的不正之风,县委、县政府成立县清房办公室,对国家机关干部的住房进行清理,对住房面积超标准的(按国务院193号文件《关于严格控制城镇住宅标准的规定》)占公房又自建私房出租的,分别作清退或加价收房租处理。当年全县共清退公房45间,清退租金2.03万元,还对非法占地建私房者罚款共计6.5万元。

1995年12月，昌江县成立住房制度改革办公室，在城市规划、国土政策允许的条件下，鼓励住房建设连片开发、集中物业管理，县城内开始有文明小区出现。1996年6月，县政府公布《昌江黎族自治县城镇住房制度改革实施方案》、《昌江黎族自治县人有住房出售办法》。9月，开始批准出售公有住房，当年出售212套公有住房，总面积为18615平方米。1997年10月1日，开始实行住房公积金制度。当年全县就有54个单位、12556名干部职工参加，归集住房公积金120.9万元，公有住房继续出售683套，总面积为7109平方米。1999年，出台《昌江黎族自治县集资合作建房管理办法》，批复10个单位兴建集资楼共10栋、494套，总面积为19832平方米，住房出售达到高潮，共出售5588套，总面积为304508平方米。参与公积金制度的单位和职工数稳步上升，分别为98个单位、14592名职工，归集金额达440万元。

2000年，昌江县人民政府出台了《昌江黎族自治县房改上市交易试行办法》和《关于昌江黎族自治县公有住房出售办法的补充通知》，当年就有10个单位申请兴建集资楼，共有12幢、74套，总面积为17510平方米。2001年，共批准12个单位兴建13幢集资楼，总面积24805平方米，解决了239户干部职工的住房问题。截止到2002年，有211户进行部分产权向全部产权过渡，批准18个单位兴建27栋集资楼，总套数为427套，总面积为45042平方米，累计归集住房公积金1560万元。

四、园林绿化

1985年，昌江县对县城镇进行总体规划后，县城石碌镇区街道及生活区道路绿化重点在人民路和东风路，主要采用回带式乔木、灌木绿化带,其中内侧两条绿化带间砌花坛,种植灌木花草;生活区道路则采用双带式乔木绿化带或乔木、灌木搭配的绿化带。绿化选用的主要树种有菠萝蜜树、印度子檀、樟树、羊蹄甲、九里香、红桑、榆树、夹竹桃等树种。截止到1990年,城区园林绿化建设粗具规模。街道两旁郁郁葱葱,绿树成荫,繁花相映。其中,海南铁矿职工生活区道路绿化工作成绩显著,绿化园面积达1740.5万平方米(含公园绿化),绿化覆盖率达71.3%,被誉为"园林式新型矿区"。同年底,全县城区街道、生活道路交通绿地总面积为18.4公顷,绿化长度达16.01千米,绿化覆盖率为60%。

1994年,县园林绿化站组建。1995年,绿化建设人民北路,栽植大叶榕700棵。1996年,绿化建设东风路,栽植印度紫檀370多棵。1997年,县委为推广城建绿化,在县委办公大楼门前后建造小型公园,同时发动全县各单位开展家庭院绿化和居住区绿化活动,先后建成园林式绿化单位——昌江中学、县委县政府生活区、县委党校、昌江三小、昌江一小等。1998年,绿化县城生态街,栽植椰子树400多棵、大王棕140多棵、大叶榕100多棵,投入34万元配套花卉植被和喷池、雕像。2000年,县城石碌共绿化街道7条,栽植树木2400条(棵)。对县城石碌街道绿化树种进行了更新换代,分别增加了大叶榕、红木、木棉树、大王棕、酒瓶椰子、小叶榕、高山榕、椰子树等新品种,从而美化了环境,为城市居民提供了较好的生活场所。截止到2005年,昌江县城镇绿化覆盖面积达到311公顷,园林绿地面积达到177.5公顷,公共绿地面积达到35.2公顷;公园个数为3个,公园面积达到32公顷;城镇人均公共绿地5.13平方米;城镇建成区绿化覆盖率达35.91%,绿地率22.82%。

第二节 乡镇建设

一、黎村建设

昌江县是个黎汉苗等民族杂居的县份。新中国成立前,历代统治阶级对黎族人民采用压制政策,致使黎族的经济落后,居住环境恶劣,住草房、饮沟水、疫病流行。新中国成立后,党和政府十分注重对黎族聚居地区的开发建设,昌江县先后建立了民政局、老区办、民委、扶贫办等行政管理机构,对该县黎族村庄的交通、水电、住宅等进行全面的规划和建设,特别是海南建省后,昌江县政府把黎村建设列为地方规划建设的重点,加大资金投入,进行了民房改造和文明生态村、社会主义新农村建设,使全县的黎村面貌有了较大变化。

道路建设 新中国成立前,昌江县黎族聚居地区的境内交通闭塞。新中国成立后,国家的投资逐年增加,公路交通面貌大为改观,全县黎村乡镇全部通车,截止到1990年,全县107个黎村的公路除县道外,乡村公路总长达159.2千米,从而改变了黎村过去与世隔绝的原始、闭塞状况。1991—2005年,省政府下拨专项资金共1209.7万元,主要用于少数民族地区农村基础设施建设(包括饮水、照明、公路、桥梁、配管化干部培训、科技等项目)。全县乡镇到县城的道路都铺设了沥青路面。

民房建设 新中国成立前,黎族同胞住的普遍是矮小简陋的草房,新中国成立后,政府先后对黎族聚居村庄进行民房改造建设,草房逐年减少,瓦房、楼房逐年增多。据1965年统计,新中国成立以来国家资助昌江县黎族同胞新建瓦房面积4900平方米,有139户黎族迁入新居。1990年,黎族地区的叉河、十月田、太坡、保平等乡镇民房建筑面积共 15355 平方米，其中楼房 550 平方米、瓦房 10918 平方米、草房 3887 平方米。1990 年，全县 6 个黎族乡镇的农村住房（主要包括国家资助和私人集资建的楼房、私房）的建筑总面积 44.8 万平方米。

从 1991 年起，省政府、县政府逐年加大了少数民族地区民房改造工作的力度。截止到 2005 年，投入的民房改造专项资金达 1486 万元，全县少数民族村庄基本消灭了茅草房，90% 的黎族群众住上了崭新的瓦房和平顶房。

水电建设 昌江县的黎族大多数分布在山腰谷地，水源缺乏，特别是旱季，黎民要到 3—10 里外的地方取水。新中国成立后，县政府投入大量资金和劳力兴建水库，大搞蓄水、引水工程。先后兴建了 143 宗水利工程。特别是石碌水库的兴建和万亩田洋的开发，不仅使保平、乌烈两个黎族乡镇成为昌江县的粮食生产基地，而且解决了黎村饮水难的问题。县政府还出资为黎村掘水井、建水厂。截止到 1990 年，全县黎村农民基本上改变了饮用沟水的习惯，全部用上了清洁水和自来水。县政府在解决黎村饮水问题的同时，还解决了黎族群众的照明用电问题，当年，全县 6 个黎族乡、镇所在地全部通电，57 个黎村有了照明用电。

1991 年后，省政府进一步加大对昌江县少数民族地区的扶贫力度，帮助黎族地区拉电照明、建设饮水工程和打井。先后帮助昌江县七叉镇、叉河镇、十月田镇、乌烈镇、石碌镇的 15 个黎族村庄建起了饮水工程或饮水配套工程，帮助这些黎族地区打井 17 口，使全县 100% 的黎族村庄都饮用上了卫生水。1993 年 3 月初，全县农村电网改造"民心工程"项目开工，同年底总投资 837.86 万元，完成高低压电网改造 131.7 千米。实现全县乡镇村村通电。特别是由国家投资 330 万元、全长 66 千米的王下乡高压电路的动工架设使王下乡的 5 个村委会、14 个自然村、761 户、3760 人全部用上照明电，彻底结束了被誉为"海南小西藏"的王下千百年来点煤油灯的历史。

二、乡镇规划建设

新中国成立后,昌江县的太坡、叉河、重合、保平、乌烈、三派、海尾、昌城、昌化、南罗、十月田等村先后成为乡镇政府驻地。逐渐发展成大小集镇或中心村。1985年,昌江县为了加强乡镇的规划建设,结合各乡镇的实际情况,开始绘制测绘现状图和设计总体规划图。科学地规划了全县12个乡镇发展规模和方向。1990年,原来无街巷或街巷狭窄的,大多数已经平整拓建和改建,并增设了排水设施,原来低矮破旧的草房也渐为瓦房、楼房所取代。全县各乡镇政府所在村庄规划用地总面积为686.5公顷,街道总长度35.5千米,楼房、瓦房建筑面积为50万平方米。

1991年以来,昌江县乡镇建设本着因地制宜、规划先行的原则,始终把乡镇规划放在首位。2000年,县政府委托海南城市规划设计研究所编制昌化镇总体规划,使该镇的建设按照规划确定的要求进行。2002年7月,昌江县把12个乡镇撤并成7个镇,实施小城镇建设战略。截止到2005年底,昌江县已完成了叉河镇、昌化镇规划编制,其中叉河镇并入昌江县城市总体规划,昌化镇为省级小城镇试点乡镇;启动了海尾镇、乌烈镇、十月田镇规划编制工作。

第三节　老区建设

昌江县共有老区村庄48个,人口约3万人,分布在全县9个乡镇。特别是昌江县复置后,县委、县政府十分重视老区村庄的建设,先后拨款从文化、饮水、民房、交通、水电等方面支持老区建设。

1965年，国家投资12.45万元，给道隆、浪炳、耐村、光田、旧县等老区村庄架设高、低压电线路，解决了1465户人的电灯照明问题。同年，国家投资35万元，兴建南雅水库和唐兴水库，灌溉尼下、五联的2000亩水田。

1978年，国家投资70万元，兴建打显水库，灌溉水田面积680亩。拨款1.5万元，修建白沙至沙渔塘公路，解决群众行路难问题。

1980年9月，昌江县老区建设委员会办公室成立，专门负责老区建设工作。

1983—1985年，国家拨款35.35万元，修建旧县和里仁公路，解决了2904人的行路难问题。架设新港、五大、尖岭、香岭高低压电线路，解决了575户群众的照明问题。投资98万元，在五大建设一座红地岭水库，灌溉水田面积800亩。

1987—1988年，国家投资47万元，修建光田水坝和沙田渠道，灌溉水田面积1400亩。拨款17万元，维修新港至南罗公路和五大至海尾公路，解决了2000多人的行路难问题。

1996年，昌江县完成了《新时期老区建设》编写初稿。多方筹措资金62.8万元，为白沙、沙田、永安等老区村庄群众解决饮水、用电难问题。老区群众充分利用资源优势，发展市场经济，全县老区经济基地年收入达350多万元。

1997年，筹资202万元，为海尾镇、南罗镇15个老区村庄1918户架设一条42千米的高压线和13千米的低压线。争取和集资10万元为双塘村、新村老区145户、450人，完善自来水配套工程。投入72万元，建教室1210平方米，使1220户老区农户安心送孩子上学。

1998年，投资30万元为旧县老区建设自来水工程；筹资450万元，为10个老区村庄8915人架设线路，解决生活和生产用电；动员老区各界人士捐款250万元，建设乡村公路34条、

102千米，使全县51个老区村庄村村通车。依靠老区群众自力更生，投入45万元建设自家三级无害厕所1865个；多方集资150万元，新建教室校舍2100平方米。

1999年，筹集资金59万元，为先锋、江门坑、沙田老区2400人架设线路，解决老区群众生活、生产用电。完成解放战争时期老区村庄的调查材料49个。

2000年，协调电力部门投入260万元，为13个老区村庄解决用电问题。多方集资30万元，打井5口，为老区村庄4300人解决饮水问题。

2001年，争取省拨款8万元，为老区打井2口，解决老区1200多人的饮水问题。

2002年，拨款3万多元，支持老区村庄建设村道3千米。

第十六章　环境保护

昌江县自 1976 年成立环保机构以来，其环境资源保护工作始终遵循生态学的基本原理，积极贯彻实施可持续发展的战略，在经济快速增长的同时，保持昌江县环境持续、良好的发展势头，达到了社会效益、经济效益、环境效益的协调统一。

特别是近十年来，为了加快环境保护工作的改革步伐，昌江县共完成工业废水、废气污染限期治理企业 13 家，投入治理资金 9697.7 万元。为加大治理工作的力度，该县还建立了"县长统一领导，环保部门统一监督，有关部门分工负责，广大人民群众积极参与"的有效监督管理体制，使昌江的污染防治工作始终走在全省的前列。

第一节　环境保护机构

1971 年以前，昌江县没有专门的环境保护机构。1972 年 6 月，县城镇建设委员会兼管环保工作。1976 年 7 月，成立县环境保护办公室。同年，成立昌江地区环保领导小组。1984 年 4 月，成立县环保监测站。同年 6 月，环境保护办公室与县城镇建设委员会合并。同年 9 月，成立县环保局。1987 年 12 月，成立县矿务站。1989年，县环保局改称县环境资源保护局。1990年，县环保局内设机构有办公室、矿管股、规划监理股和监测站、矿务站。1995年，县环保局与县建委合并，更名为县建设与环境资源局。2001年，县建设与环境资源局并入国土局，称昌江黎族自治县建设与国土环境资源局。2005年9月，正式成立昌江县国土环境资源局，行政直属海南省国土环境资源厅管理，内设行政管理机构有环境管理室和资源管理室，下设环境监测站、国土环境资源监察大队和矿务站三个事业单位。昌江环保经过三十多年的发展，逐步完善了环境管理体系，环境污染得到有效控制，生态保护与建设得到长足发展。

第二节　环境保护现状

新中国成立初期，昌江县工业企业少，各种有害物质排放量不多。随着昌江被确立为海南重工业基地后，厂矿企业不断增多，各种有害物质排放量与日俱增。据统计，截止到1990年，仅全县工业废水平均每年排入石碌河与昌化江的就达1962.28万吨，废水中的有害物质达28种以上。通过近十年工业污染源的彻底治理，昌江县的"三同时"执行率达100%，建设项目环境影响报告书（表）、环境影响登记表编报率达100%。全县主要城镇大气及主要的流水环境得到了进一步的改善，人民生活质量显著提高。

1. 烟尘控制现状

昌江县城石碌镇建成区7.56平方千米，烟尘控制区7.56平方千米，烟尘控制区内除海钢公司机修厂干燥炉、退火炉外，其余基本上为宾馆、酒家、饮食店的大灶。2005年，海钢公司机修厂干燥炉、退火炉监测数据全部达到国家《工业炉窑大气污染物排放标准》（GB9078—1996）中的Ⅰ级标准，宾馆、酒家、饮食店的大灶全部为燃油或燃气炉窑，其烟尘排放浓度全部达到林格曼Ⅰ级以下，烟尘控制覆盖率100%。

2. 工业固体弃物处置和工业废水排放现状

目前，昌江县产生工业固体废弃物的企业有海南钢铁公司、国投海南水泥有限公司、华盛天涯水泥有限公司、农垦石碌水泥厂、昌江糖业有限责任公司、昌江海红糖业有限公司。2005年，海南钢铁公司工业固体废弃物产生量276226.16吨，其中综合利用量169137.71吨，处置107100吨，综合利用率达61.2%，处置率达100%。国投海南水泥有限公司、华盛天涯水泥有限公司、农垦石碌水泥厂三家水泥厂的各种固体原料都经过回转窑的煅烧而成为水泥构成成分，基本上不产生工业固体废弃物。昌江糖业有限责任公司产生工业固体废弃物炉渣225吨，处置225吨，产生滤泥4214吨，综合利用4214吨，工业固体废弃物处置利用率100%。昌江海红糖业有限公司工业固体废弃物炉渣215.227吨，处置215.227吨；产生滤泥837.011吨，处置837.011吨，工业固体废弃物处置利用率100%。综上所述，2005年，昌江县工业固体废弃物处置利用率达到100%。

目前，昌江县工业废水主要排放企业有海南钢铁公司、国投海南水泥有限公司、昌江糖业有限责任公司、昌江海红糖业有限公司、金林橡胶加工分公司、昌江县食品公司等。2005年，海南钢铁公司排放量253.3万吨，达标排放量253.3万吨，排放达标率100%；国投海南水泥有限公司年新鲜用水量10000吨，重复利用率92%，废水经由两台地理式氧化接触污水处理装置沉淀分离后排放，排放达标率为100%；昌江糖业有限责任公司年污水排放量约135万吨，其洗滤布水经厌氧、好氧处理后全部达标排放，冲渣水经絮凝沉淀过滤后全部达标排放，污水排放达标率100%；昌江海红糖业有限公司年污水排放量约176万吨，冲渣水与酒精废液混合后用于锅炉除尘浓缩制造有机复合肥，冲渣水基本不外排，冷却水则循环冷却后循环利用，多余部分外排，污染排放达标率100%；金林橡胶加工分公司污水排放量约1.62万吨，废水经厌氧、曝气处理后全部达标排放，排放达标率100%；昌江县食品公司年污水排放量为2万吨，由于厌氧池容积较小及堆积情况严重，化学需氧量、大肠菌群超标排放。2005年，昌江县污水排放总量568.92万吨，达标排放约566.92万吨，综合排放达标率为99.6%。

3. 医院临床废物集中处置现状

目前，昌江县城石碌境内共有4家县级医院（县人民医院、县中医院、海南钢铁公司职工医院、国营红林农场医院）和25家个体诊所。这些医疗单位和个体诊所均与三亚宝齐来公司签订了医疗废物集中处置协议书，将产生的医疗废物交由三亚宝齐来公司集中收集处置。截止到2005年，全县70家医疗机构（含镇卫生院、乡村诊）年产生医疗废物约15000吨，医疗废物集中处置率为66.67%。

4. 生态保护现状

目前，昌江县共完成造林面积70743.1亩，其中退耕还林荒山荒地造林面积33000亩、防护林造林面积4320.8亩、其他造林面积33422.3亩。净增造林面积61285.5亩，占全县土地面积的2.5%。2002—2006年上半年止，昌江县农村文明生态村建设取得了明显的进展，全县共投入生态文明村建设资金就达3935多万元，修建村道30多千米，文明生态村受益人口达7.05万人，占全县农村人口44.4%，建篮（排）球场100多个。全县已有11个省级、62个县级文明生态村先进典型。

第三节 环境保护措施

一、"三废"治理

1976年,昌江县认真贯彻广东省、海南区环境保护工作会议精神,根据"一年控制、二年改善、三年根治昌江水源污染"的治理目标,各厂矿企业积极抓好"三废"治理。海南石碌钢铁厂修建沉淀净化处理池,当年收回电解铜8~9吨,回收率达到50%,基本消除炼铜废水对石碌河的污染。1977年,全县年排放废水1962.23万吨,治理后为306.04万吨,处理率达15.6%,符合排放标准的957.25万吨,达标率为48.78%。年排放的废气有148276.28万标立方米,经净化处理量为36619.99万标方方米,处理率达24.70%。噪声的处理采用隔音法、吸音法、消声法和护耳器4种。昌江县在控制声源的噪声传播和技术改造综合治理中也收到较好的效果。1979年,根据"谁污染、谁治理"的原则,实行限期治理。县环保部门认真抓好治理工作,把企业"三废"治理纳入企业生产经营管理。当年,全县各厂矿企业年"三废"治理工程项目总投资205.275万元。1987年,海南钢铁积极开展"四个为零,三个达标"竞赛活动和环境管理、污染治理、环境监测、绿化美化等工作。全矿的污染物综合排放合格率达30%,比1986年提高13.4%。农垦石碌水泥厂采用袋式收尘器、高压静电除尘器等,污染物净化率达到99%。

1990年,本县召开各厂矿企业环保工作会议,对9个排污单位征收排污费共32.4万元。根据环境保护法,对海南铁矿工人医院罚款5000元。全年完成治理项目4个,投资54万元。对石碌镇各厂矿企业排污点进行监测，监测项目19个，取得监测数据3249个，同时，对全县乡镇企业的污染情况进行调查，全县乡镇企业废水年排放量0.4644万吨，处理量0.45万吨。全县工业废水处理量1577万吨，工业废水处理达标517万吨。治理氧化硫排放量0.2819万吨，治理烟尘排放量1.8039万吨，工业固体废物处置量56.76万吨，工业固体废物综合利用量29.39万吨。1993年，为了加强环保目标责任制的领导，昌江县率先在全省推行"县长环境保护目标责任制试点"工作，实现了一把手亲自抓，对全县环境质量负总责，建立了"县长统一领导，环保部门统一监督，有关部门分工负责，广大群众积极参与"的有效管理模式，污染防治工作走在了全省的前列。当年，海南钢铁公司在原选矿厂富粉溢流处理选矿废水的基础上，加入净水剂的作用，加速沉淀，上层清水循环利用，下层污水经排污管排入尾矿坝，保证了选矿废水的达标排放，同时大大提高了选矿废水重复利用率，选矿废水重复利用率达70%以上，整个工程投资4600万元。1995年，利用全省环境保护目标责任制试点工作在昌江县实施为契机，狠抓县人民医院废水、昌江糖厂锅炉冲渣废水、县食品公司屠宰废水、海南铁矿选矿厂原槽粉尘、海南铁矿机修厂热处理炉烟尘、海南叉河水泥厂粉尘等污染治理工作，除昌江糖厂锅炉冲渣废水、海南叉河水泥厂粉尘未治理达标外，其余治理项目污染物排放浓度均达到国家有关标准，为昌江县的污染治理打下了坚实的基础。

2000年，是昌江县污染治理效果最为明显的一年，石碌农垦水泥厂投资159万元、海南叉河水泥厂投资150万元、红林农场橡胶厂贷款2500万元、红田农场橡胶厂投资80万元、昌江糖业有限公司投资116万元、海红糖业有限公司投资90万元、县食品公司投资16万元、国投海南水泥有限公司投资1326.7万元、海南鑫达钢铁厂投资560万元进行水、气污染的治理及搬迁。全县 13 家重点工业污染源全部通过了省国土环境资源厅组织的专家组的验收。全县 7 家工业废水污染源、6 家工业废气污染源全部实现达标排放，12 种主要污染物排放总量控制在省下达的指标之内，并比 1995 年的排放量大大消减。全县环境质量得到了进一步的改善，生态环境得到了有效的保护，被海南省人民政府评为"一控双达标"工作先进县。2004 年，共有 4 家重点企业安装了 8 套自动监控系统，提高了环境现场监督能力。2005 年，昌江县开展《水污染防治法》执法检查及整改工作，对昌江鸿启实业有限公司选矿厂、县人民医院、县中医院下达限期整改通知，保证废水的达标排放；要求对"新五小"企业海南省石碌钢铁厂 50 立方米高炉予以淘汰；加大医疗垃圾处理力度，目前，县级医院（县人民医院、县中医院、海钢公司职工医院、红林农场医院）对医疗废物已进行规范管理，执行专人（专部门）管理，将产生的医疗废物交由三亚宝来公司集中收集处置；县城个体门诊有 25 家（占总数的 89%）将医疗垃圾统一集中到海钢职工医院，再由三亚宝来公司集中收集处置。经过努力，切实解决了饮用水源污染、大气烟尘污染、城市噪声超标、饮食娱乐环保投诉等环境污染问题，取得了较大的成绩。全县的主要污染源海南钢铁公司、国投海南水泥有限公司、昌江糖业有限公司、金林橡胶加工分公司、海红糖业有限公司、海南农垦石碌水泥厂等重点监管企业稳定达标率达到 95% 以上。重点项目昌江糖业有限公司技改扩建工程、海红糖业有限公司技改扩建工程、昌江华盛天涯水泥有限公司 5000 吨/日新型干法水泥熟料生产线项目、国投海南水泥有限公司 2500 吨/日新型干法水泥熟料生产线项目、昌江雄伟淀粉有限公司淀粉生产项目等全部实行了环保"三同时"制度，"三同时"执行率达到 100%。

二、采空矿区复植

目前,昌江县的采空矿区主要分布于海南钢铁公司及国投海南水泥有限公司。海南钢铁公司十分重视采空矿区植被恢复工作,自开采以来,投入 1000 万元对矿山进行复垦绿化,共恢复采空矿区植被面积 150 公顷,做到边采空、边恢复植被,采空矿区植被恢复率 100%;国投海南水泥有限公司公司本着生产经营开发与生态保护同步进行的原则,制定严格的开采路线,指定废点堆放点,修建防护林挡墙等,以保护矿山的生态环境,现矿山正在开采中,将来,矿山采空后,将全部恢复植被。

三、石碌水库保护

石碌水库位于昌江县石碌镇东 5 千米处,是以灌溉为主,结合防洪、供水和发电的大(二)型水利工程,水库正常库容 1.2 亿立方米,最大库容 1.5 亿立方米,设计灌溉 15 万亩,实行灌溉 7.5 万亩。

除灌溉外,石碌水库还肩负着海南钢铁公司、昌江县城、昌江糖厂等工业及生活供水任务,年净供水量 1600 万吨,是昌江县主要的生活饮用水水源及工业用水水源,其水质的好坏直接制约着昌江县社会、经济的发展。

为保证石碌水库水质达到国家饮用卫生标准,昌江、白沙两县政府在库区周边严格禁止任何产生污染的建设项目上马,同时,对库区周边的污染治理非常重视,保证金波农场橡胶厂、金波农场医院等废水达标排放,但仍有一些手工加工的私人胶厂产生的废水和库区周边生活污水未经治理,给石碌水库水质带来了一定的污染隐患。目前,石碌水库水质总体保护良好,据县环境监测站监测,其水质达到国家《地表水环境质量标准》(DBZB1—1999)国 II 类标准,据昌江水业有限责任公司监测,石碌水库水质基本达到国家《生活饮用水卫生标准》（GB5749—85）标准，能够满足生活饮用水需要。

四、昌化江保护

昌化江发展于五指山北麓的琼中县空尔岭，系海南第二长河，干流流经琼中、乐东、东方等三市县而注入昌江县南部边界，于咸田港和英潮港入海，全长232千米，其中昌江县流程62千米，流域集雨面积5150平方千米，总落差1614米，平均坡降1.2‰~0.41‰。年径流量39.04亿立方米。全流域灌溉面积2.88万公顷，水能理论蕴藏量3055万千瓦，为海南三大河流之冠。

为了加强昌化镇水环境质量的保护，昌江县严格控制昌化江沿岸的工业企业污染物的排放，使昌化江沿岸所有重点工业企业污染物排放均达到国家《污水综合排放标准》（GB8978—1996）中的有关标准。此外，昌江县还加大沿岸水土流失的治理力度，截止到2005年底，昌化江的水土流失治理率达107.4%。在昌化江支流的石碌河中游建造一座石碌水库，解决了生产和居民的生活用水问题并有效预防洪涝灾害的发生。据2005年的环保监测数据显示，目前昌化江水环境质量达到国家《地面水环境质量标准》（GB3838—2002）Ⅱ类标准，水质达标率85%。

后 记

　　《昌江黎族自治县概况》，是一本全面、系统地介绍和展示昌江少数民族自治地方概况和民族工作成就的重要文献。根据国家民委和省民宗厅关于编辑出版《中国少数民族自治地方概况丛书》的编辑体例要求，在昌江县委、县政府的高度重视下，成立编写机构，组织撰写人员，经过半年多的精心撰写和编辑，于2006年7月底完成了本书的编写任务。

　　本书的各章节设定后，具体撰写工作则在统一凡例的基础上由3位执行主编、副主编分别独立完成，全书撰写分工情况如下：第一章至第五章由孙如强（昌江县文化馆馆长、助理馆员，中国民间文艺家协会会员，《昌江文艺》主编）撰写；第六章至第十章由郭玉光（昌江县图书馆馆长、馆员，《昌江文艺》编辑）撰写；第十一章至第十六章由谢来龙（昌江县文体局局办主任、新闻编辑，《昌江文艺》编辑）撰写；最后由孙如强负责统阅全书，同时对全书做了必要的调整和修改。

　　本书在撰写、编辑的过程中，得到了县有关单位的大力支持和社会各界人士的热情帮助，才使本书的编写工作顺利进行。在此，我们一并表示谢意！

《昌江黎族自治县概况》编写组
2007年8月